TESLA

DIE ZUKUNFT HAT BEGONNEN

ENTWICKLUNG, TECHNIK, TYPEN

Frank O. Hrachowy

Motor buch Verlag

Impressum

Bildnachweis: Neben dem von TESLA, Inc. aus dem Pressepool zur Verfügung gestellten sowie von Agenturen zugekauften Bildmaterial stammen zahlreiche Bilder von Privatpersonen. Hierunter befinden sich viele Bilder des früheren Tesla-Vorstandmitglieds Steve Jurvetson. Neben TESLA, Inc. gilt mein ausdrücklicher Dank diesen Privatpersonen, die ihre Bilder kosten- und lizenzfrei über Wikimedia Commons der Allgemeinheit zur Verfügung stellen. Die urheberrechtlichen Angaben der im Buch verwendeten Bilder sind direkt am Bild vermerkt. Dank sagen möchte ich ebenfalls Andrei Avarvarii und Eric Mitz, die in Kapitel 4 bzw. Kapitel 7 jeweils einen Entwurf für einen kompakten Tesla zum Buch beigesteuert haben.

ISBN 978-3-613-04489-0

Lektorat: Bernd Keidel
Innengestaltung: Markus Köllmann, tebitron gmbh, Gerlingen
Technische Redaktion: ScripTec, Christian Gärtner
Druck und Bindung: Graspo CZ, 76302 Zlín

Printed in Czech Republic

Elon Musks Tesla Roadster diente als Nutzlast für den Testflug der Falcon-Heavy-Rakete von Musks Firma SpaceX im Februar 2018. Seither kreist er auf einer Umlaufbahn um die Sonne. Am Steuer sitzt »Starman«, eine Puppe in einem Raumanzug. (Bild: SpaceX)

VORWORT

Wahnsinniger, Genie, Leonardo da Vinci der Neuzeit, beziehungsgestörter Nerd, besessener Egomane, Visionär, genialer Großkotz, Arbeitssüchtiger, Monster, neuer Henry Ford – die Titulierungen, die Elon Musk, Firmenlenker von Tesla, Inc., auf sich zieht, sind vielfältig. Gleichzeitig sind sie Zeugnis der Faszination, die von Elon Musk, seinem Arbeits- und Lebensstil, vor allem aber von seinen zahlreichen Unternehmen ausgeht. Wobei er mit seiner Automobilfirma Tesla wohl am häufigsten im Rampenlicht steht und für Schlagzeilen sorgt.

Das Interesse an den ausschließlich elektrisch angetriebenen Fahrzeugen von Tesla ist groß – auch in Deutschland. Die Marke wurde zwar erst 2003 gegründet, doch sie schreibt seither Automobilgeschichte. Aus dem kleinen, anfangs belächelten Startup, bei dem einige junge Enthusiasten 6831 Lithium-Ionen-Akkus für Laptops miteinander verlöteten, um ein Fahrzeug damit anzutreiben, ist heute ein ernstzunehmender Hersteller geworden, der durchaus als Herausforderung für die deutsche Automobilindustrie gelten kann. Zum Zeitpunkt der Niederschrift dieses Buches sind seitdem gerade einmal 19 Jahre vergangen.

Im vorliegenden Buch werden die wichtigsten Ereignisse rund um die innovative US-Fahrzeugmarke seit dem Jahr 2003 nachgezeichnet. Natürlich ist es bei der Betrachtung der Geschichte von Tesla Motors kaum möglich, über die fahrzeugproduzierende Automobilmarke zu berichten, ohne dabei ausführlich über ihre Gründer und ihren heutigen CEO Elon Musk zu sprechen.

Als Technikhistoriker habe ich der Chronistenpflicht zu folgen und möglichst faktenorientiert und objektiv über die Geschehnisse zu berichten. Dies geschieht durch eine neutrale chronologische Beschreibung der Ereignisse – eine Kommentierung oder Bewertung der Zusammenhänge überlasse ich dem Leser.

Zur Situation im Herbst 2022: Nach dem Tesla Roadster, der Sportlimousine Tesla S, dem SUV Tesla X, dem Lastkraftwagen Semi, dem Tesla Cybertruck sowie den kompakten Modellen Tesla 3 und Tesla Y hat sich die öffentliche Wahrnehmung hinsichtlich Tesla grundlegend verändert. Tesla gilt im Jahr 2022 als vollwertiger Fahrzeughersteller und nicht mehr lediglich als »Bastelbude«. Ein Umstand, der sich nicht zuletzt in einem stark gestiegenen Aktienkurs widerspiegelt.

Nicht wenige Fachleute sind der Meinung, dass spätestens mit den in Großserie gebauten Modellen 3 und Y, die ihre Batterien kostengünstig aus Tesla-eigenen Gigafactorys beziehen, ein neues Zeitalter in der Automobilgeschichte begonnen hat.

Dr. Frank O. Hrachowy
September 2022

Frank O. Hrachowy, Jahrgang 1966, ist als gelernter Kfz-Meister und promovierter Technikhistoriker seit vielen Jahren Ansprechpartner für Medienprojekte im Automobil- und Motorradsektor. Dabei spannt sich der Bogen von technikhistorischen Monografien über Fachartikel zur Fahrzeugtechnik bis hin zu verkehrshistorischen Beiträgen und Lehrfilmen für die Automobilindustrie.

INHA

INHALT

BIS 2003

VORGESCHICHTE

1971

Die Geschichte von Tesla Motors ist untrennbar verknüpft mit der Person Elon Musk, der kurz nach der Firmengründung in das Automobilunternehmen eintrat und es zu heutigem Ruhm führte. Elon Reeve Musk, am 28. Juni 1971 geboren und bei der Gründung von Tesla gerade einmal 32 Jahre alt, wuchs in Pretoria in Südafrika auf. Sein Vater Errol Graham Musk ist ein südafrikanischer Ingenieur und seine Mutter Maye Musk (geb. Haldeman) ein kanadisches Fotomodell.

Während Elon Musks Vater kaum in der Öffentlichkeit auftritt und eher medienscheu ist, kann seine 1948 geborene Mutter Maye auf eine lange Karriere als Fotomodell zurückblicken, die 1969 bei der Miss South Africa Beauty Competition startete. Im weiteren Verlauf schmückte Maye Musk zahlreiche Titelbilder namhafter Modejournale. Heute arbeitet sie als Ernährungsberaterin.

Elon Musk wurde als erstes Kind des Ehepaars geboren, ihm folgte sein Bruder Kimbal (geb. 1972) und seine Schwester Tosca (geb. 1974). Als Elon Musk 9 Jahre alt war, trennten sich seine Eltern, und Elon Musk lebte fortan bei seinem Vater. Bereits zu dieser Zeit zeigte sich seine mathematische Begabung, denn im Alter von 12 Jahren verkaufte er ein selbst programmiertes Videospiel namens »Blastar« für 500 US-Dollar an die Fachzeitschrift PC and Office Technology.

Durch die 50-prozentige Teilhaberschaft Errol Musks an einer Smaragdmine im Sambia war das Ehepaar vermögend. Über die finanzielle Situation der Familie schreibt der Journalist Philip de Wet, hierbei Elon Musk zitierend: »Wir waren sehr wohlhabend. Wir hatten zeitweise so viel Geld, dass wir unseren Safe nicht zubekamen«, erinnert sich Elon Musk. Eine Person habe das Geld festhalten müssen, während ein anderer die Safe-Tür habe zuwerfen müssen. »Dann waren da aber immer noch ein-

Maye Musk, Elon Musks Mutter, arbeitet seit 50 Jahren als Fotomodell. Hier eine Aufnahme aus dem Jahr 2019. (Bild: Elekes Andor/ Wikimedia Commons)

Elon Musk wurde am 28. Juni 1971 geboren und wuchs in Südafrika auf. Im Alter von 17 Jahren wanderte Elon Musk auf eigene Faust nach Kanada aus. Hier ein Bild aus dem Jahr 2008. (Bild: Brian Solis/Wikimedia Commons)

zelne Scheine, die herausgeragt haben. Die haben wir dann herausgezogen und uns in die Taschen gesteckt.«[1] Dieser materielle Überfluss nahm zum Teil groteske Züge an, denn Elon und sein Bruder Kimbal verschleuderten als Jugendliche zeitweise im Freundeskreis wertvolle Smaragde weit unter Preis, weil sie den Marktwert nicht kannten.

Trotz des Wohlstands der Familie beschrieb Elon Musk seine Kindheit als sehr unglücklich, was nicht zuletzt an seinem Vater lag, dessen Charakter in der von dem Journalisten Ashlee Vance verfassten Elon-Musk-Biographie mehrfach als problematisch beschrieben wurde. Auch an anderer Stelle wird auf diese Problematik verwiesen, so zitiert Business Insider Deutschland Elon Musk mit den Worten über seinen 1946 geborenen Vater Errol: »Ihr wisst nicht, wie schlimm es war. Jede Straftat, die euch einfällt, hat er begangen. Er hat so gut wie alles Schlechte gemacht, das man sich vorstellen kann.«[2]

Konkreter wird das Magazin The Famous People in seiner Kurzbiographie von Errol Musk: »Errol ist vor allem für sein skandalöses Leben und seine entfremdete Beziehung zu seinen Kindern bekannt. Er wurde von seinen Kindern immer als ein schrecklicher Mensch

Kimbal Musk, der jüngere Bruder von Elon Musk, wurde 1972 geboren. Durch mehrere Projekte versucht er, die Ernährungssituation auf der Welt zu verbessern. Dieses Bild zeigt Kimbal Musk im Jahr 2012. (Bild: Wikiupdate1019/ Wikimedia Commons)

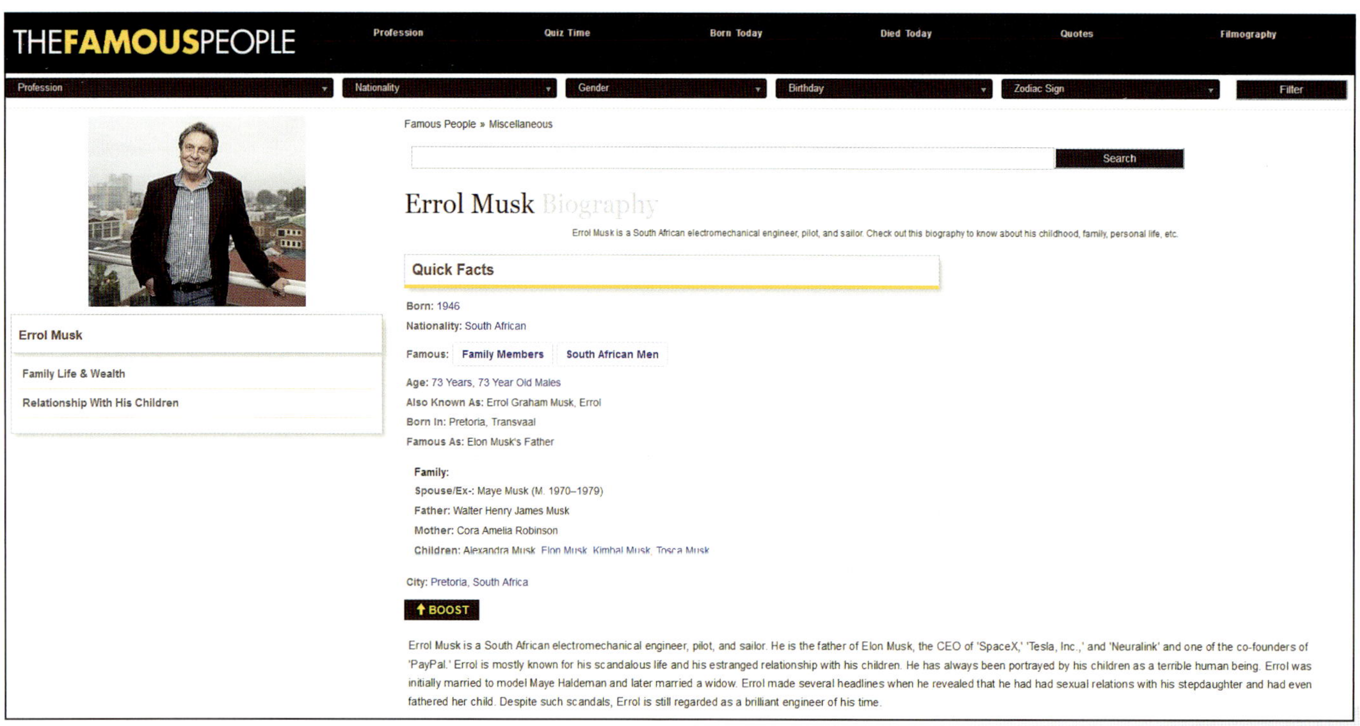

THEFAMOUSPEOPLE — Profession | Quiz Time | Born Today | Died Today | Quotes | Filmography

Profession | Nationality | Gender | Birthday | Zodiac Sign | Filter

Famous People » Miscellaneous

Search

Errol Musk Biography

Errol Musk is a South African electromechanical engineer, pilot, and sailor. Check out this biography to know about his childhood, family, personal life, etc.

Errol Musk

Family Life & Wealth

Relationship With His Children

Quick Facts

Born: 1946

Nationality: South African

Famous: Family Members | South African Men

Age: 73 Years, 73 Year Old Males

Also Known As: Errol Graham Musk, Errol

Born In: Pretoria, Transvaal

Famous As: Elon Musk's Father

Family:

Spouse/Ex-: Maye Musk (M. 1970–1979)

Father: Walter Henry James Musk

Mother: Cora Amelia Robinson

Children: Alexandra Musk, Elon Musk, Kimbal Musk, Tosca Musk

City: Pretoria, South Africa

BOOST

Errol Musk is a South African electromechanical engineer, pilot, and sailor. He is the father of Elon Musk, the CEO of 'SpaceX,' 'Tesla, Inc.,' and 'Neuralink' and one of the co-founders of 'PayPal.' Errol is mostly known for his scandalous life and his estranged relationship with his children. He has always been portrayed by his children as a terrible human being. Errol was initially married to model Maye Haldeman and later married a widow. Errol made several headlines when he revealed that he had had sexual relations with his stepdaughter and had even fathered her child. Despite such scandals, Errol is still regarded as a brilliant engineer of his time.

Errol Musk wird von seinen drei Kindern in ein denkbar schlechtes Licht gerückt. Unterstrichen wird diese Darstelllung durch eine Kurzbiographie. (Bild: Screenshot The Famous People)

dargestellt. […] Errol machte mehrere Schlagzeilen, als er enthüllte, dass er sexuelle Beziehungen zu seiner Stieftochter hatte und sogar ihr Kind gezeugt hatte.«[3]

Die im Jahr 1974 geborene Tosca Musk ist die Schwester von Elon Musk. Sie arbeitet heute als Filmemacherin, Produzentin und Regisseurin. Hier ein Bild aus dem Jahr 2019. (Bild: Spacexforanewlife/Wikimedia Commons)

1988

Im Alter von 17 Jahren wanderte Elon Musk auf eigene Faust und ohne seine Eltern zu fragen nach Kanada aus, woher seine Mutter stammte. In Kanada erhoffte sich Elon Musk ein entspannteres gesellschaftliches Umfeld als in Südafrika. Mit seiner Auswanderung entging Elon Musk gleichzeitig seinem Wehrdienst in Südafrika, den er sonst in der South African Defense Force hätte ableisten müssen. In Kanada studierte er schließlich an der Queen's University in Ontario. Sein Bruder Kimbal folgte ihm ein Jahr später nach Kanada.

1992/1993

Im Jahr 1992 zog Elon Musk in die USA, um dort an der University of Pennsylvania zu studieren. Schon während dieser Zeit suchte er nach Geschäftsideen, mit denen er seine profunden Computer- und Programmierkenntnisse umsetzen und zu Geld machen konnte. So vergingen einige Jahre, während er auf seinen Studienabschluss hinarbeitete. Unterdessen hatte Elon Musk Erfahrung bei verschiedenen Praktika gesammelt, die er während seines Studiums absolviert hatte. Eines davon absolvierte er beispielsweise am Pinnacle Research Institute in Los Gatos/Kalifornien, wo an Superkondensatoren als Energiespeicher der Zukunft geforscht wurde.

Bald war er als überdurchschnittlich hart arbeitender Programmierer gefragt, der auch vor komplexen Projekten nicht zurückschreckte. Seine ungewöhnlichen Programmierkenntnisse konnte er in einem Praktikum bei Rocket Science Games beweisen. Das junge Startup-Unternehmen entwickelte anspruchsvolle Videospiele für Konsolen und Computer. Das notwendige Kapital dafür kam von Sega Enterprises und der Bertelsmann Music Group.

1994/1995

Die University of Pennsylvania verließ Elon Musk 1994 mit einem Bachelor-Abschluss in Finanzen und Physik. Nun war er soweit, eigene berufliche Ziele anzustreben. Mit frischem Diplom in der Tasche gründete Elon Musk mit seinem Bruder Kimbal im kalifornischen Palo Alto seine erste Firma namens »Global Link Information Network«. Zu dieser Zeit erschien gerade das revolutionäre neue Microsoft-Betriebssystem Windows 95, und mit dem sich rasant verbreitenden Internet eröffneten sich obendrein plötzlich völlig neue Kommunikationsmöglichkeiten. Überall schossen Startups aus dem Boden, die mit neuen Geschäftsideen an dem »Dotcom«-Boom teilhaben wollten.

Als Startkapital für das neue Unternehmen brachte Elon Musk 2000 US-Dollar mit, ein altes Auto sowie einen gebrauchten Computer. Für Kimbal, der

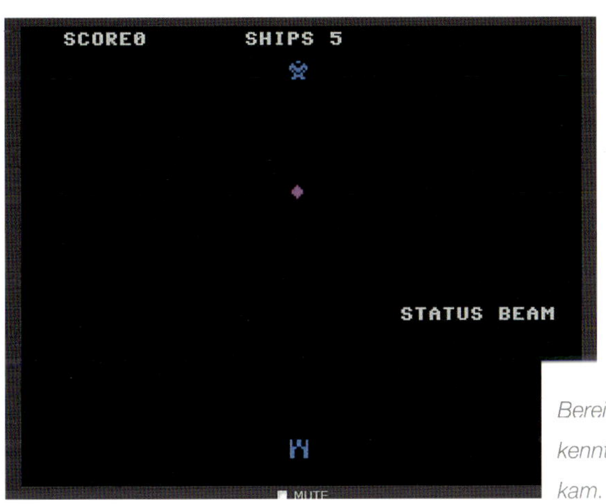

Bereits im Alter von 12 Jahren beeindruckte Elon Musk durch seine fundierten Programmierkenntnisse. Hier sein 1983 selbst entwickeltes Telespiel »Blastar«, das 1984 auf den Markt kam. (Bild: Screenshot Blastar)

bis dato als Franchise-Nehmer für den Hausmeisterservice College Pro Painters gearbeitet hatte, bedeutete die Entscheidung für Global Link Information Network einen entscheidenden Einschnitt in sein Leben: Er verkaufte seine Lizenz, und entschied sich damit für seinen Bruder Elon.

Auch für Elon Musk stellte die Entscheidung für Global Link Information Network eine Zäsur dar. Denn den Plan, an der Stanford University in Palo Alto/ Kalifornien seine Doktorarbeit im Bereich »Materialwissenschaft und Physik« zu schreiben, musste er aufgeben. Geplantes Thema: Superkondensatoren für den Antrieb von Automobilen.

Stattdessen überzeugte Elon Musk das Unternehmen Navteq, das digitale Landkarten erstellte und vertrieb, die eigenen Landkarten im Internet zugänglich zu machen. Elon Musk suchte nun ein brauchbares Branchenverzeichnis, das er schließlich auf CD fand. Diese CD kostete einige hundert US-Dollar und war die erste größere Investition in das eigene Startup-Unternehmen. Im nächsten Schritt ging Elon Musk daran, einen Softwarecode zu schreiben, mit dem er die digitalisierten Karten mit dem Branchenverzeichnis verknüpfte. Das Ergebnis stellte Elon Musk online und schuf damit die ersten Gelben Seiten des Internets.

Diese Geschäftsidee wollten die beiden Brüder ausbauen. Dazu war es notwendig, Akquise zu betreiben, also schlichtweg »Klinken zu putzen«. Das Startkapital in Höhe von 28.000 US-Dollar stellte Elon Musks Vater Errol zur Verfügung – trotz des zerrütteten Verhältnisses zwischen Vater und Sohn. Fortan war der eher introvertierte Elon für das Schreiben der Software zuständig, während der gegenüber Menschen aufgeschlossenere Kimbal sich um den Außendienst kümmerte. Hinzu stieß ein südkoreanischer Freund von Elon Musk, der die junge Firma als Programmierer unterstützte.

Als Firmensitz diente zu dieser Zeit ein ärmliches kleines Büro, das für 400 US-Dollar im Monat angemietet wurde. Die drei Gründer richteten es sich mit Teppichen und Möbeln wohnlich her, denn sie benutzten es nicht nur als Arbeitsplatz, sondern zugleich als Apartment. Diese Sparsamkeit war notwendig geworden, weil das von Elon Musks Vater zur Verfügung gestellte Startkapital bereits nach kurzer Zeit aufgebraucht war.

1996/1997

Im Januar 1996 änderte sich die Situation grundlegend: Global Link Information Network bekam von Mohr Davidow Ventures, einer Venture-Capital-Gesellschaft, den Betrag von 3 Millionen US-Dollar zur Verfügung gestellt. Dies allerdings mit der Einschränkung, dass die Geschäftsleitung einem Fachmann übertragen würde. Diese Rolle fiel Richard Sorkin zu, der fortan das Unternehmen als Geschäftsführer (CEO) leitete. Elon Musk blieb die nachrangige Position des Chairman und des Executive Vice President.

Sowohl sein Posten in der zweiten Reihe als auch der Geschäftsverlauf seiner Firma gefielen Elon Musk nicht. Die Firma arbeitete, wie die meisten Startups dieser Zeit, durchgehend defizitär. Durch weiter zufließendes Geld, mit dem Global Link Information Network am Leben gehalten werden sollte, kamen immer mehr Entscheider von außen in das Unternehmen. In konkreten Zahlen: Vier der sieben Vorstandsposten waren mit firmenfremden Managern besetzt. Damit hatte sich gleichzeitig der Unternehmensanteil von Elon Musk auf 7 Prozent verringert. Zwischenzeitlich war sogar der Name des Unternehmens geändert worden. Statt Global Link Information Network hieß es nun Zip2.

1998

Im April 1998 schließlich wollte Richard Sorkin die Firma abstoßen – weit unter Wert, wie Elon Musk glaubte. Aus diesem Grund ging Musk in die Offensive und überzeugte den Vorstand davon, CEO Richard Sorkin zu kündigen. Tatsächlich folgte der Vorstand Musks Forderung, zumal dieser gedroht hatte, ansonsten das Unternehmen zu verlassen. So musste schließlich Richard Sorkin seinen Schreibtisch räumen; der von ihm bereits eingefädelte Verkauf wurde abgeblasen.

Zur Verwunderung von Elon Musk entschied der Vorstand nun jedoch nicht, ihn in die erste Reihe zu befördern, sondern setzte ihm mit Derek Proudian erneut einen Geschäftsführer (CEO) vor die Nase. Elon Musks Hoffnung auf eine Verbesserung des Geschäftsklimas und der Geschäftszahlen lösten sich bald in Luft auf – denn Derek Proudians erste Amtshandlung war der Verkauf von Zip2 an das Großunternehmen Compaq.

1999

Doch nicht der Verkauf war die eigentliche Sensation, sondern der dabei erzielte Preis von 307 Millionen US-Dollar. Das war der höchste Betrag, der bislang für ein Internet-Startup gezahlt worden war. Elon Musk erhielt vom Verkaufserlös 22 Millionen US-Dollar ausgezahlt. Damit war er mit seinen 28 Jahren zwar Multimillionär – aber gleichzeitig frustriert und seiner Firma beraubt. Musk begann nach einer neuen Geschäftsidee zu suchen.

Schon im Sommer 1999 war die neu gefundene Geschäftsidee soweit gereift, dass Elon Musk damit auf Kapitalsuche ging. Die Idee schien ausgefallen, aber tauglich. Musk wollte eine Online-Bank gründen, um den in den USA komplizierten länder- bzw. bundesstaatenübergreifenden Zahlungsverkehr zu vereinfachen und zu beschleunigen.

Schließlich erhielt Musk vom Unternehmen Sequoia Capital finanzielle Unterstützung in Höhe von 25 Millionen US-Dollar. Sequoia Capital war nicht unbekannt, denn sowohl Cisco, Apple und Oracle hatten ihre Geschäftsidee mit dem Wagniskapital von Sequoia Capital aufbauen können. Ein Name für das neue Unternehmen war schnell gefunden: »X.com« sollte es heißen.

2000

Parallel dazu heiratete Elon Musk im Januar 2000 seine Lebensgefährtin Justine Wilson, eine kanadische Schriftstellerin. Das Unternehmen X.com startete allerdings nicht so erfolgreich wie erhofft. Musk experimentierte mit verschiedenen Dienstleistungen, doch ein durchschlagender Erfolg wollte sich nicht einstellen. Einzig die Idee, länderübergreifende Zahlungen über ein E-Mail-Konto abzuwickeln, schien erfolgversprechend. So entschied sich Musk im März 2000 schließlich dafür, sein Unternehmen mit dem im Herbst 1998 gegründeten Konkurrenzunternehmen Confinity zu verschmelzen, das an einem Bankservice namens »PayPal« arbeitete.

Das aus der Verschmelzung entstandene Unternehmen behielt den Namen X.com und Elon Musk wurde Geschäftsführer (CEO). Doch die Gründer von Confinity, Max Levchin, Peter Thiel und Luke Nosek, waren bald von Elon Musk und seinem Arbeitsstil befremdet. Statt Probleme auf Augenhöhe auszudiskutieren, dominierte Musk das Unternehmen in einer Weise, die für die drei Gründer von Confinity bald nicht mehr akzeptabel war. Dementsprechend war es keine Überraschung, dass Musk, als er nach einer zweiwöchigen Geschäftsreise zurückkehrte, nicht mehr zum Unternehmen gehörte. Der Vorstand hatte ihn kurzerhand seines Postens enthoben und entlassen.

Doch es sollte noch schlimmer kommen: Im Dezember 2000 holten Justine und Elon Musk ihre Hochzeitsreise nach und besuchten dabei mehrere Länder Südamerikas. Im Anschluss daran erkrankte Elon an Malaria tropica, einer der schwersten Malaria-Formen. Er bemerkte den Ausbruch der Krankheit im Januar 2001 und legte sich, weil er sich unwohl fühlte, ins Bett, um sich auszukurieren. Nach einigen Tagen wurde er von einer Ärztin ins Krankenhaus von Redwood City eingewiesen, wo ein zufällig anwesender Malariaspezialist sofort handelte: Musk wurde auf die Intensivstation verlegt, wo die Ärzte um sein Leben kämpften.

Erst nach zehn Tagen konnte er die Intensivstation verlassen. Hierzu schreibt sein Biograph Ashlee Vance: »Es dauerte sechs Monate, bis sich Musk erholt hatte. Im Verlauf der Krankheit hatte er 45 Pfund Gewicht verloren und besaß jetzt einen Schrank voller Kleidung, die ihm nicht mehr passte.«[4] Musk war dem Tod nur mit knapper Not entkommen und zog daraus für sich die Lehre: »Urlaub bringt dich um«.

2001

Während der langsam Genesende im Juni seinen 30. Geburtstag feierte, stand das nächste Ärgernis bereits ins Haus. Der Geschäftsführer von X.com, Peter Thiel, hatte den Namen des Unternehmens in »PayPal Inc.« geändert. Damit war Musks von außen sichtbare Verbindung zur Firma zwar gekappt, aber den Schmerz darüber linderte zweifellos sein weiterhin vorhandener Aktienanteil in Höhe von 11,7 Prozent.

In dieser Zeit knüpfte Elon Musk erste Kontakte zu einer Gruppe, die sich »The Mars Society« nannte. Diese im Sommer 1998 gegründete Non-Profit-Organisation bestand vorrangig aus Wissenschaftlern, Ingenieuren und Raumfahrtenthusiasten. Erklärtes Ziel der Gesellschaft war die Förderung der bemannten und unbemannten Erforschung des Mars. Hier lernte Elon Musk Robert Zubrin kennen, den Leiter der Gesellschaft. Mit seiner Idee, den Mars zu erforschen und später zu besiedeln, rannte Elon Musk bei Zubrin offene Türen ein.

2002

Geleitet von Peter Thiel, wuchs PayPal unterdessen stetig weiter. Im Februar 2002 erfolgte schließlich der Börsengang von PayPal an der US-Börse Nasdaq. Das war zwar ein klares Erfolgszeichen, aber das Unternehmen war zu diesem Zeitpunkt trotz seiner über zehn Millionen Kunden noch weit von einer Profitabilität entfernt. In greifbaren Zahlen ausgedrückt: Seit seiner Gründung hatte PayPal ein Minus von 231 Millionen US-Dollar angehäuft.

Die Situation änderte sich im Oktober 2002, denn Ebay erkannte das Potenzial von PayPal und zahlte für die Übernahme einen Kaufpreis von 1,5 Milliarden US-Dollar. Elon Musk war zwar seit seiner Entlassung nicht mehr Teil der Geschäftsführung von PayPal, doch mit seinem 11,7-prozentigen Aktienpaket immer noch größter Anteilseigner. Demgemäß flossen nun 165 Millionen US-Dollar auf Musks Konto.

Musk und seine Frau Justine waren zwischenzeitlich mit ihrem neugeborenen Sohn Nevada Alexander nach Los Angeles gezogen. Ungeachtet der Geburt des ersten Kindes hatte sich bereits gezeigt, dass die Ehe der beiden nicht glücklich war. Tragischerweise erlitt Nevada Alexander zehn Wochen nach seiner Geburt den plötzlichen Kindstod.

Elon Musk stürzte sich nun noch stärker in die Arbeit und gründete im Juni 2002 ein neues Unternehmen. Mit seinem Startup »SpaceX« (Space Exploration Technologies Corporation) hatte er ein privates Raumfahrtunternehmen im Sinn, das Flüge in den Orbit deutlich kostengünstiger machen sollte. Im Zentrum der Überlegungen stand die Tatsache, dass sich die Kosten für diese Flüge dramatisch senken ließen, wenn die Trägerrakete nicht bei jedem Flug verloren ginge, sondern mehrfach wiederverwendet werden könnte. Hier hatte die NASA mit ihrer seit Jahrzehnten zementierten Monopolstellung nichts zu bieten.

Für Musk arbeiteten bereits dreißig Raketenspezialisten in Hawthorne/Kalifornien an der Konstruktion des dazu notwendigen Raketenantriebs. Schon 2003, so der Plan, sollte die von verflüssigtem Wasserstoff und Flugbenzin angetriebene »Falcon«-Rakete getestet werden. Allerdings war Elon Musk mit dieser Idee nicht allein, denn auch Jeff Bezos, der Gründer und Chef des On-

Tesla-Mitgründer Martin Eberhard: Am 1. Juli 2003 gründeten die beiden Tüftler Martin Eberhard und Marc Tarpenning die Automobilfirma »Tesla Motors« mit dem Ziel, ansprechende Elektroautos zu bauen. (Bild: Nicki Dugan/Wikimedia Commons)

Börsengang von PayPal im Jahr 2002: Geschäftsführer Peter Thiel und Elon Musk posieren stolz mit dem PayPal-Logo in der Firmenzentrale in Palo Alto. (Bild: picture alliance/ASSOCIATED PRESS/Paul Sakuma)

line-Versandhauses Amazon, arbeitete mit seinem Startup »Blue Origin LLC« an neuen Raketen für kommerzielle Flüge in den Orbit. Gerüchteweise verlautete, dass noch mehr Milliardäre in dieses mutmaßlich bald sehr lukrative Geschäft einsteigen wollten, so beispielsweise Richard Branson. SpaceX wuchs, und schon bald folgten erste Bodentests mit den neu entwickelten Triebwerken.

2003

Schon seit geraumer Zeit hatte Musk die Aktivitäten des in der Nähe beheimateten Unternehmens AC Propulsion Inc. beobachtet, dessen Inhaber an Automobilen mit Elektroantrieb forschten. Doch auch an anderer Stelle herrschte reges Interesse an diesem Thema. So gründeten die beiden Tüftler Martin Eberhard und Marc Tarpenning am 1. Juli 2003 die Automobilfirma »Tesla Motors« mit dem Ziel, optisch und technisch ansprechende Elektroautos zu bauen. Namenspatron der Firma war der Erfinder, Physiker und Elektroingenieur Nikola Tesla, der 1856 im heutigen Kroatien das Licht der Welt erblickt hatte. Bald stieß als Ergänzung der Ingenieur Ian Wright zur noch kleinen Tesla-Mannschaft. Beim geplanten Roadster sollte der Kaufpreis eine untergeordnete Rolle spielen, denn der Wagen sollte vielmehr als »Spielzeug für Reiche« konzipiert sein. Viel wichtiger war eine extreme Beschleunigung, die bei den in den USA beliebten Sprints von Ampel zu Ampel beeindrucken sollte.

Die Vision der drei Firmengründer war, Lithium-Ionen-Batterien, wie sie beispielsweise in Mobiltelefonen zum Einsatz kamen, miteinander zu verknüpfen. Das Vorhaben, eine neue Automobilfirma zu gründen, schien indes durch und durch aussichtslos. Ashlee Vance konkretisierte dazu: »Jeder, der in den USA ein neues Autounternehmen aufbauen möchte, wird bald daran erinnert, dass das letzte erfolgreiche Start-up in dieser Branche Chrysler war, gegründet 1925.«[5] Nur zu gut war bekannt, welches Ende innovative Neugründungen wie beispielsweise die »Tucker Corporation« genommen hatten, die Ende der 1940er-Jahre von den großen US-Herstellern systematisch in den Ruin getrieben worden war.

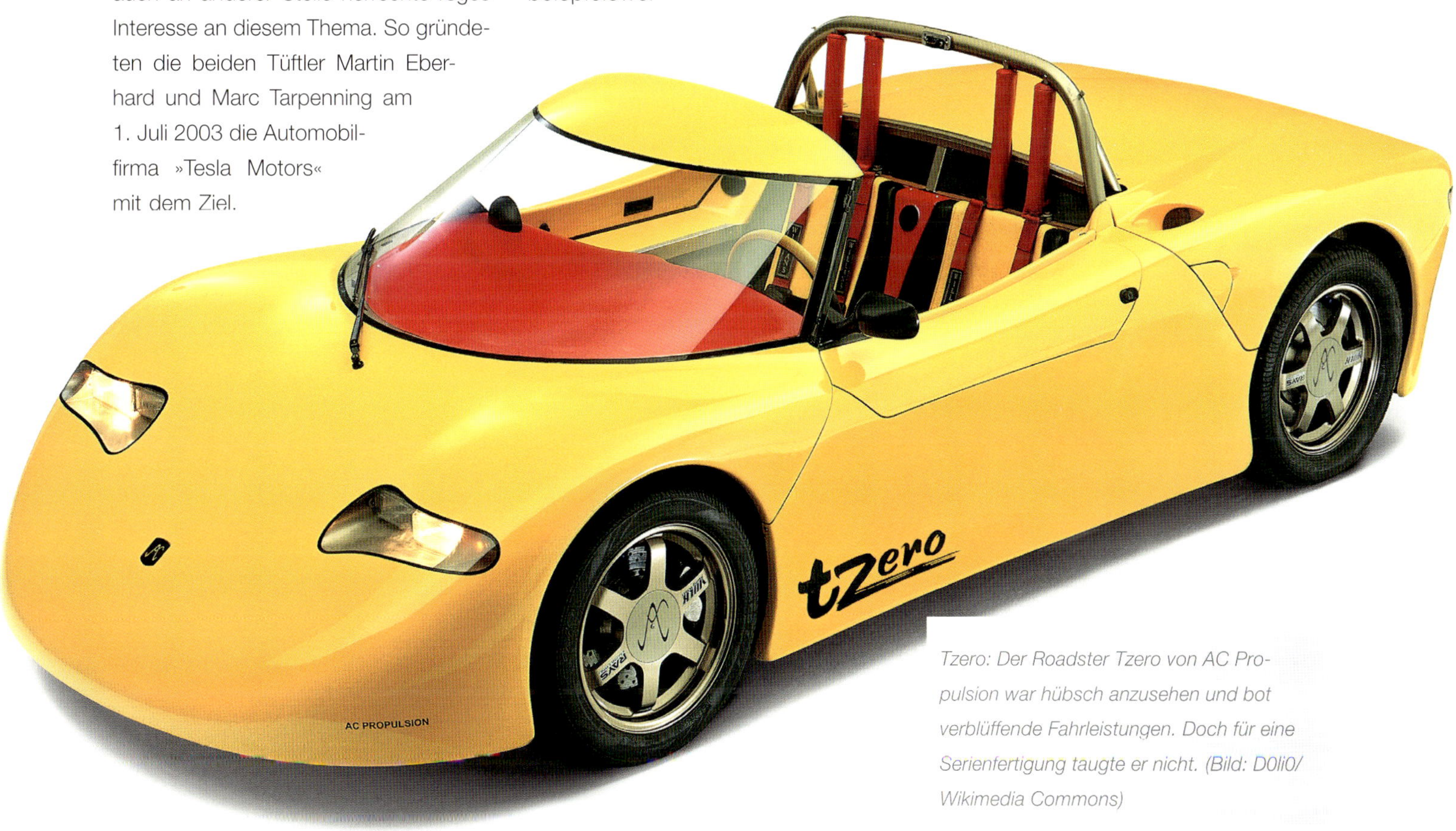

Tzero: Der Roadster Tzero von AC Propulsion war hübsch anzusehen und bot verblüffende Fahrleistungen. Doch für eine Serienfertigung taugte er nicht. (Bild: D0li0/ Wikimedia Commons)

Bereits seit Jahren arbeitete das kleine Unternehmen AC Propulsion in San Dimas/Kalifornien an einem Batterieantrieb für Fahrzeuge. Beim Tzero waren die Batteriepacks seitlich montiert. (Bild: D0li0/Wikimedia Commons)

Tzero mit Anhänger als Range Extender. (Bild: D0li0/Wikimedia Commons)

Tzero: Insgesamt wurden drei AC Propulsion Tzero von Hand gebaut. Zwei wurden an Privatpersonen verkauft, der dritte Wagen brannte im Frühjahr 2017 ab. (Bild: Peter Gruber/Wikimedia Commons)

Die technische Basis für den geplanten Tesla-Roadster sollte AC Propulsion liefern. Bereits seit 1992 arbeiteten deren Tüftler in San Dimas/Kalifornien an einem Batterieantrieb für Fahrzeuge. Sogar drei kleine Roadster-Prototypen namens Tzero hatte das Unternehmen bereits auf die Räder gestellt. Je nachdem, welcher Batteriesatz eingebaut wurde, erreichte der Tzero eine Reichweite von bis zu 250 Kilometern.

Mittels eines Anhängers, der als Range Extender fungierte und einen Kawasaki 500-cm³-Motor mit angekoppeltem 20-kW-Generator enthielt, konnten sogar weit größere Strecken zurückgelegt werden. Auch die Fahrleistungen überzeugten, denn in puncto Beschleunigung ließ der Tzero selbst stärkste Sportwagen hinter sich.

Das Vorhaben, den Tzero in der bestehenden Form in Serie zu bauen, war nicht realisierbar – zu weit war das zusammengetüftelte Gesamtfahrzeug davon entfernt, jemals effizient gefertigt werden zu können. Stattdessen wurde überlegt, lediglich das entwickelte Antriebskonzept von AC Propulsion für den geplanten Tesla Roadster zu nutzen.

Auf der Suche nach einem leichten, technisch unkomplizierten offenen Sportwagen stießen die Entwickler von Tesla schließlich auf den Lotus Elise. Dieser kompromisslose Leichtbau-Sportwagen aus England bildete die ideale Basis, um in ihn den zugekauften Antriebsstrang von AC Propulsion zu implantieren. Im September 2003 wurde dementsprechend eine Zusammenarbeit mit der renommierten britischen Sportwagenmanufaktur vereinbart.

Lotus Elise: Der Leichtbau-Sportwagen aus England bildete die ideale Basis, um in ihn den Antriebsstrang von AC Propulsion einzubauen. (Bild: Stefa/Wikimedia Commons)

EXKURS: NIKOLA TESLA

Das Geburtshaus von Nikola Tesla in Smiljan (Kroatien) ist heute ein Museum. (Bild: MayaSimFan/Wikimedia Commons)

Am 10. Juli 1856 wurde Nikola Tesla in Smiljan (Kroatien) als Sohn der Eltern Milutin und Djuka Tesla geboren.

Nikola Tesla gilt heute nicht nur als ungewöhnlich produktiver Erfinder im Bereich Energie- und Elektrotechnik; er gilt zudem als Genie, das um die Früchte seiner jahrzehntelangen Forschungsarbeit betrogen wurde. Dieser ungewöhnliche Mann, ohne den es wahrscheinlich keine Elektromobilität in der heutigen Form gäbe, ist der Namenspate des Automobilherstellers Tesla. Diese Namenspatenschaft zeigt sich auch im Firmenlogo von Elon Musks Automobilfirma, das den Querschnitt eines Elektromotors abbildet.

Nikola Tesla galt in seiner Jugendzeit zwar nicht als sonderlich zielstrebig, jedoch als hochintelligent. Sein elektrotechnisches Studium an der Kaiserlich-königlichen Technischen Hochschule in Graz brach er ab, um lieber Billard und Karten zu spielen. Er wurde schließlich der Universität verwiesen, weil er weder zu den Vorlesungen erschien noch sein Studiengeld bezahlt hatte. Mit finanzieller Unterstützung seiner Familie studierte er schließlich an der Karls-Universität in Prag weiter. Über einen Abschluss ist nichts bekannt.

Völlig mittellos zog Tesla nach New York, wo er die Tesla Electric Light and Manufacturing Company gründete. Da ihn seine beiden Geschäftspartner betrogen, musste er im Frühjahr 1887 als Tagelöhner im Straßenbau arbeiten. In New York kam ihm die Idee zum Zweiphasen-Wechselstrommotor. Zur praktischen Umsetzung seiner Idee gründete Tesla die Tesla Electric Company. Dabei stellte sich Nikola Tesla gegen die herrschende Lehrmeinung, die Gleichstrommotoren als das Maß der Dinge betrachtete und per Wechselstrom betriebene Elektromotoren für undenkbar hielt. Nikola Tesla hatte jedoch das Gegenteil bewiesen.

Porträtbild von 1896: Nikola Tesla im Alter von 40 Jahren. (Bild: Unknown/Wikimedia Commons)

Aufgrund der technischen Vorteile des Wechselstroms, vor allem durch seinen verlustarmen Transport über weite Entfernungen, setzte sich allmählich Teslas Technik durch. Zur Jahrhundertwende installierten Städte dann weltweit fast ausschließlich Wechselstromanlagen. Für Nikola Tesla, der alles hereinkommende Geld in seinen exaltierten Lebensstil steckte, begann damit eine Phase des materiellen Wohlstands und des gesellschaftlichen Aufstiegs. Tesla arbeitete fortan in einem eigenen, bestens ausgerüsteten Labor. Der nächste Erfolg kam bald: Im Jahr 1900 gelang ihm die erste drahtlose Energieübertragung, womit er die Grundlage für die heutige Radio- und Funktechnik schuf.

Zu dieser Zeit begann Nikola Tesla, sich verstärkt der Metaphysik zuzuwenden. In diesem Zusammenhang berichtete er erstmals von Kontakten mit außerirdischen Wesen. Kurz davor hatte er im Affekt einen Vertrag mit dem US-Großunternehmen Westinghouse abgelehnt, der ihn durch langfristige Tantiemenzahlungen zum Multimillionär gemacht hätte. Trotzdem folgten in den kommenden Jahren unzählige Erfindungen und Patente von Nikola Tesla, so zum Beispiel zum Blitzableiter und zu Röntgenröhren. Sogar eine Signalübertragung über eine Entfernung von 1000

Teslas funktionierendes Modell eines Wechselstrommotors, dessen technische und physikalische Grundlagen er patentieren ließ. (Bild: Romain Ramier/Wikimedia Commons)

km gelang ihm, ebenso der Empfang von Radiosignalen aus dem Weltall. Darüber hinaus veröffentlichte Tesla Fachartikel zu einem möglichen RADAR-System.

Mittlerweile war Tesla aufgrund seines extravaganten Lebensstils, seines Hangs zur exzessiven Selbstdarstellung und seines wirtschaftlich unklugen Handelns erneut in finanziellen Schwierigkeiten. Sein Labor musste er auflösen. Gegen Ende des Jahres 1905 zog sich Nikola Tesla immer mehr aus der Öffentlichkeit zurück und verfiel dem Alkohol. Erst mit der Entwicklung der Tesla-Turbine im Jahr 1908 verbesserte sich seine finanzielle und folgend seine gesundheitliche Lage. Doch die Tesla-Turbine konnte aufgrund von Werkstoffproblemen nicht zur Serienreife gebracht werden. Ab 1910 stand Nikola Tesla erneut vor dem Ruin.

Aus finanzieller Not beschäftigte sich Tesla nach Ausbruch des 1. Weltkriegs ausführlich mit Waffentechnik. Im Fokus stand die Entwicklung von Strahlenkanonen gegen U-Boote, die konzentrierte Hochfrequenzstrahlen aussenden sollten. Zu dieser Zeit begann sich der amerikanische Geheimdienst mit Nikola Tesla zu beschäftigen. Große Aufmerksamkeit zog dabei seine Entwicklung eines Konverters zur Nutzung von Energie aus dem Weltall auf sich, die allerdings den finanziellen Interessen der großen amerikanischen Energieunternehmen diametral zuwiderlief.

In der Weltwirtschaftskrise von 1929 war Nikola Tesla wieder völlig verarmt. Körperlich und geistig ausgelaugt, widmete er sich fortan dem Füttern und Pflegen von kranken Tauben aus dem Stadtpark. Nikola Tesla wurde am Morgen des 8. Januar 1943 im Alter von 86 Jahren in einem New Yorker Hotel, in dem er auf Kredit lebte, vom Personal tot aufgefunden. Seine Forschungsunterlagen wurden sofort von US-Beamten beschlagnahmt.

112 Patente hatte Nikola Tesla zu seinen Lebzeiten angemeldet, darüber hinaus wichtige Grundlagenforschung für viele der heutigen Hochtechnologien betrieben. Insgesamt zwölf Ehrendoktortitel waren ihm für seine Forschungsarbeiten zuerkannt worden.

Seine Forschungen zur freien Energie sind bis heute Nährboden für Verschwörungstheorien und führen zur offenen Frage, welche Rolle die US-amerikanische Energieindustrie und der US-Geheimdienst beim Tod vom Nikola Tesla gespielt haben.

Nikola Tesla bei Experimenten mit Blitzentladungen in seinem Labor in Colorado Springs/Colorado im Dezember 1899. Der Bildeffekt wurde durch eine Mehrfachbelichtung erzeugt. (Bild: Dickenson V. Alley/Wikimedia Commons)

2004
2009

DER TESLA ROADSTER ENTSTEHT

Was den Firmengründern von Tesla Motors fehlte, war ein Kapitalgeber, der nicht nur Geld zur Verfügung stellte, sondern sich zudem für die Idee des Elektroantriebs begeisterte. Durch Vermittlung von AC Propulsion kamen schließlich die drei Gründer von Tesla Motors mit Elon Musk zusammen, der auf der Suche nach einer Investitionsmöglichkeit war. Elon Musk investierte 6,5 Millionen US-Dollar (Investitionsrunde A)[6] und ließ sich zum Vorstandsvorsitzenden (Chairman of the board) wählen.

Damit avancierte Musk nicht nur zum Chef des Unternehmens, sondern auch zu dessen größtem Anteilseigner. Martin Eberhard fungierte als CEO. Mit SDL Ventures wurde ein weiterer Investor gefunden, der 7 Millionen US-Dollar beisteuerte. Insgesamt, so hatten die Planer errechnet, waren jedoch mindestens 70 Millionen US-Dollar notwendig, um mit der Serienfertigung des Roadster starten zu können.

Jeffrey Brian Straubel: Der Freund von Elon Musk und Mitgründer von Tesla Motors hatte ebenfalls bereits Kontakte zum Unternehmen AC Propulsion geknüpft. Bis zum Sommer 2019 war Straubel als Chief Technical Officer für die Technik der Tesla-Automobile verantwortlich. (Bild: Rudolf Simon/Wikimedia Commons)

Tesla-Hauptquartier: In San Carlos im Silicon Valley fand Tesla Motors mit einer Fläche von 900 Quadratmetern genügend Raum, um das Roadster-Projekt zu starten. Was so schmuck aussieht, war vorher ein altes Industriegebäude gewesen. (Bild: Tumbenhaur/Wikimedia Commons)

Prototyp Tesla Roadster: 6831 gewöhnliche Lithium-Ionen-Batterien des Bautyps 18650 aus Laptops und Handys wurden miteinander verlötet, um damit den Wagen anzutreiben. Der Batterieblock wird durch eine Mischung aus Wasser und Glykol gekühlt. (Bild: Windell Oskay / Wikimedia Commons)

Auf Wunsch von Elon Musk stieß im Mai 2004 Jeffrey Brian (JB) Straubel, der sich bereits seit vielen Jahren mit einem elektrischen Antrieb für Automobile beschäftigte, zu Tesla. Straubel und Elon Musk kannten sich bereits einige Zeit, denn Straubel hatte ebenfalls Kontakt zum Unternehmen AC Propulsion. Entschieden wurde nun, keinen eigenen Elektroantrieb von Grund auf neu zu entwickeln, sondern von AC Propulsion eine Baulizenz für den Antrieb des geplanten Tesla Roadster zu erwerben. Erste Mitarbeiter wurden eingestellt.

Das kleine Team rund um die Firmengründer legte nun das Package für den Prototyp fest. Erste Baupläne entstanden. Bald stellte sich heraus, dass der Raum, den der Motor des kleinen Roadsters in der Mitte des Fahrzeugs einnahm, für die errechnete Batteriegröße nicht ausreichte. Aus diesem Grund wurde entschieden, das Heck des Lotus Elise um 12 cm zu verlängern. In einem alten Industriegebäude in San Carlos im Silicon Valley fand Tesla Motors mit einer Fläche von 900 Quadratmetern schließlich genügend Raum, um das Roadster-Projekt zu starten.

In der Praxis hieß das, insgesamt 6831 gewöhnliche Lithium-Ionen-Batterien des Bautyps 18650 aus Laptops und Handys miteinander zu verlöten, um so einen leistungsstarken Batterieblock zu erhalten. Dieser Batterieblock sollte dann ins verlängerte Heck der ge-

Da die Baugröße für die Montage des Batteriepacks nicht ausreichte, musste das Heck des Lotus Elise um 12 cm verlängert werden. (Bild: Windell Oskay/Wikimedia Commons)

Nach professionellem Fahrzeugbau sah das noch nicht aus. Aber es funktionierte in der Praxis besser als erhofft. (Bild: Nicholas Wang/Wikimedia Commons)

braucht gekauften Lotus Elise montiert werden.

Von der ursprünglichen Lotus Elise hatten sich die Entwickler dabei mittlerweile optisch und technisch weit entfernt. Allerdings sorgte die Nachricht, dass in den USA eine Gruppe von 18 jungen Tüftlern ein Elektroauto aus Tausenden miteinander verlöteten Laptop-Batterien bauen wollte, weltweit für Erheiterung. Auch wenn die Gerüchte konkreter wurden, dass das Elektro-Vehikel tatsächlich funktionierte und fuhr – wer sollte eine solche Idee ernst nehmen? Konsens war, dass ein solch abenteuerliches Konstrukt niemals als Basis für ein Serienfahrzeug tauglich sein könnte.

Bei genauerem Blick auf den Vorderbau des Tesla Roadster ließen sich gut die ursprünglich von Lotus angewandten Fügetechniken Verschrauben, Vernieten und Verkleben erkennen. (Bild: Windell Oskay/Wikimedia Commons)

2005

Mittlerweile feilten die Entwickler an der Optik des Tesla Roadster, wozu sogar ein eigenes Tonmodell im Maßstab 1:4 gestaltet wurde. Nachdem sich alle Verantwortlichen auf das finale Design für das spätere Serienmodell geeinigt hatten, entstand im April 2005 schließlich ein Tonmodell im Maßstab 1:1. Immerhin standen zu dieser Zeit bei Tesla Motors schon 24 Angestellte in Lohn und Brot.

Die Arbeiten an der Elise waren Mitte Oktober 2004 begonnen worden – und bereits Ende Januar 2005 war der erste Prototyp (»Mule 1«) fahrfertig. Der Tesla Roadster funktionierte, und er funktionierte so gut, dass Elon Musk nochmals 9 Millionen US-Dollar (Investitionsrunde B)[7] in das Unternehmen einfließen ließ. Firmengründer Martin Eberhard beschloss, die finanzielle Basis des Unternehmens deutlich auszuweiten und den Tesla Roadster Anfang 2006 auf den Markt zu bringen. Weitere Mitarbeiter wurden eingestellt, mittlerweile waren es 41. Parallel dazu wurde eine Zweigstelle von Tesla Motors in Großbritannien eröffnet.

Hierzu schrieb SPIEGEL ONLINE rückblickend aus dem Jahr 2007: »Tatsächlich ist die Geschichte des Unternehmens aus San Carlos fast zu cool, um wahr zu sein. [...] Als Finanziers gewinnt der umtriebige Firmengründer die Crème de la Crème des Silicon Valley. Neben Paypal-Gründer Elon Musk steigen die Google-Boys Brin und Page ein, ferner etliche Wagniskapitalfonds mit erstklassigem Ruf. Die Dotcom-Milliardäre lieben Eberhards Idee. Und sie sind überzeugt, dass ein kalifornisches Start-up das Zukunftskonzept Elektroauto viel besser umsetzen kann als ein behäbiger Industriegigant wie GM.«[8]

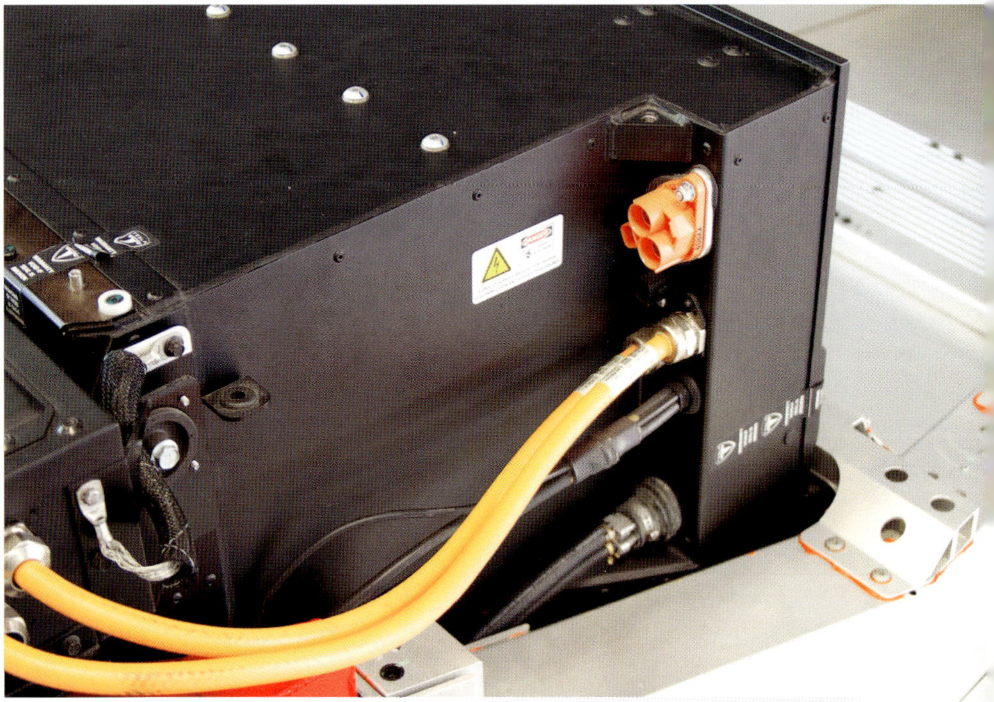

Auch an der hemdsärmeligen Ausführung des Batteriepacks und der Verkabelung war zu sehen, dass es sich um einen Prototyp handelte. Ein Problem war die latente Brandgefahr durch Kurzschlüsse. (Bild: Windell Oskay/Wikimedia Commons)

Doch ganz so einfach sollte es nicht werden. Der Prototyp des Tesla Roadster fuhr zwar, doch war er voller technischer Mängel, die vor einem Serienanlauf behoben werden mussten. Auch die Verarbeitungsqualität war keineswegs auf einem Stand, den die anvisierten verwöhnten Premiumkunden akzeptieren würden. Probleme ergaben sich zudem durch die latente Brandgefahr bei einem Kurzschluss von mehreren Batteriezellen.

Aus diesem Grund experimentierten die Entwickler am gerade fertiggestellten Prototyp, indem sie Kurzschlüsse simulierten. Um hier Know-how zu sammeln, wurde eine sechsköpfige Arbeitsgruppe eingerichtet, die die empfindliche Batterietechnologie weiterentwickeln sollte, um vor allem ebensolche Kurzschlüsse und Brände auszuschließen.

Im August 2005 begannen die Arbeiten am zweiten Prototyp (»Mule 2«), dessen Hülle aus GFK (Glasfaserverstärkter Kunststoff) entstehen sollte. Eigentlich sollte die Karosserie des Roadster aus CFK (Carbonfaserverstärkter Kunststoff) gefertigt werden, doch die Entwickler entschieden sich vorerst dagegen. Um schneller mit den Arbeiten voranzukommen, wurde der Mitarbeiterstamm auf insgesamt 63 Angestellte aufgestockt. Neben dem zweiten Prototyp entstanden 10 weitere für Testfahrten und die obligatorischen Crashtests. Dieser Kraftakt verschlang viel Geld, sodass immer mehr Mittel nachgeschossen werden mussten. Klar war: Jetzt ging es um Alles oder Nichts.

2006

Im Januar 2006 war der zweite Prototyp montiert, ebenso standen, wie beabsichtigt, 10 weitere fahrfertig für Tests bereit. So erfreulich diese Tatsache war der eigentliche Plan, den Tesla Roadster im Frühjahr 2006 auf den Markt zu bringen, war längst obsolet geworden. Die folgenden Monate waren angefüllt mit Fahr- und aerodynamischen Tests, dem Abarbeiten von Testzyklen und der Verfeinerung der Produktion, die baldmöglichst starten sollte.

Endlich war auch der erste, nach den Maßstäben einer Serienfertigung entstandene Roadster fertiggestellt. Der EP1 (»Engineering Prototype 1«) war real und vorzeigbar, dazu mit seiner schwarzen Lackierung hübsch anzusehen und mit brachialen Fahrleistungen gesegnet.

Elon Musk investierte weitere 12 Millionen US-Dollar in Tesla Motors, mehrere Investoren zogen nach. Insgesamt rund 40 Millionen US-Dollar (Investitionsrunde C)[9] kamen dabei von den Geldgebern zusammen, die nach der Präsentation des EP1 fest an die Zukunft der kleinen Automobilfirma glaubten. Unter ihnen befanden sich illustre Namen wie Capricorn Investment Group, Vantage Point Venture Partners, Draper Fisher Jurvetson, JP Morgan Bay Area Equity Fund, Valor Equity Partners und Compass Venture Partners.

Elon Musk steckte sein Geld jedoch nicht nur in Tesla Motors, sondern streute es. So flossen stetig größere Summen in sein Unternehmen SpaceX, zudem gründete er 2006 die »SolarCity Corporation«. Dieses Unternehmen mit Sitz im kalifornischen San Mateo widmete sich der Entwicklung und dem Vertrieb von Solarstromanlagen. Allerdings arbeiteten alle drei neu gegründeten Unternehmen noch stark defizitär.

Knallrot lackiert und leidlich funktionierend, wurde der Engineering Prototype 2 der Presse und der Prominenz Kaliforniens vorgeführt. (Bild: fogcat5/Wikimedia Commons)

Im Juli 2006 folgte der knallrot lackierte EP2 (»Engineering Prototype 2«). Nun wurde es Zeit, die Pressetrommel im großen Stil zu rühren. Medienvertreter wurden nach Santa Monica eingeladen, ebenso Prominente, Vermögende und Early Adopters. Sogar der damalige kalifornische Gouverneur Arnold Schwarzenegger besuchte die Veranstaltung, um sich ein Serienmodell des Tesla Roadster für später zu reservieren.

Allerdings waren die beiden Vorserienmodelle EP1 und EP2 noch sehr empfindlich, weshalb bei den Probefahrten schon nach wenigen Minuten angehalten wurde, um die Fahrer auszuwechseln. Diese kurze Taktung war kein Marketingtrick, sondern sie war notwendig, um eine Überhitzung der Antriebseinheit zu vermeiden. Erstmals wurden auch die ersten Rahmendaten zum späteren Serienmodell, das im Sommer 2007 auf den Markt kommen sollte, veröffentlicht.

Hierzu konkretisiert Musks Biograph Ashlee Vance: »Tesla gab bekannt, dass die Autos ungefähr 90.000 US-Dollar kosten und eine Reichweite von 400 Kilometern pro Ladung haben würden. 30 Personen hätten bereits fest einen Roadster bestellt. [...] In drei Jahren werde ein billigeres Modell mit vier Türen für unter 50.000 US-Dollar folgen.«[10] Auch die NEW YORK TIMES berichtete erstmals über das Unternehmen Tesla Motors und seine Elektroautos. Allerdings

Die Schönen und Reichen der US-Westküste zückten 2006 begeistert ihre Geldbörsen, um einen Tesla Roadster zu bestellen. Die Frage, wann der Roadster wirklich serienreif sein würde, blieb aber unbeantwortet. (Bild: fogcat5/Wikimedia Commons)

wurde Elon Musk in dem gesamten Artikel kein einziges Mal erwähnt, weshalb er laut der Schilderung von Vance vor Wut kochte. Im Mittelpunkt der Berichterstattung über Tesla Motors stand durchgängig Martin Eberhard, der Gründer des Unternehmens.[11]

Tesla Motors expandierte weiter, und zwar in atemberaubender Geschwindigkeit: Im Mai 2006 standen schon 100, im September 2006 bereits 120 Mitarbeiter auf der Gehaltsliste. Das Unternehmen war in aller Munde, der attraktive Roadster genoss bereits vor seinem Erscheinen Kultstatus, denn die enormen Fahrleistungen hatten sich herumgesprochen. Zudem stand er auf zahlreichen Automobilmessen im Mittelpunkt, wo staunende Besucher über den Wahrheitsgehalt der angegebenen Fahrleistungen spekulierten.

SPIEGEL ONLINE brachte es auf den Punkt: »Die Medien verschlingen die Geschichte „Internet-Milliardäre revolutionieren ›Autoindustrie‹ natürlich wie Schokolade. Auch bei Politikern und Showstars findet der Tesla Roadster schnell Anklang. Kein Wunder: Das Auto ist nicht nur umweltfreundlich, es beschleunigt darüber hinaus in weniger als vier Sekunden von null auf hundert, kann also einen Porsche 911 mühelos versägen. Zudem sieht der Roadster sexy aus – das Karosseriedesign kommt von der britischen Sportwagenmanufaktur Lotus und hat so gar nichts von früheren Müsli-Elektroautos.«[12]

2007

Während der frisch montierte EP3 für die obligatorischen Crashtests[13] vorgesehen war, folgte mit dem Bau des weiterentwickelten »Validation Prototype« der nächste Schritt zur Serienreife. Hierzu gehörten auch Kältetests, die ab Januar 2007 am Polarkreis vorgenommen wurden. Im Ort Arvidsjaur (Schweden) wurden die Kraftübertragung und Batterien bei tiefen Minusgraden umfangreichen Prüfungen unterzogen. Eine neue Investitionsrunde (Investitionsrunde D)[14] ließ weitere 45 Millionen US-Dollar von zuversichtlichen Geldgebern in die Kassen des Unternehmens fließen. 205 Mitarbeiter zählte Tesla Motors im Januar 2007, im März schon 230.

Bei aller Euphorie zeigte sich, dass der Antrieb des Tesla Roadster (interner Codename: »Darkstar«) einer Dauerbelastung nicht standhielt. Bei einem entsprechenden Test war er ausgefallen, weil das Getriebe dem gewaltigen Drehmoment nicht gewachsen war. Diese vom renommierten britischen Spezialisten Xtrac zugelieferten Zweigang-Getriebe waren laut Berechnungen von Tesla Motors falsch dimensioniert worden. Dass nun ausgerechnet eine seit vielen Jahrzehnten bewährte Komponente des klassischen Maschinenbaus der Schwachpunkt an diesem innovativen Auto sein würde – wer hätte das ahnen können?

Zudem gab es weitere Probleme zu bewältigen: Denn parallel zur Entwicklung des Roadster hatte Tesla begonnen, in Thailand eine Batteriefabrik zu errichten. Bald zeigte sich, dass die dort angeheuerten Mitarbeiter für das Handling sensibler elektronischer Bauteile nicht geeignet waren. Eine wirtschaftlich lohnende Batteriefertigung rückte schnell in weite Ferne, ebenso die Weiterentwicklung der Batterietechnologie, die in Thailand kostensparend erfolgen sollte.

Angesichts dieser Schwierigkeiten musste auch der neue Termin für den Serienbeginn verschoben werden. Statt bis zum Sommer 2007 wurden die Vorbesteller nun auf November 2007 vertröstet. Doch die Probleme ließen sich selbst mit Getrieben anderer Zulieferer nicht beheben. Im Juni schließlich folgten Versuche mit einem neuen Zweigang-Getriebe, die weitere Zeit verschlangen. Nach mehreren Wochen des Testens wurde offenbar, dass auch dieses neue Zweigang-Getriebe den Fahrbelastungen nicht standhielt.

Nicht zuletzt wegen der ständig neu auftretenden Probleme hatte sich das Verhältnis zwischen Elon Musk und Firmengründer Martin Eberhard stark abgekühlt. Aufgrund der Dringlichkeit und des Ernstes der Situation holte Elon Musk einen Notfallmanager der Investmentfirma Valor Equity zu Tesla Motors. Dieser kam bald zu der Erkenntnis, dass das Unternehmen in vielerlei Hinsicht stümperhaft geführt wurde. Bei der Kalkulation der Fertigung zeigte sich, dass ein Tesla Roadster später nicht für 90.000 US-Dollar verkauft werden konnte, weil er erst ab einem Kaufpreis von 200.000 US-Dollar kostendeckend zu produzieren war.

Im August 2007 wurde Martin Eberhard schließlich als CEO abgesetzt und auf die untergeordnete Stelle des »Präsidenten für Technologie« verbannt – zu groß waren die Versäumnisse, die ihm vorgeworfen wurden. Diese neue Situation zerrüttete das Verhältnis zwischen Elon Musk und Martin Eberhard völlig. Im Spätherbst schließlich verließ Martin Eberhard Tesla Motors. Sein Interimsnachfolger als CEO wurde im Dezember 2007 Michael Marks, ein Produktionsspezialist.

Marks ging zielstrebig die Fertigungsmängel bei Tesla an und löste Schritt für Schritt die Probleme. Bald aber zeigte sich, dass Michael Marks und Elon Musk auf persönlicher Ebene nicht miteinander harmonierten. Schon im Januar wurde Marks deshalb von Ze'ev Drori ersetzt, der Tesla nun weiter führen sollte. Fakt war: Tesla Motors war finanziell schwer angeschlagen und an eine Serienfertigung des Roadster nicht zu denken. Es galt nun, konsequent zu handeln und den Tesla Roadster serientauglich in die Verkaufsräume zu bringen – oder die Werkstore zu schließen.

Unterdessen hatte Elon Musk den Dänen Henrik Fisker zu Tesla Motors geholt. Der Designer des Aston Martin DB9 und weiterer optisch gelungener Sportlimousinen sollte mit seiner Firma für 875.000 US-Dollar im Auftrag von Tesla Motors eine viertürige Limousine im Stil eines Gran Turismo entwickeln. Dieses Fahrzeug sollte spätestens im Jahr 2010 auf den Markt kommen und Tesla S (interner Codename »Whitestar«) heißen.

2008

Das Jahr 2008 begann gut – zu guter Letzt gelang es den Ingenieuren, das Getriebeproblem in den Griff zu bekommen; schlichtweg indem sie ein Eingang-Getriebe verbauten. Durch Fortschritte

Mit fast zwei Jahren Verspätung startete am 17. März 2008 die Serienfertigung des Tesla Roadster. Das hatte so viel Kraft, Zeit und Geld gekostet, dass Tesla Motors finanziell am Ende war. (Bild: randychiu/Wikimedia Commons)

in der Regelungstechnik arbeitete diese neue Kraftübertragung auch unter Dauerbelastung zuverlässig.[15] Durch das Eingang-Getriebe ergab sich ein weiterer Vorteil, denn die Beschleunigung von 0–100 km/h verbesserte sich von 5,7 auf 3,7 Sekunden. Um den Serienbau beginnen zu können, flossen im Februar weitere 40 Millionen US-Dollar (Investitionsrunde E)[16] in das Unternehmen.

Endlich – am 17. März 2008 startete die Serienfertigung des Tesla Roadster. Die Liste der Vorbesteller war mittlerweile auf mehrere hundert Kunden angewachsen. Im nahen Los Angeles öffnete nun sogar der erste Verkaufsraum. Doch Tesla war finanziell am Ende, so dass im April eine Brückenfinanzierung notwendig wurde, für die Elon Musk und das Unternehmen Valor Equity in die Bresche springen mussten.

Die Seitenansicht des Tesla Roadster wirkt durch die Verlängerung des Chassis harmonischer als bei der Lotus Elise. (Bild: Eugene Zelenko/Wikimedia Commons)

Nicht nur bei Tesla gab es finanzielle Probleme; die gesamte Automobilindustrie litt unter der schweren Finanzkrise, die durch unsaubere Immobilienkredite von US-Banken ausgelöst worden war. Immer deutlicher wurde dabei, dass die großen drei US-amerikanischen Hersteller GM, Ford und Chrysler nicht mehr überlebensfähig waren. Ein Ende der Krise war nicht abzusehen – und Tesla Motors lief die Zeit davon. Der Verkaufsstart des Roadster wurde nun auf den 30. Juni 2008 festgesetzt.

Starten sollte der Tesla Roadster in den USA zu einem Preis von 92.000 US-Dollar, wobei 60.000 US-Dollar im Voraus angezahlt werden mussten. In Europa sollte der Elektro-Roadster dann ab Frühjahr 2009 als ein auf 250 Einheiten limitiertes Sondermodell »Signature Edition« zum Preis von mindestens 117.810 Euro angeboten werden.

Langsam lief 2008 die Kleinserienproduktion an. Während in den USA bereits die ersten Kunden begeistert durch die kalifornische Sonne kurvten, mussten europäische Kunden noch bis zum Jahr 2009 warten. (Bild: Steve Jurvetson/Wikimedia Commons)

Tesla Roadster aus der Vogelperspektive: Gut zu erkennen ist das gelbe Ladekabel auf der linken Fahrzeugseite hinter dem Fahrersitz. (Bild: Norio Nakayama/Wikimedia Commons)

Das Cockpit des Tesla Roadster war zwar zweckmäßig gestaltet, jedoch von seinen Anzeigeinstrumenten und seiner Bedienung her nicht besonders innovativ. (Bild: KarleHorn/ Wikimedia Commons)

Nach den gemachten negativen und positiven Erfahrungen hatten sich die Entwickler bei der Technik für folgende Komponenten entschieden: Die Karosserie wurde nun doch aus CFK gefertigt, obwohl dies einen stark erhöhten Herstellungsaufwand bedeutete. CFK war teuer, aufwendig zu verarbeiten und schwer zu lackieren. Doch aus Sicherheitsaspekten, die vor allem von Elon Musk nachdrücklich vertreten wurden, besaß der Tesla Roadster nun eine aus diesem hochwertigen Material bestehende Karosserie, die auf den gerade einmal 65 kg wiegenden Aluminium-Rahmen montiert wurde.

Herausgekommen war ein kompakter Roadster mit einer Länge von 3,94 m und einer Breite von 1,84 m. Mitsamt dem 408 kg schweren, flüssigkeitsgekühlten Batterieblock wog der Tesla Roadster gerade einmal 1240 kg und beschleunigte dank seiner 215 kW (292 PS) in 3,7 s von 0–100 km/h. Mindestens genauso beeindruckend zeigte sich das maximale Drehmoment von 370 Nm (400 Nm bei der Sport-Variante), das über das komplette, von 0–5400/min reichende Drehzahlband anlag.

Das MANAGER MAGAZIN beschrieb den Fahreindruck wie folgt: »Und selbst wer bei Tempo 120 weiter Gas gibt, hält unwillkürlich nach der Ramme Ausschau, die das Auto von hinten getroffen hat. Dass man dieses Spiel bis 200 km/h treiben kann, ist für ein Elektroauto sensationell, und fast nirgendwo auf der Welt wird das einem Interessenten zu wenig sein.«[17] Als Höchstgeschwindigkeit wurden elektronisch abgeriegelte 201 km/h angegeben. Damit setzte der Tesla Roadster in jeder Hinsicht neue Maßstäbe in der Elektromobilität.

In der Öffentlichkeit wurden besonders die angegebenen Werte zur Reichweite des Tesla Roadster kritisch beäugt. Offiziell lag die Angabe der Reichweite bei 350 km pro Batterieladung. Dies wurde nicht zuletzt durch Rekuperation erreicht, bei der die Verzögerungsenergie des Fahrzeugs in die Batterie rückgespeist wurde. Praxistests zeigten indes, dass sich je nach Fahrweise dieser Durchschnittswert weit unter-, aber auch überbieten ließ. So reduzierte sich bei sehr sportlicher Fahrweise die Reichweite auf 200 km, während bei schonender, vorausschauender Fahrweise bis zu 500 km weit gefahren werden konnte. Das Aufladen der entleerten Batterie, so rechneten Experten vor, kostete danach lediglich 2 bis 3 US-Dollar.

Doch immer noch stand die geplante Serienproduktion des Tesla Roadster im englischen Hethel, dem Stammsitz von Lotus, infrage. Das Geld wurde immer knapper. Parallel dazu hatte sich in den letzten Monaten auch die Krise zwischen Elon Musk und seiner Ehefrau Justine verschärft, obwohl das Paar mittlerweile fünf gemeinsame Kinder hatte. Doch weder die 2004 geborenen Zwillinge Griffin und Xavier noch die 2006 zur Welt gekommenen Drillinge Damian, Saxon und Kai konnten Elon und Justine Musks Trennung verhindern. Am 16. Juni 2008 reichte Elon Musk die Scheidung ein. Dies war der Beginn einer anhaltenden öffentlichen »Schlammschlacht« zwischen den Eheleuten. Die in der Folge ans Tageslicht kommenden Interna warfen kein allzu gutes Licht auf den eigentümlichen Charakter dieser Ehe, die Elon und Justine Musk miteinander geführt hatten.[18]

Wie von seinem Biographen Ashlee Vance mehrfach angedeutet und sogar explizit beschrieben, dürften am Scheitern dieser Ehe durchaus einige Charakterzüge von Elon Musk mitverantwortlich gewesen sein. Auch Vizepräsident und Tesla-Mitgründer Marc Tarpenning verließ Tesla Motors nun, und zwar ebenfalls nicht in Freundschaft. Auch bei SpaceX häuften sich die Probleme, denn die Raketenstarts verliefen enttäuschend. Das bedeutete für Tesla Motors: Elon Musk hatte so viel Geld in SpaceX investiert, dass für den Serienbau des Roadster nun die Mittel knapp wurden.

Aus diesem Grund musste der Verkaufspreis des Tesla Roadster drastisch angehoben werden. Notgedrungen benachrichtigte Elon Musk alle auf der Warteliste stehenden Kaufaspiranten darüber, dass der Wagen in der Basisversion ab sofort nicht mehr 92.000 US-Dollar, sondern 109.000 US-Dollar kostete. Eigenartigerweise stornierten nur sehr wenige Käufer ihre Bestellung – der Serienanlauf des Tesla Roadster konnte beginnen.

Während die ersten Tesla Roadster mitten in der größten Wirtschaftskrise seit dem Jahr 1929 von den Bändern rollten, wurde offensichtlich, dass das Unternehmen den Zeitgeist getroffen hatte. Der Tesla Roadster avancierte sofort zum neuen Spielzeug der »beautiful people«, die damit gleichzeitig öffentlichkeitswirksam ihre Umweltverantwortung zur Schau stellen konnten.

Doch immer noch gab es genug Skeptiker: Parallel zum Serienstart erschienen im Internet beispielsweise die ersten Blogs, die eine »Tesla-Todeschronik«[19] veröffentlichten. In der Presse wurde das Unternehmen schlechtgeredet, und viele der Artikel dieser Tage weideten sich am offenbar bevorstehenden Kollaps der neuen kleinen, ehrgeizigen Automobilfirma.

Trennung im Zorn mit entsprechender Titelzeile: »Einzelheiten zu Amerikas schmutzigster Scheidung«. Justine Musk (Wilson) und Elon Musk lieferten sich eine erbitterte »Schlammschlacht«, die von der Klatschpresse dankbar angenommen und genüsslich ausgewalzt wurde. (Bild: Screenshot Marie Claire online)

Doch das Management ließ sich nicht beirren und kündigte bereits Neuigkeiten zum nächsten Modell an. Wie bereits von Elon Musk öffentlich verkündet, schritten die Planungsarbeiten voran. Schon bald sollte eine größere Sportlimousine mit der Modellbezeichnung »Tesla S« den zweisitzigen Roadster ergänzen.

Allerdings hatte sich die Zusammenarbeit mit dem Designer Henrik Fisker als Enttäuschung herausgestellt. Kein einziger, in den Augen Elon Musks gefälliger Entwurf war zustande gekommen. Umso ärgerlicher war es deshalb, dass Fisker an anderer Stelle plötzlich mit dem »Fisker Karma« ein attraktives eigenes Auto in Form einer viertürigen Plug-in-Hybrid-Limousine präsentierte. Elon Musk fühlte sich ausgebeutet und hintergangen, weshalb er Henrik Fisker wegen Industriespionage verklagte. Die Klage blieb allerdings erfolglos und das bis dato gezahlte Honorar für Fisker musste Musk als Lehrgeld verbuchen.

Als Nachfolger von Henrik Fisker wurde der erfahrene Automobildesigner Franz von Holzhausen angeworben, der vorher in verantwortlicher Position bei GM und Mazda gearbeitet hatte. Auf der Basis eines Mercedes-Benz CLS Coupé sollte nun der Prototyp des Tesla S entstehen. Hierzu wurde der angekaufte CLS komplett zerlegt, sein Radstand um 10 cm verlängert, mit den elektrischen Komponenten von Tesla Motors bestückt und dann in neuer Karosserieform aus Aluminium aufgebaut.

Bis zum Sommer 2008 war ein fahrfertiger, indes noch in jeder Hinsicht serienferner Prototyp entstanden. Knöpfe und Drehschalter fehlten im Innenraum

Henrik Fisker wurde von Elon Musk beauftragt, eine Sportlimousine zu gestalten, die später als »Tesla S« auf den Markt kommen sollte. Die Zusammenarbeit endete vor Gericht. (Bild: Eric Graciano/Wikimedia Commons)

völlig, denn bei der Bedienung waren die Entwickler neue Wege gegangen. Bis auf den Warnblinker, der per Gesetz über einen Schalter betätigt werden musste, sollte die Bedienung des Fahrzeugs über einen großen zentralen Bildschirm erfolgen. Hierbei galt es jedoch noch einige technische Schwierigkeiten zu lösen.

Auch privat erschien ein Silberstreif am Horizont, denn Elon Musk hatte inzwischen die 22 Jahre alte Schauspielerin Talulah Riley kennengelernt. Zudem hatte der letzte finanzierbare Raketenstart funktioniert. Es war der erste Raketenflug in die Umlaufbahn der Erde, der einem privaten Unternehmen gelungen war. Die von SpaceX entwickelte Trägerrakete »Falcon 1« hatte dabei eine Nutzlast von 165 Kilogramm transportiert. Damit war bei SpaceX der Weg für üppige Fördergelder geebnet – wann diese allerdings tatsächlich fließen würden, blieb offen.

Standen im Fokus der medialen Berichterstattung zum Tesla Roadster die enormen Fahrleistungen und die in der Praxis weitgehend gut funktionierende Antriebstechnik, so wurde der bei Lotus gebaute Wagen wegen seiner bestenfalls durchschnittlichen Verarbeitung kritisiert. Hier war zukünftig viel Arbeit zu tun, und diese Arbeit wollte Elon Musk selbst erledigen. Nachdem auch CEO Ze'ev Drori Tesla Motors verlassen hatte, übernahm Elon Musk ab Oktober 2008 die Position des CEO. Gleichzeitig akquirierte das Unternehmen weitere 40 Millionen US-Dollar für den Ausbau und die Entwicklung des neuen Modells Tesla S.

Doch es half nichts: Ende des Jahres 2008 war Tesla Motors finanziell wieder einmal ausgebrannt. Musks riesiges Vermögen aus dem Verkauf von PayPal, das er in die Unternehmen SpaceX und Tesla Motors investiert hatte, war komplett weggeschmolzen. Mit den zerplatzten Träumen würde Elon Musk als einer der ungezählten Firmengründer in die Geschichte eingehen, die ihr weiteres Leben enttäuscht und desillusioniert in Armut fristeten. So wie beispielsweise der Elektropionier Nikola Tesla, der Namensgeber von Musks Firma, der 1943 vergessen und vereinsamt in einem Hotelzimmer starb. Elon Musk musste sich bereits Geld für seinen Lebensunterhalt borgen und Talulah Rileys Eltern boten Musk sogar eine Hypothek auf ihr Haus an. Die Geschichte von Elon Musk und Tesla Motors schien zu Ende.

Designer Franz von Holzhausen mit Elon Musk: Nach dem Debakel mit Henrik Fisker holte Elon Musk den deutschstämmigen Designer Franz von Holzhausen in das Unternehmen. Dieser sollte die angekündigte neue Limousine modellieren. (Bild: Jurvetson/Wikimedia Commons)

Nach der Trennung von Justine Musk und den fünf gemeinsamen Söhnen heiratete Elon Musk die 1985 geborene britische Schauspielerin Talulah Riley. (Bild: Steve Jurvetson/ Wikimedia Commons)

Die plötzliche Lösung der Finanzkrise begann dadurch, dass Elon Musk nach dem geglückten Raketenstart der Falcon-1-Rakete einen Kredit aufnehmen konnte. Das Geld aus dem Kredit floss sofort in Tesla Motors. Weitere Mittel kamen von seinen Cousins, die gerade ihr Startup-Unternehmen »Everdream« gut verkauft hatten. Mit 20 Millionen US-Dollar war Elon Musk nun wieder soweit liquide, um eine neue Investitionsrunde einzuberufen. An deren Ende standen insgesamt 40 Millionen US-Dollar zur Verfügung. Insgesamt keine Summe, die große Sprünge erlauben würde – aber genug, um die Auslieferung der Serienfahrzeuge wie geplant fortzuführen.

Kurz darauf kam die Nachricht, dass die NASA das Unternehmen SpaceX verbindlich als offiziellen Partner und Dienstleister für zwölf Versorgungsflüge zur Raumstation ISS auserkoren hatte. Dafür erhielt SpaceX 1,6 Milliarden US-Dollar. Ashlee Vance schreibt in seiner Biografie über die Reaktion von Elon Musk in diesen Augenblick: »Als SpaceX und Tesla nahezu gleichzeitig gerettet waren, brach er weinend zusammen.«[20]

2009

Hinter verschlossenen Türen gewährten Elon Musk und Franz von Holzhausen potenziellen Geldgebern einen Blick auf das Tonmodell des angekündigten Tesla S. Was sie zu sehen bekamen, war bereits in dieser Form beeindruckend: eine langgestreckte, harmonisch geformte Limousine mit vier Türen. Zwar vorerst nur als Tonmodell – doch dass mit dem Tesla S ganz neue, professionellere Wege beschritten wurden, musste nach dieser Präsentation keinem Investor mehr erklärt werden.

Dementsprechend startete im Mai eine weitere offizielle Investitionsrunde (Investitionsrunde F)[21], die wiederum 40 Millionen US-Dollar in die Kasse von Tesla Motors spülte. Kurz darauf beteiligte sich die Daimler AG an Tesla. Im Zuge einer strategischen Partnerschaft flossen alsbald 50 Millionen US-Dollar aus Stuttgart zu Tesla Motors. Im Gegenzug erhielt die Daimler AG 10 Prozent der Aktien und einen Sitz im Aufsichtsrat. Im Anschluss bestellte das Daimler-Management 4000 Batteriepacks bei Elon Musk; vom kleinen zweisitzigen Smart sollten zudem 1000 elektrisch angetriebene Exemplare in Kleinserie entstehen. Toyota interessierte sich ebenfalls für die Batterietechnik von Tesla, und auch hier mündete das Interesse in einem Lieferauftrag für Batteriepacks.

Während sich die finanzielle Lage bei Tesla entschärfte, drohte an anderer Stelle Unheil. So hatte sich herausgestellt, dass am Fahrwerk der bereits ausgelieferten 345 Roadster eine Schraube nicht richtig festgezogen worden war. Aus diesem Grund wurden auf Veranlassung der US-Verkehrssicherheitsbehörde NHTSA alle Eigner in die Werkstatt beordert. Schon kurz darauf folgte ein zweiter Rückruf, weil ein Kabel an der Karosserie schliff und einen Kurzschluss verursachen konnte. Nun mussten bereits 439 Roadster in die Werkstatt gerufen werden.

Nervenaufreibender aber war der beginnende Rechtsstreit mit dem ausgeschiedenen Tesla-Gründer Martin Eberhard. Am 26. Mai 2009 hatte Eberhard eine 146-seitige Klageschrift am Gericht von San Mateo in Kalifornien eingereicht. Diese richtete sich gezielt gegen Elon Musk: »Eberhard behauptet darin, dass Tesla-CEO Elon Musk ihn verleumdet hätte. Weiter habe die Gesellschaft mehrere Abmachungen über die Beendigung seiner Beschäftigung, Aktienoptionen und den Kauf eines Roadster gebrochen. Eberhard behauptet in der Klage weiter, Musk habe ihn den Medien wie auch den Tesla-Angestellten gegenüber herabgewürdigt.«[22]

Martin Eberhard hatte sich von Elon Musk aus seiner eigenen Firma gedrängt gefühlt, weshalb er ihm nun Rufmord, Vertragsbruch, Verleumdung, Verletzung von Sorgfaltspflichten sowie Nichtauszahlung von Anteilen und Gehältern vorwarf. Zudem behauptete Eberhard, dass sich Musk nicht als Mitgründer von Tesla Motors bezeichnen dürfe, da er erst nach der Gründung dazugestoßen sei. Schließlich einigten sich die beiden Parteien.

Hinter verschlossenen Türen gewährten Elon Musk und Franz von Holzhausen potenziellen Geldgebern einen Blick auf das Tonmodell des angekündigten Tesla S. (Bild: Steve Jurvetson/ Wikimedia Commons)

Ein bisschen Jaguar, ein bisschen Maserati: Franz von Holzhausen, der frühere Design Director von General Motors, zeigte beim Tesla S sein fachliches Können. (Bild: Philip Nelson/Wikimedia Commons)

Offen stand nun die Frage im Raum, welcher Weg bei Tesla Motors zukünftig eingeschlagen werden würde: Sollte Tesla Motors eine kleine Manufaktur bleiben, die für einen elitären Zirkel gut betuchter Kunden Elektrofahrzeuge baute? Oder sollte Tesla in einem Kraftakt versuchen, zu einem etablierten Automobilhersteller zu wachsen, der Serienfahrzeuge mit den entsprechenden, wirtschaftlich unabdingbaren Fertigungsprozessen produzierte? Das zentrale Problem war, dass Tesla das Geld fehlte, um zum Volumenhersteller aufzusteigen.

Im Juni klärte sich diese Frage auf unerwartete Weise, denn Tesla Motors erhielt von der US-amerikanischen Energiebehörde (United States Department of Energy) einen Kredit über 465 Millionen US-Dollar[23] zur Förderung alternativer Antriebstechnik. Damit war der Weg für eine Expansion offen, das heißt für das angekündigte neue Modell Tesla S sowie für die Errichtung eigener Fertigungsanlagen.

Mittlerweile waren bereits über 600 Tesla Roadster vom Band gelaufen – allerdings war die Warteliste noch längst nicht abgearbeitet. Ein stetiger Cashflow war damit aber sichergestellt. Elon Musk suchte ungeachtet dessen weiter nach Geldgebern, die auch in Zukunft in Tesla Motors investieren wollten. Folglich wurde eine weitere, mutmaßlich sehr ergiebige Geldquelle ins Auge gefasst: der Gang an die Börse.

Gleichzeitig veröffentlichte Tesla Motors nicht nur die ersten Daten zur Limousine Tesla S, sondern zeigte am 26. März 2009 den ersten fahrbaren Prototyp. Optisch präsentierte sich das neue

Bodengruppe des Tesla S von vorne: Im Vergleich zum noch vor wenigen Jahren zusammengebastelt wirkenden Unterbau des Tesla Roadster wirkte das Chassis des Tesla S in jeder Hinsicht professioneller. (Bild: Andrzej Otrębski/Wikimedia Commons)

Model S hervorragend gelungen. Harmonisch in der Form und mit sehr ausgewogenen Proportionen sah der Tesla S wie eine gelungene Symbiose der aktuellen Modelle von Maserati und Jaguar aus. Tatsächlich hatten die Entwickler es sogar geschafft, die technischen Probleme rund um den großen Touchscreen zu lösen. Zum neuen Bedienkonzept indes resümierte der ADAC kritisch:

»Ein riesiger 17-Zoll-Bildschirm in der Mittelkonsole dient beim Tesla als Schaltzentrale für alle Multimedia-, Komfort- und Fahrzeugeinstellungen. Was Technikfreunde begeistert, wird Normalnutzer zur Verzweiflung treiben. Es gibt praktisch keine Tasten mehr, selbst Standardfunktionen sind kompliziert in den zahllosen Menüs versteckt. Das erfordert nicht nur eine gigantische Eingewöhnungszeit, sondern lenkt auch

Beim Tesla S waren die Batteriezellen nicht mehr als Block montiert, sondern lagen Platz sparend im Unterboden. (Bild: Oleg Alexandrov/Wikimedia Commons)

Am Vorderbau des Tesla S setzten die Entwickler auf den Werkstoff Aluminium, bei der Vorderachse auf bewährte Technikkomponenten wie Federbeine und Doppel-Querlenker. (Bild: Alison Cassidy/Wikimedia Commons)

Elektromotor des Tesla S: Zum besseren Verständnis der Technik stellte Tesla Motors den Werksbesuchern einen aufgeschnittenen modernen Wechselstrommotor zur Ansicht. Gut zu erkennen sind Kern und Wicklung. (Bild: Alison Cassidy/Wikimedia Commons)

Das Tesla Model S als Prototyp auf der Frankfurter IAA im Herbst 2009. (Bild: El monty/Wikimedia Commons)

extrem vom Verkehr ab. Einerseits bietet der Tesla dem Fahrer durch die vielen Einstellungen eine Fülle an Individualisierungsmöglichkeiten, welche sogar in eigenen Profilen abgespeichert werden können, doch einfaches Einsteigen und Losfahren ist kaum möglich. Man muss sich zumindest anfangs lange mit der Technik auseinandersetzen.«[24]

Diese Sportlimousine sollte Platz für die ganze Familie mit bis zu 7 Sitzen bieten, dabei gleichzeitig mit rund 50.000 US-Dollar nur rund die Hälfte eines Tesla Roadster kosten. Produktionsstart sollte das Jahr 2013 sein. Schon jetzt war es möglich, sich gegen eine Vorauszahlung von 40.000 US-Dollar einen Tesla S zu reservieren. Obwohl der gezeigte Prototyp noch weit von einem Serienstand entfernt war, trafen für das Model S binnen weniger Wochen mehr als 2000 Vorbestellungen bei Tesla Motors ein.

Der Tesla S sollte im Gegensatz zum Roadster nicht auf einem bereits existierenden Modell aufbauen, sondern völlig eigenständig entstehen. Als zentrale Konstruktionsidee schwebte Elon Musk vor, die Batterien als langen flachen Block zu konzipieren und ihn raumsparend als Unterboden zu verwenden. Diese Anordnung sollte zudem einen tiefen Schwerpunkt und damit eine herausragende Straßenlage garantieren. Gleichzeitig würde der Tesla S – so Musks Ankündigung – das erste in Großserie produzierte Elektroauto sein.

Tatsache war: Die Bilder, die vom noch unfertigen Fahrzeug aus der Entwicklungsabteilung nach außen drangen, zeigten nicht nur eine verblüffend attraktive Sportlimousine. Sie zeigten außerdem, dass dort tatsächlich ein Auto entstand, das großserientauglich war. Im Vergleich zum noch vor wenigen Jahren improvisiert wirkenden Unterbau des Tesla Roadster schien auch das Chassis des Tesla S in jeder Hinsicht professionell konzipiert.

Verblüffenderweise trennte sich Daimler bereits Mitte Juli 2009 von 40 Prozent seiner Anteile an Tesla, obwohl gerade erst eine »strategische Partnerschaft« beschlossen worden war. Diese 40 Prozent verkaufte Daimler jedoch nicht an der Börse, sondern an den Staatsfonds und Daimler-Großaktionär »Aabar« aus Abu Dhabi.

Ende 2009 arbeiteten bereits 500 Angestellte bei Tesla Motors. Während die Produktion des Roadster auf Hochtouren lief, entwickelten zahlreiche Mitarbeiter bereits das neue Model S. Täglich trafen neue Bestellungen für die Sportlimousine ein. Tesla Motors war zu diesem Zeitpunkt finanziell gerettet, und die Zukunft sah vielversprechend für Elon Musk aus.

Das Model S als Prototyp in einem anderen Farbton. Die Unterschiede zur späteren Serienversion sind deutlich zu erkennen. (Bild: Steve Jurvetson/Wikimedia Commons)

Zuversichtlich ins neue Jahrzehnt: Viel harte Arbeit lag hinter Elon Musk – doch angesichts der Modelle, die in den nächsten Jahren auf den Markt kommen sollten, lag noch viel mehr Arbeit vor ihm. (Bild: JD Lasica/Wikimedia Commons)

EXKURS: SPACEX

Als langjähriges Mitglied der Mars Society arbeitet Elon Musk seit rund 20 Jahren daran, möglichst bald den Planeten Mars mit Menschen zu besiedeln. Auch für diese Idee erntete er einst reichlich Spott und Hohn. Mittlerweile ist dieses Vorhaben jedoch deutlich näher gerückt. Dieser Besiedelungswunsch des Mars ist der Grundgedanke hinter dem im Jahr 2002 von Elon Musk gegründeten Luft- und Raumfahrtunternehmen SpaceX (Space Exploration Technologies Corporation).

Um das Ziel einer Kolonisierung des Mars und anderer Planeten voranzutreiben, scharte Elon Musk 2002 rund 30 Raumfahrtspezialisten und Raketeningenieure um sich, die zwei Raketentriebwerke namens »Merlin« und »Kestrel« für die Rakete Falcon 1 entwickeln sollten. Allerdings ging es Elon Musk nicht nur darum, seinen Traum zu verwirklichen. Vielmehr lockten die USA mit enorm hohen Geldsummen, damit sich neue private Raumfahrtunternehmen in diesem Hochtechnologiebereich engagierten.

Der Hintergrund: Die US-amerikanische Raumfahrtbehörde NASA hatte sich in den letzten Jahrzehnten technisch nur mäßig weiterentwickelt, weshalb den USA an einem blühenden Wettbewerb um die beste Technik für zukünftige Weltraummissionen gelegen war. Demgemäß wurde im Dezember 2008 ein Vertrag zwischen SpaceX und der NASA über 1,6 Milliarden US-Dollar geschlossen. SpaceX sollte mit Raketen des Typs Falcon insgesamt zwölf Versorgungstransporte zur Internationalen Raumstation ISS durchführen und dabei insgesamt 20 Tonnen Fracht befördern.

Juli 2009: Eine Rakete des Typs Falcon 1 startet von Omelek Island auf dem Kwajalein Atoll im Südpazifik. Die Falcon 1 war damit die erste privat entwickelte Flüssigtreibstoffrakete, die die Erdumlaufbahn erreichte. (Bild: SpaceX/Wikimedia Commons)

Die erste von SpaceX entwickelte Rakete war die Falcon 1. Die ersten drei Flüge schlugen fehl, beim vierten Versuch am September 2008 erreichte die Rakete die Erdumlaufbahn. Seit 2012 werden mit Falcon-Raketen regelmäßig Versorgungsflüge zur ISS durchgeführt, darüber hinaus Satellitenstarts für verschiedene Auftraggeber. Im Fokus dieses Engagements stand eine Kostenreduktion, die an die Kunden weitergegeben wurde. Die Flugkosten sollen zukünftig durch eine Rückkehrfähigkeit der Falcon, bei der die Trägerrakete selbständig wieder auf der Erde landen würde, noch weiter gesenkt werden.

Nachdem die Technik der Falcon durch stetige Weiterentwicklung immer zuverlässiger wurde, stieg das Vertrauen in SpaceX. Dies gab im Herbst 2014 den Ausschlag für einen weiteren Großauftrag der NASA an SpaceX in Höhe von 2,6 Milliarden US-Dollar. Für geplante bemannte Raummissionen sollte SpaceX eine Raumkapsel für zwei Astronauten entwickeln. Hieraus entstand das wiederverwendbare Raumschiff Dragon.

Das Raumschiff SpaceX Dragon besteht aus einer unbemannten Kapsel und einem Servicemodul. Durch ein Hitzeschutzschild aus Carbongewebe auf der Unterseite der Kapsel ist auch die SpaceX Dragon in der Lage, wieder auf der Erde zu landen und damit die Kosten für einen Flug deutlich zu senken. Allerdings kehrt nur die Raumkapsel zur Erde zurück, während das Servicemodul vor

Ein großer Schritt: Die Raumkapsel Dragon V2, mit der später einmal bemannte Raumfahrt betrieben werden soll, wurde im Jahr 2014 von Elon Musk präsentiert. (Bild: NASA/ Dimitri Gerondidakis/Wikimedia Commons)

Technische Weltsensation: Eine von einem Versorgungsflug zurückkehrende Trägerrakete Falcon 9 landete im April 2016 selbständig auf einer im Meer schwimmenden Plattform. (Bild: SpaceX/Wikimedia Commons)

dem Eintritt in die Erdatmosphäre abgesprengt wird und verglüht. Während die Dragon 1 bis zu drei Mal wiederverwendet werden konnte, kann die weiterentwickelte Version Dragon 2 bis zu fünf Mal wieder ins All fliegen.

Noch in der Testphase befindet sich die weiterentwickelte Version Crew Dragon, die bemannte Raumfahrt ermöglichen soll. Mit dieser Raumkapsel sollen in wenigen Jahren allerdings nicht nur bemannte Versorgungsflüge möglich werden, vielmehr möchte Elon Musk einen kommerziellen Weltraumtourismus vorantreiben. Flüge in den Orbit könnten mit der SpaceX Crew Dragon bald genauso selbstverständlich wie lukrativ sein.

Weitere Aufgaben liegen vor SpaceX und Elon Musk. Hierzu wird bereits eine größere Trägerrakete entwickelt, die Falcon Heavy. Mit insgesamt 27 Merlin-Triebwerken ist sie die weltweit leistungsfähigste verfügbare Trägerrakete. Im Jahr 2022 soll die erste Mars-Mission starten, im Jahr 2023 der erste Flug eines zahlenden Touristen zum Mond und wieder zurück. Gemeinsam mit Google und einer Investmentfirma plant SpaceX zudem, für eine Erweiterung des Internets über 10.000 Satelliten in die Erdumlaufbahn zu bringen.

Seit der Gründung im Jahr 2002 ist aus der kleinen Firma SpaceX mit ihren 30 Mitarbeitern ein großes Unternehmen gewachsen, für das im Jahr 2020 international 7000 Menschen arbeiten. Mittlerweile sind viele Dutzend Flüge und Missionen erfolgreich absolviert worden. Auch wenn es schwer zu fassen ist: Mit SpaceX hat Elon Musk neben Tesla und seinen anderen Unternehmungen innerhalb von lediglich 18 Jahren ein weiteres Großunternehmen aufgebaut und zu weltweiter Bedeutung geführt.

Erststart und Testflug der Falcon Heavy am 6. Februar 2018. Schon kurz darauf, am 12. April 2019, fand der erste kommerzielle Flug einer Falcon Heavy statt. (Bild: SpaceX/Wikimedia Commons)

2010
2013

VON DER MANUFAKTUR ZUM SERIENHERSTELLER

Im Januar 2010 rollte bereits der eintausendste Tesla Roadster aus den Lotus-Hallen im britischen Hethel – eine durchaus beachtliche Leistung für einen neu auf den Markt gekommenen kleinen Automobilhersteller. Gleichzeitig begann der Verkauf der Rechtslenker-Version des Tesla Roadster für die Märkte mit Linksverkehr, so England, Irland, Australien, Singapur, Hong Kong und Japan. Ungeachtet dessen besaß die Kleinserienproduktion des Roadster eher Manufakturcharakter; von der durchrationalisierten Produktion eines Serienherstellers konnte jedenfalls keine Rede sein.

Tesla Motors war mittlerweile weltweit öffentlich bekannt geworden und avancierte zum umworbenen Partner in der Automobilbranche. Von Daimler sollten die A-Klasse und der Smart mit Elektroantrieb ausgerüstet werden; Toyota wollte gemeinsam mit Tesla Motors gar ein ganzes Elektroauto bauen. 50 Millionen US-Dollar hatte der japanische Konzern dafür bereits nach San Mateo überweisen. Überdies sollte Tesla Motors eine große, hochmoderne Fabrik von GM und Toyota in Fremont (Kalifornien) übernehmen, in der bislang die Modelle Toyota Corolla und Chevrolet Nova vom Band gerollt waren.

Hierzu erklärt Tesla: »Vor der Übernahme durch Tesla 2010 diente das Werk ab 1984 einem Joint Venture von General Motors und Toyota namens New United Motor Manufacturing (NUMMI), bis die Partnerschaft 2009 endete.

Im Frühjahr 2010 wurde auf dem Genfer Salon die Tesla-Konzeptstudie »IED Tesla EYE concept« vorgestellt. Die Studie entstand in Zusammenarbeit von Studenten des Istituto Europeo di Design of Turin und Tesla-Designer Franz von Holzhausen. (Bild: Alexander Plushev/Wikimedia Commons)

Mit dem alten, aber sehr großen NUMMI-Werk gelang Tesla Motors nach der Wirtschaftskrise ein Glückskauf. Den grauen Zweckbau wollte Elon Musk nach seinen Vorstellungen umgestalten. (Bild: Steve Jurvetson/Wikimedia Commons)

Auf seinem Höhepunkt unter NUMMI produzierte das Werk mehr als 500.000 Fahrzeuge jährlich.«[25] In Folge der Wirtschaftskrise und der Insolvenz von GM war das Werk überflüssig geworden. Diese Produktionsstätte, die bei normaler Bewertung mit rund 1 Milliarde US-Dollar veranschlagt werden musste, wurde nach der verheerenden Wirtschaftskrise nun zum Schleuderpreis verkauft.

Tesla Motors und Toyota vereinbarten eine Partnerschaft, bei der Tesla gerade einmal 42 Millionen US-Dollar zum Kauf der Produktionsstätte beisteuerte und Toyota 50 Millionen US-Dollar. Toyota erhielt im Gegenzug einen Anteil von 5 Prozent an Tesla Motors. Außerdem

Umgebautes NUMMI-Werk: hell, lichtdurchflutet und hochmodern. Mit diesem Werk legte Tesla Motors den Status einer Kleinserienmanufaktur ab. Bald schon wurden die ersten Vorserienfahrzeuge (Alpha-Autos) des Tesla S gebaut. (Bild: Maurizio Pesce/Wikimedia Commons)

sollte gemeinsam der Elektro-SUV Toyota RAV4 EV entwickelt werden, dessen Marktstart für das Jahr 2012 geplant war. Für Tesla Motors war diese Partnerschaft wichtig, denn Toyota brachte sein ausgeklügeltes Fertigungs-Know-how mit, das für eine Serienproduktion des Tesla S dringend benötigt wurde. Als neuen Produktionschef hatte Elon Musk den erfahrenen Toyota-Manager und Produktionsspezialisten Gilbert Passin gewinnen können, der unter anderem für die europäische Lexus-Produktion verantwortlich gewesen war.

Und das Beste daran war: Das Werk in Fremont lag nur eine halbe Stunde vom Tesla-Firmensitz San Mateo entfernt. Auf dem Weg dorthin musste die über die San Francisco Bay führende Dumbarton Bridge überquert werden, und nur wenige Kilometer weiter lag bereits das Werk. Nun galt es, aus einem dunklen zweckorientierten Industriegebäude eine Produktionsstätte nach dem Geschmack von Elon Musk werden zu lassen. Nichts durfte mehr an das graue NUMMI-Industriegebäude erinnern, vielmehr musste für den Tesla S ein heller, lichtdurchfluteter Zweckbau entstehen, in dem reichlich rote Farbe für optisch ansprechende Akzente sorgen sollte.

Die Fabrik musste also komplett umgebaut werden, um später darin den Tesla S und weitere geplante Modelle zu fertigen. Sowohl von der Lage im Silicon Valley als auch von der Ausstattung her entsprach die Fertigungsanlage ganz Elon Musks Vorstellungen: Mit einer Nutzfläche von 500.000 Quadratmetern eröffneten sich zudem ungeahnte Möglichkeiten hinsichtlich zukünftiger Produktionszahlen. Öffentlich frohlockte Musk: »Die neue Fertigungsstätte inmitten des Silicon Valley bietet uns die Möglichkeit, sowohl Amerikas beste Elektroingenieure als auch TPS-erfahrene Produktionsingenieure für unsere Pläne rekrutieren zu können. [...] Zudem stellt uns das Werk ausreichend Kapazitäten für weiteres Wachstum bereit.«[26]

Mit einer Nutzfläche von 500.000 Quadratmetern eröffneten sich in Fremont ungeahnte Möglichkeiten hinsichtlich zukünftiger Produktionszahlen. Bald sollte das Tesla Model S hier vom Band laufen, später auch das Model X. (Bild: Steve Jurvetson/Wikimedia Commons)

Zu dieser Zeit traf Tesla Motors mit der Registrierung bei der US-Börsenaufsicht SEC die Vorkehrungen für den geplanten Börsengang, der noch im laufenden Jahr stattfinden sollte. Elon Musk erwartete, durch den Börsengang eine Summe in Höhe von 100 Millionen US-Dollar einzunehmen. Kurios am Rande: Der letzte US-Autobauer, der einen Börsengang gewagt hatte, war Ford im Jahr 1956.

Am 29. Juni 2010 erfolgte schließlich die Erstemission von Tesla-Motors-Aktien an der Nasdaq. Auch wenn sich einige Analysten im Vorfeld darüber lustig gemacht hatten, so war der Börsengang ein voller Erfolg. In konkreten Zahlen: Die mit 17 US-Dollar ausgegebene Tesla-Aktie ging am ersten Abend mit 23,89 US-Dollar aus dem Handel – und damit mit einem Plus zum Ausgabekurs von rund 41 Prozent. Der Ertrag des Börsengangs betrug somit 226 Millionen US-Dollar. Kurz darauf verlegte Elon Musk das Firmenzentrum von Tesla Motors von San Mateo in ein größeres Gebäude nach Palo Alto.

Parallel zum wachsenden Bekanntheitsgrad der Firmierung von Tesla Motors entbrannte ein Streit um die Namensrechte. So nahm das in der Tschechoslowakei beheimatete, bereits 1921 gegründete Unternehmen »TESLA« (abgeleitet von TEchnika SLAboproudá, deutsch etwa »Niederspannungstechnik«) die Rechte am Namen für sich in Anspruch. Die beiden Unternehmen einigten sich ohne größeres öffentliches Aufsehen und legten den Streit bei. Ob und wieviel Geld dabei geflossen war, wurde von beiden Parteien nicht kommuniziert.

Laut Aussage des Vorstandsmitglieds Steve Jurvetson wurden für das gigantische Tesla-Presswerk 70 Güterwaggons an Ausrüstung benötigt. (Bild: Steve Jurvetson/Wikimedia Commons)

Seitenteile für das Model S aus dem Tesla-Presswerk. Ohne Zweifel war Tesla Motors in der Großserienfertigung angekommen. Bald sollte die Serienproduktion beginnen. (Bild: Steve Jurvetson/Wikimedia Commons)

Der Tesla Roadster 2.5 erhielt im Juli 2010 ein umfangreiches Facelift, obwohl sein Bauende für das Jahr 2012 bereits angekündigt war. (Bild: Tesla, Inc./Wikimedia Commons)

Im Juli 2010 erhielt der Roadster, obwohl seine Ablösung für das Jahr 2012 bereits angekündigt war, ein umfangreiches Facelift. Unter der Bezeichnung Roadster 2.5 waren zahlreiche Komponenten verändert worden. Von vorne war sofort die modifizierte Frontpartie mit seitlichen Lufteinlässen zu erkennen, von hinten der großformatige Diffusor. Im Interieur hatten die Entwickler komfortablere Sitze verbaut und die Geräuschdämmung verbessert, darüber hinaus ein neues Infotainmentsystem montiert. 118.000 Euro kostete die überarbeitete Version fortan in der Basisausstattung.

Zahlreiche technische Komponenten des Ur-Tesla waren im Rahmen der Modellpflege verändert worden. Auch die Optik wurde dabei rundherum leicht modifiziert. (Bild: Tesla, Inc./Wikimedia Commons)

Technisch und optisch aggressiv: Der Vorderwagen zeigte sich oberhalb der Räder stärker gewölbt als beim Vorgänger, gleichzeitig wurde der Kühlergrill betont. (Bild: Tesla, Inc./Wikimedia Commons)

Im Interieur des Tesla Roadster 2.5 gab es beispielsweise neue Sitze und optional einen mittig montierten, 7 Zoll großen Touchscreen. Deutlich verbessert wurde zudem die Geräuschdämmung. (Bild: Tesla, Inc./Wikimedia Commons)

Modifikationen waren auch im veränderten Heckbereich erkennbar. Hier war der Diffusor umgestaltet worden. (Bild: Tesla, Inc./Wikimedia Commons)

Die Umbauarbeiten im neuen Werk waren in vollem Gange. Unterdessen wurden die ersten Vorserienfahrzeuge (Alpha-Autos) des Tesla S zusammengebaut und Tests unterzogen. Von allen Seiten und von vielen Herstellern kamen nun vollmundige Ankündigungen zu eigenen Elektroautos. Es schien, als habe die umfassende Wirtschaftskrise zu einem Umdenken geführt. Doch eines der zentralen Probleme war bislang ungelöst: Leistungsfähige Batterien für den Einsatz im Automobil waren für ein Volumenmodell noch zu teuer, darüber hinaus schlichtweg nicht in größerer Stückzahl lieferbar.

Nach dem Umbau des Werks begann eine zähe Anlaufphase, in der viele Probleme gelöst werden mussten. An eine Serienproduktion des Tesla S war im Jahr 2010 noch nicht ansatzweise zu denken. (Bild: Tesla, Inc.)

Lackierstraße in Fremont: Durch den weltweiten Zukauf von Fachleuten und Know-how wollte Tesla Motors den Sprung von einer kleinen Manufaktur zum Serienhersteller erzwingen. (Bild: Tesla, Inc.)

Am »Alpha Prototype – Engineering Test Vehicle« sind der Kühlergrill und die seitlich am Kotflügel angebrachte Lufthutze mit Tesla-Logo zur Tarnung abgedeckt. (Bild: Maurizio Pesce/Wikimedia Commons)

Elon Musk im Oktober 2010 bei der Begutachtung von Fertigungsrobotern für den Tesla S. Bis zur Aufnahme einer Serienfertigung sollte es allerdings noch bis zum Sommer 2012 dauern. (Bild: Steve Jurvetson/Wikimedia Commons)

In den Medien wurde deshalb gerne über das »grüne Mäntelchen« gespottet, das sich die großen Automobilhersteller jetzt umhängten, um sich ökologisch verantwortungsvoll zu präsentieren. Inwieweit den ökologischen Lippenbekenntnissen tatsächlich später die entsprechenden Fahrzeuge folgen würden – diese Frage stand groß und unbeantwortet im Raum. Unterdessen wurden bei Tesla Motors Fakten geschaffen, denn schon im Oktober 2010 waren die Umbauarbeiten abgeschlossen: Das große Werk in Fremont war fertiggestellt und öffnete seine Tore. 20.000 Fahrzeuge sollten dort pro Jahr entstehen. Die fertigungstechnischen Voraussetzungen für den Bau eines Volumenmodells waren jetzt gegeben.

In dieser Situation gingen die Planer von Tesla Motors den nächsten großen Schritt, denn sie vereinbarten eine Zusammenarbeit mit dem japanischen Elektronikgiganten Panasonic. Zukünftig sollten Tesla-Fahrzeuge mit Batterien des asiatischen Herstellers ausgerüstet werden. Das eigentliche Ziel aber war eine gemeinsame, groß angelegte Fertigung von neuen, leistungsfähigeren Lithium-Ionen-Batterien für die zukünftige Elektromobilität. Zu diesem Zweck hatte Panasonic Tesla-Stammaktien im Wert von 30 Millionen US-Dollar gekauft. Hergestellt werden sollten die Lithium-Ionen-Batteriezellen des Bautyps 18650 im neuen Panasonic-Werk Suminoe in Japan.

So endete das Jahr 2010 mit der Transformation von Tesla Motors: Aus einer Kleinserienmanufaktur war (fast schon) ein ernstzunehmender Serienhersteller geworden. Gleichzeitig rückte das Ende des Tesla Roadster in den Fokus. Im Sommer 2012, wenn die Produktion des Tesla S im großen Stil starten sollte, würde die Produktion des Tesla Roadster nach exakt 2500 Exemplaren auslaufen. Tesla Motors war den Kinderschuhen entwachsen und Elon Musk machte keinen Hehl daraus, dass er die Start-up-Phase schnell hinter sich lassen und endlich Geld verdienen wollte. Denn es war kein Geheimnis, dass Tesla Motors von einem operativen Gewinn aus dem Geschäftsbetrieb noch weit entfernt war.

Im Rückblick erklärte Elon Musk im Jahr 2014 sogar öffentlich, dass es ein Fehler gewesen sei, den Lotus Elise als Basis für den Tesla Roadster verwendet zu haben. Denn am englischen Basisfahrzeug hatten so viele grundlegende Dinge verändert werden müssen, dass es sich gelohnt hätte, gleich ein vollständiges Auto nach den eigenen Vorstellungen aufzubauen.[27]

Im Dezember gelang es Elon Musks Unternehmen SpaceX, einen neuen Meilenstein zu setzen. Eine von einer Trägerrakete vom Typ Falcon 9 in den Orbit gebrachte »Dragon«-Raumkapsel hatte die Erde zweimal umrundet, und war nach einem dreistündigen Testflug unversehrt wieder gelandet. Und noch eine wichtige Neuigkeit hatte der Herbst 2010 mit sich gebracht: Elon Musk und Talulah Riley hatten am 25. September 2010 in der Kathedrale von Dornoch (Schottland) geheiratet.

Neue Partner: Panasonic Energy Company President Naoto Noguchi und Tesla Chief Technology Officer J. B. Straubel präsentieren die erste Lithium-Ionen-Batteriezelle des Bautyps 18650 aus dem neuen Panasonic-Werk Suminoe in Japan. (Bild: Tesla, Inc./Wikimedia Commons)

Neues Hauptquartier in Palo Alto: Nahezu zeitgleich mit dem Umbau des alten NUMMI-Werks verlegte Elon Musk das Firmenzentrum von Tesla Motors von San Mateo in ein größeres Gebäude nach Palo Alto. Auch der neue Firmensitz lag nur wenige Autominuten vom neuen Werk entfernt. (Bild: Tumbenhaur/Wikimedia Commons)

2011

Elon Musk war es zwischenzeitlich gelungen, den 38-jährigen Daimler-Topmanager Jérôme Guillen nach Kalifornien zu holen. Guillen war in Stuttgart seit drei Jahren Chef des Bereichs Business Innovation. Nun sollte er als Baureihenleiter den Vertrieb des kommenden Model S organisieren. Während das Model S ausgiebig geprüft und abgestimmt wurde, fanden parallel dazu die ersten Winter- und Crashtests statt. Die Mitarbeiterzahl von Tesla Motors hatte bereits die Marke von 1000 überschritten.

Auf dem Genfer Salon 2011 war der Tesla S unumstrittener Publikumsmagnet. Dass nicht nur beim Vertrieb des Modells neue Lösungen erarbeitet werden mussten, war offensichtlich. Ebenso offensichtlich war, dass im Vergleich zum Roadster die Verarbeitungsgüte drastisch steigen musste: Tesla-Chefingenieur Peter Rawlinson sollte das Model S auf ein deutlich höheres Qualitätsniveau hieven. Hierzu konkretisierte DER SPIEGEL: »Klug geworden aus der Vergangenheit und der Kritik an der liederlichen Verarbeitung der ersten Roadster verspricht Rawlinson einen behutsamen Produktionsanlauf: [...] Klappernde Konsolen, Spaltmaße wie Briefkastenschlitze, billiges Plastik und schlecht vernähtes Leder kann sich vielleicht ein Underdog leisten. Aber wer gegen Mercedes, Audi, BMW oder Lexus antreten will, der muss saubere Arbeit abliefern.«[28]

Nach dem Autosalon waren bereits insgesamt 3500 Vorbestellungen für den Tesla S in Palo Alto eingegangen. 2012, so erklärte Firmen-Sprecherin Sarah Zimmermann, sollte die Sportlimousine mit der Aluminium-Karosserie planmäßig in Serie produziert werden. Von Anfang an sollten verschiedene Leistungsstufen wählbar sein, die unterschiedliche Reichweiten des Fahrzeugs ermöglichen würden. In den USA sollte das Grundmodell bereits für 39.300 US-Dollar angeboten werden.

Angesichts der sonnigen Aussichten stockte die Daimler AG ihren Aktienbestand bei Tesla Motors auf. In Zahlen: Über eine Tochtergesellschaft, an der auch der arabische Daimler-Großaktionär Aabar beteiligt war, erwarb die Daimler AG für annähernd 17 Millionen US-Dollar weitere Tesla-Aktien.

Während die geplante Serienfertigung des Tesla S näher rückte, reifte das neue Modell in einer Qualität heran, die wenige Monate zuvor noch kaum realisierbar schien. Zahlreiche Detailänderungen waren seit der Präsentation des Fahrzeugs vorgenommen worden, auch die Optik wurde nochmals modifiziert.

Bereits zu dieser Zeit ging das Gerücht um, dass auf der technischen Basis des Model S auch ein SUV-Coupé namens Model X entstehen würde. Dieses sollte über einen hochvariablen Innenraum verfügen und ähnlich viel Platz bieten wie ein Van. Als Besonderheit sollte es mit knickbaren Flügeltüren konstruiert werden. Darüber hinaus geisterte durch die Medien, dass ein völlig neuer, selbst entwickelter Roadster geplant sei. Doch vorher musste erst einmal der Serienanlauf des Tesla Model S bewältigt werden – hier war noch genügend Arbeit zu tun.

Wie stark das Kundenvertrauen mittlerweile war, zeigte sich an der Zahl der Vorbestellungen: 5600 Enthusiasten hatten sich bis zum Spätsommer 2011 einen Tesla S reserviert. Wer ein normales Serienmodell haben wollte, der musste lediglich 5000 US-Dollar anzahlen. Wer jedoch ein Exemplar der angekündigten limitierten Auflage des Model S später sein Eigen nennen wollte, den bat Elon Musk mit 40.000 US-Dollar Anzahlung zur Kasse. Ungeachtet solcher Kunstgriffe arbeitete Tesla Motors noch immer mit Verlust, weshalb es umso wichtiger war, das Model S möglichst bald auf den Markt zu bringen.

Elon Musk im Jahr 2011: Umbau der Fabrik in Fremont, Serienanlauf des Tesla S, Aushandeln des Partnervertrags mit Panasonic, Bezug des neuen Hauptquartiers in Palo Alto, Start der Trägerrakete Falcon 9 seines Raumfahrtunternehmens SpaceX, Heirat mit Talulah Riley – das enorme Pensum des Individuums Elon Musk war für Außenstehende kaum nachvollziehbar. (Bild: David Shankbone/Wikimedia Commons)

2012

Das Jahr 2012 begann mit einer Sensation: Elon Musk enthüllte am 9. Februar den Tesla X. Zu sehen war ein SUV Coupé mit drei Sitzreihen. Tatsächlich hatte das Model X sogar die angekündigten Flügeltüren bekommen, die bei Tesla »Falcon Wing Doors« hießen. Allerdings hielten zahlreiche der Anwesenden diese Flügeltüren für einen überflüssigen Designgag, der in seiner Komplexität technisch heikel war und die Fertigungskosten unnötig in die Höhe trieb. Auch für das Model X sollte es später unterschiedlich große Batteriepakete geben, die den Verkaufspreis bestimmen würden. Auf den Markt kommen sollte der Tesla X gegen Ende 2013 – doch schon jetzt, direkt nach der ersten Präsentation, nahm Elon Musk die ersten unterschriebenen Kaufverträge und Anzahlungen entgegen.

Allerdings konnte die gelungene Präsentation des Tesla X nicht darüber hinwegtäuschen, dass es innerhalb der Führungsriege Unstimmigkeiten gab. Aus diesem Grund verließ nicht nur der Chassisingenieur des Model S, Nick Sampson, das Unternehmen; auch Tesla-Chefingenieur Peter Rawlinson ging neue Wege. So kurz vor dem Serienanlauf des Tesla S waren dies für Tesla Motors zwei schmerzliche Verluste.

Auch die frisch eingegangene Ehe von Elon Musk lief nicht wie geplant. Nach einer sechsmonatigen Trennungsphase ließen sich Elon Musk und Talulah Riley Anfang des Jahres 2012 bereits wieder scheiden. Ein Trost war zu dieser Zeit, dass es Elon Musk mit SpaceX erstmals gelang, mit einem privat geführten Unternehmen eine Raumkapsel an der Internationalen Raumstation ISS anzudocken. Der Vorgang hatte zwar etwas länger gedauert als geplant, doch mit dem Andockmanöver der Raumkapsel Dragon im Mai 2012 hatte SpaceX zweifellos einen weiteren Meilenstein gesetzt.

Trotz der privaten und geschäftlichen Widrigkeiten gelang es Elon Musk und seinen Mitarbeitern, am 22. Juni 2012 die ersten Modelle des Tesla S auszuliefern. Dazu veranstaltete der Firmenpatron einen Festakt, den sein Biograph Ashlee Vance wie folgt beschrieb: »Bei der Veranstaltung versammelten sich um [die] Bühne herum Hunderte von Menschen, während ungefähr das erste Dutzend Model S seinen Besitzern übergeben wurde. Viele der Beschäftigten waren Fabrikarbeiter, die früher in der Auto-Gewerkschaft waren, durch die Schließung der NUMMI-Fabrik ihren Job verloren und jetzt wieder eine Stelle hatten, bei der sie das Auto der Zukunft bauten. [...] Einige von ihnen weinten, als die Elektrolimousinen nacheinander auf die Bühne gerollt kamen. [...] Untermalt von brummenden Maschinen, hielt Elon Musk eine kurze Rede und überreichte den Käufern dann ihre Schlüssel.«[29]

Bereits kurz nach der ersten Präsentation in den USA am 9. Februar 2012 kam der Tesla X auch zum Genfer Salon. Hier sorgte der Tesla-SUV mit seinen Flügeltüren ebenfalls für Staunen beim Publikum und für Schlagzeilen in der Fachpresse. (Bild: NRMA New Cars/Wikimedia Commons)

Steve Jurvetson (links stehend), Vorstandsmitglied von Tesla Motors, erhielt am 1. Juni 2012 den ersten serienmäßig produzierten Tesla S. Übergeben wurde der Wagen von J. B. Straubel (rechts stehend). (Bild: NRMA New Cars/Wikimedia Commons)

Mehr als 8000 Batteriezellen hatten die Ingenieure im Unterboden des Model S verbaut, wobei den Kunden drei Speicherkapazitäten zur Wahl standen. Angeboten wurden damit erzielbare Reichweiten von 442 km (70 kWh), 528 km (85 kWh) oder 560 km (90 kWh). Eine kleinere, ursprünglich geplante Einstiegsvariante mit lediglich 40 kWh wurde nicht produziert, weil die Nachfrage zu gering war. Laut Auskunft einer Pressemitteilung von Tesla hatten lediglich 4 Prozent der Kunden die günstigste Einstiegsvariante mit 40 kWh geordert.

Angetrieben wurde der Tesla S von einem vierpoligen Dreiphasenwechselstrom-Induktionsmotor, der mit einem regenerativen Bremssystem gekoppelt worden war und je nach Ausführung von 235 PS (175 kW) bis zu 539 PS (396 kW) leistete. Auf ein mehrstufiges Getriebe konnte dabei verzichtet werden. Hierzu bemerkte das deutsche Kfz-Werkstattmagazin KRAFTHAND: »Mindestens genauso beeindruckend wie die Reichweite sind Drehmoment und Drehmomentverlauf. Je nach Batterie stehen aus dem Stand 440 bis 600 Nm zur Verfügung, die den Tesla S in seiner schwächsten Ausführung in 6,2 s und in seiner stärksten Variante in 4,4 s von 0 auf Tempo 100 beschleunigen. Die Höchstgeschwindigkeit beträgt je nach Batterie 190 bis 210 km/h. Tesla gewährt auf die Lithium-Ionen-Batterie eine Garantie von 8 Jahren ohne Kilometerbegrenzung.«[30]

Verblüffend war nicht nur das Platzangebot für bis zu 7 Passagiere, sondern auch die Tatsache, dass das Model S zwei Kofferräume besaß. Neben dem hinteren mit 745 Litern Volumen (bzw. 1645 Litern bei heruntergeklappten Rücksitzen) stand vorne ein zusätzlicher kleiner Kofferraum mit 150 Litern Kapazität zur Verfügung. Dieser bekam von Elon Musk sogar eine eigene Bezeichnung. Statt »front trunk« hieß das vordere Staufach von nun an »frunk«. Die gesamte Leistungselektronik, der Elektromotor und das Getriebe waren Platz sparend in den Raum hinter der Rückbank integriert worden.

Mittlerweile wurde Elon Musk aufgrund seines Charismas und seiner umjubelten öffentlichen Auftritte schon mit Steve Jobs von Apple verglichen. Musks Nimbus wuchs um ein Weiteres, als er ankündigte, in den USA flächendeckend »Supercharger«-Ladestationen aufzustellen, an denen Tesla-Besitzer ihr Fahrzeug zeitlich unbeschränkt aufladen könnten. Innerhalb einer halben Stunde, so erklärte Elon Musk den gleichermaßen zweifelnden wie staunenden Zuhörern, ließe sich damit Strom für eine Fahrstrecke von bis zu 240 Kilometern laden.

Im Sommer wurde zudem bekannt, dass Tesla den Antrieb für eine Elektroversion der Mercedes-Benz B-Klasse entwickeln und liefern würde. Im Jahr 2014 sollte diese zukunftsweisende Variante unter der Bezeichnung »B-Klasse Electric Drive« als erstes Großserien-Elektroauto des schwäbischen Unternehmens auf den Markt kommen. Erklärtes Ziel war, mit dem Preis unterhalb der 40.000-Euro-Schwelle zu bleiben. Eine Überraschung hingegen war der komplette Rückzug des Staatsfonds Aabar aus Abu Dhabi von seiner Beteiligung an Daimler.

Ab Oktober 2012 kam der Tesla S in Europa auf den Markt, wo er ebenfalls spontane Begeisterung auslöste. Gleichzeitig wurde bekannt, dass Hegdefonds massiv und mit hohen Summen auf einen Konkurs von Tesla Motors spekulierten. Diese sogenannten Leerverkäufer wetteten hohe Summen auf einen sinkenden Aktienkurs von Tesla – je tiefer, desto besser. Angesichts dieses Zustands und der kritischen Berichte über Tesla Motors behielt Elon Musk aber die Ruhe: Neben der Beseitigung von Fertigungs- und Qualitätsproblemen beim Serienanlauf des Model S, begann er in den USA unbeirrt, das angekündigte Netz von Superchargern aufzubauen.

2013

Die Bauqualität der ersten Fahrzeuge des Model S war nicht befriedigend, was sich trotz einer vierjährigen Neuwagengarantie in schlechter Presse und wenig zuträglicher Mundpropaganda niederschlug. Konkret: Es wurden zu wenige Fahrzeuge verkauft. Hinzu kam der Umstand, dass Tesla nicht wie allgemein üblich in Baujahrzyklen dachte, sondern permanent Änderungen in der laufenden Serie vornahm. In der Praxis warteten deshalb viele Interessenten mit ihrer Bestellung, um in den Genuss der neuesten Verbesserungen zu kommen.

Fakt war: Tesla Motors stand zu Jahresanfang 2013 erneut kurz vor dem Konkurs. Musk reagierte mit einigen personellen Umbesetzungen, aber vor allem mit einer groß angelegten Telefonaktion. Das Ziel war, die Personen, die bereits einen Tesla S reserviert hatten, zum Kauf zu bringen. Hinzu kam von Tesla Motors eine Garantie für den späteren Wiederverkaufswert eines Tesla S, der den Kunden die Scheu vor dem Erwerb eines Elektroautos nehmen sollte. Würde der Serienanlauf nicht bald reibungslos funktionieren und die Vorbestellungen sich nicht schnellstens in klingender Münze auszahlen, dann war der Konkurs allerdings nicht mehr abzuwenden.

Aus schierer Geldnot verhandelte Elon Musk mit dem Google-Gründer Larry Page über einen Kauf von Tesla Motors durch Google. Die Übernahme sollte Tesla Motors mit frischem Kapital ausstatten, während Elon Musk weiterhin die Geschäfte führen würde. Die Verhandlungen wurden konkreter und auch die Höhe der Kaufsumme war geklärt. Laut Medienberichten sollte Google für 6 Milliarden US-Dollar übernehmen und zusätzlich 5 Milliarden US-Dollar in die Produktion investieren. Weiterhin hatte Elon Musk eine Bestandsgarantie für Tesla Motors und für sich selbst einen 8-Jahres-Vertrag ausgehandelt.

Kurz vor dem Abschluss der Verhandlungen wendete sich das Blatt. Anfang Mai 2013 vermeldete Tesla Motors den ersten Quartalsgewinn, worauf die Aktie zu einem gewaltigen Sprung nach oben ansetzte: Innerhalb kurzer Zeit schoss sie von 30 auf 130 US-Dollar. Damit schwamm Tesla plötzlich in Geld, worauf Elon Musk den gewährten Staatskredit von 465 Millionen US-Dollar sofort zurückzahlte. Besonders befriedigend für Elon Musk: Während Tesla Motors schwarze Zahlen schrieb, war Konkurrent Fisker finanziell am Ende und entließ deshalb alle seine Mitarbeiter.

Zu dieser Zeit kaufte sich Elon Musk in Bel Air, der teuersten Wohngegend von Los Angeles, ein Anwesen für 17 Millionen US-Dollar. Ungeachtet dessen erklärte er öffentlich, dass sein Jahresgehalt als CEO von Tesla Motors lediglich einen einzigen US-Dollar betrage. Weiterhin verkündete er, dass er sich dieses Haus von einem Kredit gekauft habe, für den die Bank seine Beteiligung bei Tesla als Sicherheit akzeptiert hatte. Außerdem heiratete Elon Musk zum dritten Mal. Allerdings waren die Umstände dieser Hochzeit eher ungewöhnlich, denn seine neue Ehefrau war wieder Talulah Riley, von der er sich Anfang des Jahres 2012 hatte scheiden lassen.

Tesla Motors wuchs weiter, und bereits 2500 Angestellte arbeiteten am Serienanlauf des Tesla S. Parallel dazu wuchs auch die Anerkennung, die dem kleinen Automobilhersteller entgegengebracht wurde, der mit dem neuen Modell wirklich Außergewöhnliches geleistet hatte. Bei einem Interview mit Produktionschef Gilbert Passin erklärte dieser das Geheimnis der Stärke von Tesla Motors, nachdem ein wichtiges elektronisches Bauteil aufgrund der Insolvenz eines Zulieferers beim Serienanlauf nicht verfügbar war. Dem MANAGER MAGAZIN erläuterte er: »Wir haben das Bauteil selbst entwickelt und fertigen es nun auch selbst. Das ist etwas, was Tesla wirklich auszeichnet: Die Schnelligkeit, mit der Probleme gelöst werden. Das hat mich fasziniert: Ein normaler Automobilkonzern beschäftigt Tausende Ingenieure, aber hier finden wir in sehr kleinen Teams oft viel schnellere Lösungen, weil wir auch nicht so eine große Konzernhierarchie haben.«[31] 400

Mit Zuversicht stellte Elon Musk den Tesla S gegen die starken deutschen Wettbewerber in der Automobil-Oberklasse. (Bild: Tesla, Inc.)

Exemplare des Model S rollten nun schon wöchentlich vom Fließband der Tesla-Fabrik im kalifornischen Fremont.

Im Juni 2013 enthüllte Elon Musk ein wohlgehütetes Geheimnis: Neben den Ladestationen, die erst in den USA und später weltweit installiert werden sollten, waren auch Batterie-Wechselstationen geplant. Dabei sollten sich die Batterien eines Model S vollautomatisch innerhalb von 90 Sekunden tauschen lassen.[32] Jeder Wechsel sollte allerdings 60 US-Dollar kosten. Mit der dazu veranstalteten Bühnenshow zog Elon Musk die Anwesenden wie gewohnt in seinen Bann – doch bald meldeten sich kritische Stimmen.

Denn: So geschmeidig der Batteriewechsel bei der Vorführung auch wirkte, so mehr oder minder offen wurde Elon Musk mit Blick auf diese Darbietung Betrug vorgeworfen. Hierzu schrieb ein Kommentator: »Im August bezeichneten Tesla-Foristen das Ganze [den vollautomatischen Batterietausch; Anm. des Autors] offen als einen Trick. Einige Besitzer des Typs S haben bereits ihre Garantien für die Batterien in Anspruch genommen, und der Batteriewechsel dauert drei bis vier Stunden nebst einigen Handwerkern. Die Automatisierung ist unmöglich, geschweige denn in 90 Sekunden zu schaffen.«[33]

Die Idee, den langwierigen Ladevorgang eines Elektroautos durch den automatisierten Tausch der leeren gegen eine vollgeladene Batterie zu beschleunigen, war indes nicht neu. Auch Shai Agassi, ein ehemaliger Topmanager und Vorstandsmitglied des deutschen Softwareunternehmens SAP, arbeitete seit Oktober 2007 daran. Mit seinem Projekt »Better Place« strebte er eine flächendeckende Infrastruktur von Batteriewechselstationen an. Doch wie im Sommer 2013 bekannt wurde, hatte Better Place bereits am 26. Mai 2013 in Israel vor einem Gericht Insolvenz beantragt.

Obwohl der Tesla S mit seinem Elektroantrieb im technischen Sinne keinen Kühlergrill benötigte, wollte Franz von Holzhausen auf dieses wichtige Designmerkmal nicht verzichten. (Bild: Tesla, Inc./Wikimedia Commons)

Unterm hübschen Blechkleid verlässt der Tesla S ausgetretene Pfade. Im Fahrzeugboden liegen Platz sparend die Batteriemodule. (Bild: Tesla, Inc.)

Zu dieser Zeit stellte Elon Musk bereits seine nächste Idee vor: den »Hyperloop«. Mit diesem unter der Erde in einer Vakuumröhre schwebenden Kapselzug sollte der Transport- und Logistiksektor revolutioniert werden. Denn unterirdisch ließen sich, so Musks Vorstellung, in einer erdbebensicheren Röhre ohne Luftwiderstand Geschwindigkeiten von rund 1200 km/h (760 Meilen pro Stunde) erreichen – ohne Beeinträchtigungen durch Lärm und Abgase. Der Hyperloop sollte die beiden Vorteile von Bahn und Flugzeug vereinen, was konkret bedeutete: eine große Menge von Gütern oder Menschen in den Kapseln mit Schallgeschwindigkeit zu transportieren.

Seit August 2013 war der Tesla S ab einem Preis von 72.000 Euro auch in Deutschland verfügbar. Ausgerüstet war die Sportlimousine mit den gängigen Sicherheitssystemen, die in dieser Klasse als Standard galten. Auf vorausschauende Fahrerassistenzsysteme hatten die Planer jedoch bis dato verzichtet. Zum Laden der Batterie bot Tesla den Käufern mehrere Möglichkeiten an, wie das Kfz-Werkstattmagazin KRAFTHAND erläuterte:

»Grundsätzlich befindet sich ein Ladegerät an Bord des Autos, wobei der Kunde zwischen einem Einzellader (11 kW) oder einem Doppellader (22 kW) wählen kann. Darüber hinaus gehört ein Ladekabel für unterwegs (Mobile Connector) zum Lieferumfang des Tesla S. Dieser Mobile Connector ermöglicht bis zu 55 km Reichweite pro Ladestunde. Ab Herbst 2014 wird zusätzlich ein Hochleistungs-Wandanschluss verfügbar sein, der in Kombination mit dem Doppellader bis zu 110 km Reichweite pro Ladestunde möglich macht.«[34]

Strom tanken zuhause oder unterwegs: Schon im Laufe des Jahres 2014 sollten Tesla-Fahrer zusätzlich an den Raststätten der Hauptverkehrswege Europas ihren Wagen kostenlos an Tesla-Schnellladestationen aufladen können. (Bild: Tesla, Inc./Wikimedia Commons)

Ohne Schalter und Knöpfe: Der zentral platzierte Touchscreen-Monitor bündelte alle Funktionen bezüglich Medien, Navigation, Kommunikation, Steuerkabine und Fahrzeugdaten. Als zentrales Bedienelement aktiviert er sich schon beim Öffnen der Fahrertür und zeigt dabei die zuletzt eingestellten Funktionen an. (Bild: Tesla, Inc./Wikimedia Commons)

Der Tesla S wurde international mit Auszeichnungen überhäuft. So gewann das Modell nicht nur die Wahl zum »Car of the Year« der renommierten US-Zeitschrift »Motor Trend«, sondern die Juroren hatten sich erstmals einstimmig für einen Fahrzeugtyp entschieden. Auch in Deutschland waren die Autotester begeistert. Sie bezeichneten den Tesla S als »schallende Ohrfeige« für die Autonation Deutschland, dabei machten sie sich explizit über die deutschen Autohersteller lustig. Tatsache war, dass das gerade präsentierte kompakte Elektromobil BMW i3 lediglich 150 Kilometer Reichweite vorweisen konnte. Tatsache war auch, dass der Tesla S in den USA die S-Klasse von Mercedes-Benz, den Audi A8 und den BMW 7er bei den Verkaufszahlen übertrumpfte.

Als nächstes stand nun der flächendeckende Ausbau der solarbetriebenen Schnellladestationen (Supercharger) an. Gebaut werden sollten diese vom Unternehmen SolarCity, das Elon Musks Cousin Lyndon Rive leitete und an dem Musk mit 28 Prozent beteiligt war. Auch SolarCity war längst kein Startup mehr, sondern in den letzten Jahren zum größten Solarenergieversorger der Vereinigten Staaten aufgestiegen.

Wie angekündigt, kam der Tesla S als klassische Sportlimousine auf den Markt. Für die große Tour gab es ordentlich Leistung, vier Türen und reichlich Platz. (Bild: Tesla, Inc./Wikimedia Commons)

Im August 2013 folgte der nächste wichtige Schritt auf dem Weg zur Expansion in Europa. Im niederländischen Tilburg hatte Tesla Motors eine 18.900 Quadratmeter große Montagefabrik für den Tesla S eröffnet, die gleichzeitig die Europa-Zentrale bildete. Der Standort Tilburg bot sich an, denn er lag verkehrsgünstig und zentral in Europa. Zudem war der Hafen von Rotterdam, wohin die in den USA vormontierten Tesla S verschifft wurden, nur wenige Kilometer entfernt.

Der erste Supercharger in Deutschland entstand bereits an der A8 auf dem Autohof Jettingen-Scheppach, einem Rastplatz zwischen Augsburg und Ulm. Innerhalb von 30 Minuten konnten hier die Batterien so weit aufgeladen werden, dass Eigner eines Tesla damit genügend Strom für mehr als 300 Kilometer Weiterfahrt erhielten. Wie von Elon Musk angekündigt, sollte das Tanken für die Besitzer eines Model S für die gesamte Lebensdauer des Autos kostenlos sein.

An dieser Stelle hakten Analysten nach und fragten, wie denn eigentlich das zukünftige Geschäftsmodell von Tesla Motors funktionieren sollte. Denn nach dem Verkauf war mit der Wartung eines Elektrofahrzeugs kaum noch Geld zu verdienen: Ölwechsel, Zündkerzenwechsel, Zahnriemenwechsel, Keilriemenwechsel und Auspufftausch waren nicht mehr nötig, und aufgrund der Rekuperationsfunktion hielten auch die Bremsbeläge und -scheiben weitaus länger als bei einem herkömmlichen Fahrzeug. Hinzu kam, dass die Wartung zum Teil schon im Kaufpreis enthalten war. Die Inspektion eines Tesla S umfasste laut Wartungsplan[35] folgende Punkte:

Jährlich:

- Multipositionswartung (mit Reifenumsetzung und Spurüberprüfung)
- Innenraum-Luftfilter austauschen
- Wischerblätter austauschen
- Schlüsselbatterie erneuern (alle Schlüssel)

Bei der großen, alle zwei Jahre erfolgenden Wartung kam lediglich ein weiterer Punkt hinzu:

- Klimaanlagenwartung

Der ganz große, alle vier Jahre vorgesehene Service umfasste darüber hinaus:

- Batteriekühlmittel wechseln

Das war's dann auch schon.

Zwei Kofferräume: Dank des zusätzlichen Staufachs unter der Fronthaube steht bei heruntergeklappten Fondsitzen insgesamt ein Stauraum von 1795 Litern zur Verfügung. (Bild: Frank Schwichtenberg/Wikimedia Commons)

Einen besonderen Service bot Tesla Motors mit den als »Tesla Ranger« bezeichneten Servicetechnikern, die auf Wunsch und gegen Bezahlung direkt zum Kunden fuhren, um dort kleinere Arbeiten, für die keine Hebebühne notwendig war, am Fahrzeug vorzunehmen. Das hieß für Kunden in der Praxis: Bei Tesla Motors anrufen, und zum gewünschten Termin kam dann ein speziell geschulter Servicetechniker an den beschriebenen Ort – sei es im Büro, zu Hause oder im Urlaubsdomizil.

Kein Zweifel – Elon Musk war in den letzten Jahren zum Medienstar und Publikumsliebling aufgestiegen. Die Bewunderung, die ihm entgegenschlug, wurde immer umfassender – es schien unglaublich, wie viele Dinge Musk gleichzeitig anpackte und zum Erfolg führte.

Während die Verkaufszahlen für das Model S längst die Marke von 10.000 Exemplaren überschritten hatten, musste sich das Management von Tesla Motors im Herbst 2013 einer neuen, aber lange befürchteten Herausforderung stellen. Am 2. Oktober geriet ein Tesla S in Brand, weil ein auf der Straße liegendes Metallteil die Batteriehülle am Unterboden durchschlagen hatte. Der Kurzschluss der Batterie entzündete sofort das gesamte Fahrzeug, der Fahrer konnte sich trotzdem unverletzt aus dem Auto retten. Erwartungsgemäß war dieser Vorfall ein gefundenes Fressen für die Presse und die eingesessenen Automobilhersteller – entsprechend medial aufgebauscht wurde darüber berichtet.

»Teslas Alptraum«, so die bald gängige Bezeichnung, sorgte für einen sofortigen Kurssturz der Tesla-Aktie an der Nasdaq. Um 13 Prozent sank die Aktie, womit Tesla Motors plötzlich 3 Milliarden US-Dollar weniger wert war. Kurz darauf geriet ein weiterer Tesla S in Brand, nachdem er bei einem Unfall mit hoher Geschwindigkeit gegen eine Wand und danach gegen einen Baum geprallt war. Auch hier kam der Fahrer unverletzt davon.

Die vorbildliche Unfallsicherheit, die der Tesla S bei Crashtests gezeigt hatte, wurde dadurch in den Hintergrund gedrängt. Gleiches geschah mit dem Umstand, dass normale benzingetriebene Fahrzeuge natürlich ebenfalls in Brand geraten konnten. Diese beiden Vorfälle bremsten die Verkäufe zeitweilig etwas ein. Zwar hatte Tesla allein im dritten Quartal 2013 rund 5500 Einheiten des Model S ausgeliefert und damit einen Quartalsumsatz von 431 Millionen US-Dollar erreicht, doch Analysten hatten höhere Zahlen erwartet. Insgesamt, so erklärte Elon Musk, sollten bis Jahresende 21.500 Exemplare des Tesla S verkauft werden.

Im November brannte in den USA zum dritten Mal ein Tesla S lichterloh – jetzt wurde es Zeit zu handeln, bevor der Gesetzgeber einschritt. Die US-Verkehrsbehörde NHTSA ermittelte bereits gegen Tesla Motors, auch der Börsenkurs fiel mittlerweile senkrecht nach unten. Im Fernsehen erklärte Elon Musk daraufhin öffentlich, dass es keinen Grund für einen Rückruf des Model S gebe. Auch ein Chevrolet Volt war in den USA in Flammen aufgegangen, allerdings weil der elektrisch angetriebene Wagen nach einem Crashtest unsachgemäß abgestellt worden war.

Verblüffenderweise gab ausgerechnet das deutsche Kraftfahrt-Bundesamt Entwarnung: Nach einer Untersuchung des KBA gemäß dem Produktsicherheitsgesetz (ProdSG) konnte »kein herstellerseitiger Mangel als Unfallursache festgestellt werden«[36]. Zusätzliche bauliche Maßnahmen seien laut KBA für den Tesla S nicht erforderlich. Während das Ergebnis der US-Verkehrsbehörde NHTSA noch ausstand, kletterte die Aktie von Tesla Motors unversehens wieder nach oben.

Geräumige Sportlimousine: Laut Lastenheft sollte der Tesla S bis zu sieben Personen Platz bieten. Dementsprechend gab es optional zwei Kindersitze im Kofferraum. Viel Platz für Reisegepäck blieb dann nicht mehr. (Bild: Frank Schwichtenberg/Wikimedia Commons)

EXKURS: TESLA ENERGIESPEICHER

Alles aus einer Hand: Elon Musk stellt sich den Idealfall so vor, dass Tesla sowohl das Solar Roof, die Powerwall wie auch das Auto liefert. (Bild: Tesla, Inc.)

Unter dem Firmennamen Tesla, Inc. fertigt das Unternehmen nicht nur Automobile. Vielmehr baute Elon Musk in den vergangenen Jahren parallel dazu eine mehrgliedrige Energiesparte auf. Mit Hilfe dieser Produkte soll sich der Kreis schließen, um bei der Herstellung und dem Betrieb von Tesla-Automobilen eine völlige Autarkie von jeglicher zusätzlicher Energieversorgung zu erreichen. Die Energiesparte von Tesla gliedert sich in die drei Sparten Solar Roof (Solardächer), Powerwall sowie Powerpacks/Megapacks. In diesem Exkurs werden die Energiespeicher Powerwall und Powerpacks/Megapacks betrachtet.

POWERWALL 2

Die Tesla Powerwall ist ein Stromspeicher aus flüssigkeitsgekühlten Lithium-Ionen-Zellen für Eigenheime und Kleingewerbe. Durch Kombinieren der Powerwall mit einer Solaranlage bzw. den von Tesla angebotenen Solardachziegeln lässt sich überschüssiger Solarstrom speichern. Ursprünglich sollten zwei Versionen mit unterschiedlicher Speicherkapazität auf den Markt kommen, wobei sich das Management jedoch dafür entschied, nur die kleinere in Serie zu produzieren. Darüber hinaus kann die Powerwall bei entsprechender Konfiguration Stromausfälle im öffentlichen Netz erkennen und automatisch die Stromversorgung (Notstromfunktion) übernehmen.

Dabei stellt Tesla besonders die Vielseitigkeit der Montageoptionen heraus: So ist sowohl eine Wand- als auch eine Bodeninstallation möglich. Im letzteren Fall können laut Firmenangaben bis zu zehn Powerwalls zu einem großen Stromspeicher kombiniert werden. Auch beim Montageort ist die Powerwall anspruchslos, denn eine Installation ist sowohl im Innern eines Gebäudes als auch vor der Witterung ungeschützt im Freien gestattet. Mit der Tesla App, mit der sich die Solaranlage und die Fahrzeugmodelle S, X oder 3 aus der Ferne überwachen

Tesla Powerwall 2: Stromspeicher zur Ergänzung einer Solaranlage oder als Puffer für Stromausfälle. Die Powerwall kann sowohl im Haus als auch im Freien installiert werden. (Bild: Tesla, Inc.)

lassen, kann ebenso die Powerwall fernbedient werden.

Nach der Powerwall 1 mit 6,4 kWh ist mit der Powerwall 2 mit 13,5 kWh seit 2016/2017 die zweite Gerätegeneration verfügbar. Die Powerwall 2 besitzt im Vergleich zur ersten Generation eine verdoppelte Energiedichte (13,5 kWh statt 6,4 kWh). In Deutschland kostet die Powerwall inklusive Mehrwertsteuer und Anlieferung 7200 Euro zuzüglich 1600 Euro für unterstützende Hardware (Stand 9/2019). Hinzu kommen die individuell zu kalkulierenden Montagekosten.

Indes sind der Reifegrad und das Lieferprozedere der Powerwall in Deutschland nicht unumstritten: So berichten Kunden von sehr langen Lieferzeiten; zudem von zusätzlichen, nicht vereinbarten Installationsvorgaben seitens Tesla, für deren Erfüllung dem Kunden weitere Kosten entstehen. Zudem beklagen Käufer, dass die beworbene Notstromfunktion nicht installiert sei – obwohl sie von Tesla auf der Webseite ausdrücklich beworben wird und mitverkauft wurde.

POWERPACKS UND MEGAPACKS

Vereinfacht gesagt, bilden die Powerpacks und die noch speicherstärkeren Megapacks eine Großausführung der Powerwall für den industriellen Einsatz. Demgemäß verfügt jedes einzelne Powerpack über eine Kapazität von 210 kWh. Powerpacks und Megapacks bestehen wie die Powerwall ebenfalls aus flüssigkeitsgekühlten Lithium-Ionen-Zellen. Diese Großspeicher dienen hauptsächlich dazu, Strom in Niedriglastzeiten zu speichern und in Spitzenlastzeiten zur Verfügung zu stellen; gleichzeitig lässt sich damit die Ausfall- und Energiesicherheit von bestehenden Stromnetzen erhöhen.

Ein Husarenstück hierzu gelang Elon Musk 2017 in Australien, und zwar mit einer Wette: Musk wettete mit der australischen Regierung, für sie innerhalb von 100 Tagen den größten Akkupark der Welt zu bauen. Damit sollten die 30.000 Haushalte der Stadt Jamestown in Südaustralien ausfallsicher mit Strom versorgt werden. Via Twitter erklärte Musk öffentlich, dass diese von ihm gesetzte Frist von 100 Tagen bindend gelte – würde er sie überschreiten, erhielte die Regierung den Akkupark von ihm kostenlos. Keine kleine Sache, denn es ging dabei um Baukosten von mindestens 50 Millionen US-Dollar. Tatsächlich gelang es dem Tesla-Bauteam, den gesamten Akkupark vor der Frist zu vollenden und dementsprechend die Bausumme zu kassieren.

Rund um den Erdball baut Tesla mittlerweile Parks mit Powerpacks und Megapacks in Nachbarschaft von Wind- oder Solarparks, so beispielsweise auf Samoa, in Kalifornien und weiteren Ländern, insbesondere solchen, die unter unsicherer Stromversorgung leiden. Dabei geht es jedoch nicht immer primär um die Versorgungssicherheit, sondern mittlerweile in vielen Ländern auch um realisierte Nachhaltigkeit. Im Zuge der Energiewende ist deshalb die Nachfrage nach Powerpacks und Megapacks stark steigend, so dass dieses Tesla-Geschäftsfeld nach aller Erwartung überproportional wachsen wird.

Tesla 2017 in Australien: Das gesamte 100 MWh-Batteriespeicher-Projekt wurde in 100 Tagen realisiert. (Bild: Tesla, Inc.)

Tesla Powerpacks und Megapacks: Diese von Tesla erstellte Großanlage auf Samoa kombiniert Solarmodule und Powerpacks in großem Maßstab. (Bild: Tesla, Inc.)

2014

DER SPRUNG NACH EUROPA

Obwohl Tesla keine Schuld an den Bränden gegeben wurde, entschloss sich Elon Musk, die Batterie bzw. den Unterboden des Tesla S zusätzlich mit einer Aluminiumkonstruktion und einer Titanplatte zu schützen. Hierzu erläuterte das Online-Magazin TESLAMAG: »Der zusätzliche Unterbodenschutz besteht aus drei Schilden: Einer gebogenen Aluminiumplatte, darunter einer Titanplatte und zuletzt – für wirklich hartnäckige Gegenstände – noch einmal einer Platte aus Aluminium. Diese Kombination wurde insgesamt 152 Tests unterzogen und konnte bei allen Tests einen Schaden an der Batterie abwenden.«[37] Dieser Schutz wurde ab dem 6. März 2014 serienmäßig verbaut und konnte bei den bereits ausgelieferten Fahrzeugen kostenlos nachgerüstet werden.

Ebenfalls nachgerüstet wurde ein verbesserter Adapter für zu Hause installierte Ladesysteme, der den Kunden per Post zuging. Dieser neue Adapter sollte sensibler auf Unregelmäßigkeiten beim Ladevorgang reagieren. Im Falle einer Störung schaltete der neue Adapter die Stromzufuhr ab. Parallel dazu wurde allen Tesla S per Internetverbindung eine neue Ladesoftware aufgespielt, die ebenfalls sensibler auf Störungen des Ladevorgangs reagierte und gegebenenfalls die Stromzufuhr auf 25 Prozent drosselte.

Tesla im März 2014 auf dem Genfer Salon: In den USA wurde das Model S bereits gefeiert, während es in Europa noch weitgehend unbekannt war. (Bild: Clément Bucco-Lechat/Wikimedia Commons)

Auf dem Genfer Salon 2014 von Neugierigen umlagert: Um das Model S und die Automarke Tesla dem Publikum in Europa bekannt zu machen, wurde der Tesla S auf den wichtigen Automobilmessen Europas ausgestellt. (Bild: Clément Bucco-Lechat/ Wikimedia Commons)

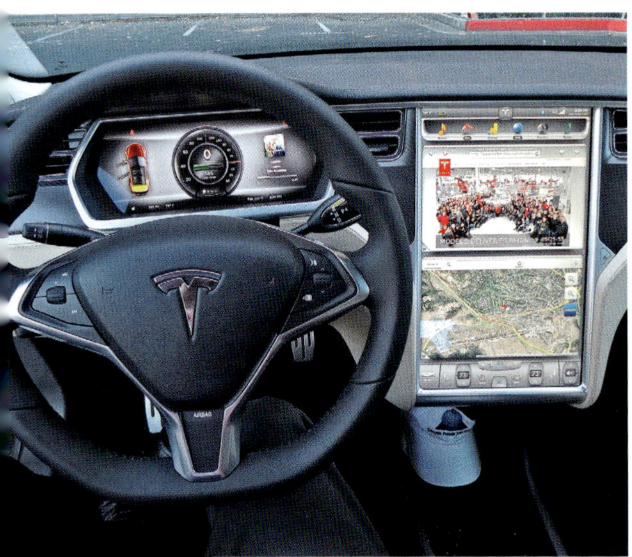

Nicht alle Autofahrer konnten sich mit der konsequenten Bedienung des Tesla S mittels des dominierenden zentralen Touchscreens anfreunden. Die von Elon Musk anvisierte Zielgruppe war hingegen begeistert. (Bild: Steve Jurvetson/Wikimedia Commons)

Um das Model S und die Automarke Tesla dem Publikum in Europa bekannt zu machen, wurde die Sportlimousine auf den wichtigen Automobilausstellungen Europas ausgestellt. So begann für Tesla Motors das Jahr 2014 mit dem Genfer Salon, der ersten großen Automesse in Europa, auf der traditionsgemäß zahlreiche Neuheiten präsentiert werden. Auch die Fachpresse wurde langsam wach und zeigte skeptisches Interesse an diesem hübschen Elektroauto mit den unglaublichen Fahrleistungen.

Ausgerechnet aus der Schweiz kam zeitgleich zum Genfer Salon ein Ärgernis völlig neuer Art auf Tesla Motors zu: Obwohl der Tesla S von der dortigen Zulassungsbehörde uneingeschränkt für den öffentlichen Verkehr zugelassen worden war, störten sich Rechtsvertreter am großen Touchscreen. Nach Meinung eines Schweizer Staatsanwalts würden die Fahrer durch den Touchscreen in ihrer Konzentration auf den Straßenverkehr abgelenkt und somit gefährdet. Kurzerhand veranlasste der Staatsanwalt eine Untersuchung beim Züricher Straßenverkehrsamt. Nicht von der Hand zu weisen war, dass diese neue Form der Bedienung einer gewissen Eingewöhnungszeit bedurfte, zumal die Bedienfelder mehrerer wichtiger Fahrzeugfunktionen erst in Untermenüpunkten zu finden waren.[38]

Die Geschäftszahlen für das Jahr 2013 machten indes Mut und ließen den Börsenkurs von Tesla weiter steigen. Tesla Motors hatte mit 22.500 verkauften Exemplaren des Tesla S seine eigenen Prognosen übertroffen. Zudem hatte allein der Verkauf von ZEV Credit Points im Jahr 2013 Einnahmen von knapp 130 Millionen US-Dollar generiert.
Den Hintergrund für diesen Handel mit ZEV Credit Points bildete die Sondergesetzgebung des US-Staats Kalifornien. Größere Automobilhersteller mussten demnach eine gewisse Anzahl von Zero Emissions Vehicles (ZEV) verkaufen, für die es ZEV Credit Points gutgeschrieben bekam. Um die vom kalifornischen Gesetzgeber definierte Punktzahl zu erreichen, mussten die Hersteller entweder viele abgasarme Automobile verkaufen oder aber ZEV Credit Points von Fremdherstellern erwerben. Bei Unterschreiten der Punktzahl drohten massive Strafzahlungen, die deutlich höher lagen als die Kosten für den Zukauf von ZEV Credit Points.

Zu dieser Einnahmequelle erklärte DIE ZEIT: »Das betroffene Unternehmen kann aber auch bei anderen Herstellern kaufen – und hier kommt Tesla ins Spiel. Mit seinem rein elektrischen Portfolio sammelt Tesla massig ZEV-Punkte und verkauft die überschüssigen an Hersteller, die nicht auf die ihnen vorgeschriebene Punktezahl kommen. Zu den größten Abnehmern von ZEV Credit Points zählten 2013 unter anderem Honda, Chrysler und

Mercedes-Benz. In jenem Jahr verkaufte Tesla mehr als 650.000 ZEV-Punkte.«[39] Je mehr abgasfreie Automobile Tesla Motors fertigte, desto mehr ZEV Credit Points konnte das Unternehmen an andere Hersteller weiterverkaufen. Demgemäß war abzusehen, dass diese Einnahmequelle von Jahr zu Jahr kräftiger sprudeln würde. Durch den Anstieg des Aktienkurses an der Börse war Tesla Motors nun schon halb so viel wert wie der Autogigant GM. Das war zwar eine gute Nachricht, doch spiegelten weder diese Bewertung noch der hohe Börsenkurs die Ertragslage realistisch wider.

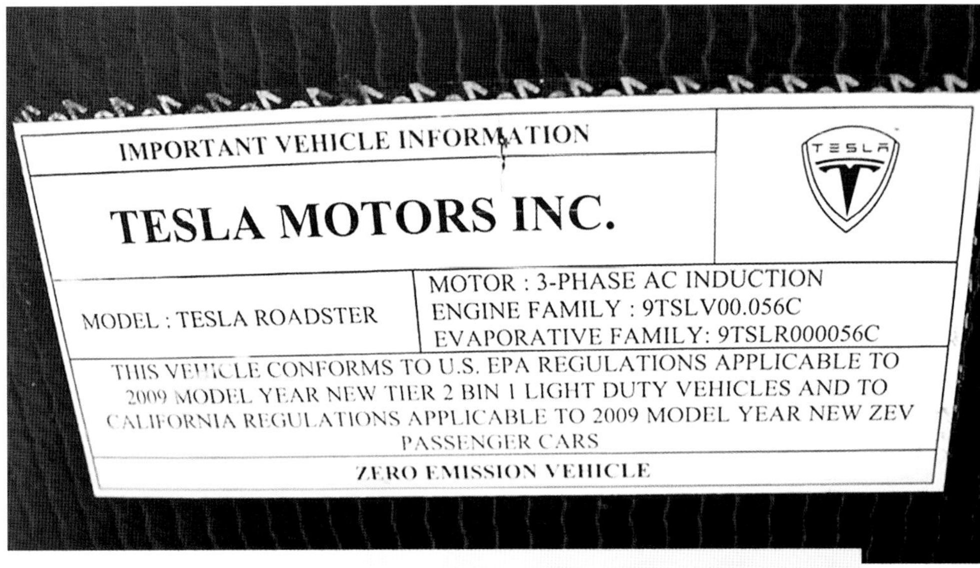

Ein lukratives Geschäftsmodell von Tesla: Der Weiterverkauf von ZEV Credit Points an andere Hersteller florierte. (Bild: Plug In America/Wikimedia Commons)

Gedämpft wurde die Euphorie rund um den Verkauf von ZEV Credit Points durch eine Änderung der kalifornischen Gesetze. Denn die Umweltbehörde in Kalifornien (California Air Resources Board) hatte im April 2014 kurzerhand den Verteilmodus für ZEV Credit Points geändert – und das zu Ungunsten von Tesla Motors. Um fortan die volle Punktzahl an ZEV Credit Points für ein Auto zu erhalten, musste die Ladezeit extrem verkürzt werden. Nach einer Ladezeit von 15 Minuten musste die Batterie dem Wagen fortan eine Reichweite von 285 Meilen (459 km) ermöglichen. Dieser Wert war selbst mit den modernen Supercharger-Stationen in der existierenden technischen Form nicht zu erreichen.

Dass Elon Musk das Unternehmen nicht gerade in kleinen Schritten vorwärtsbringen wollte, wurde spätestens im Frühjahr 2014 offensichtlich: Geplant war eine gigantische Fabrik für Lithium-Ionen-Akkus, in der 6500 Beschäftigte ab dem Jahr 2020 neu entwickelte, deutlich kostengünstigere Akkus produzieren sollten. Ziel war, durch Massenproduktion den Preis für die kommende Generation von Batterien um mindestens 30 Prozent zu senken. Gemeinsam mit dem japanischen Partner Panasonic sollte hierfür mit der »Gigafactory« die größte Fabrikhalle der Erde entstehen.

Dazu wollten Tesla Motors und Panasonic insgesamt rund 5 Milliarden US-Dollar (ca. 3,7 Milliarden Euro) in die Fertigungsstätte investieren. Die Finanzierung des Anteils von Tesla Motors von ungefähr 2 Milliarden US-Dollar sollte über Wandelanleihen erfolgen. Der Bau war bereits fest geplant, folgend galt es den richtigen Standort zu finden und möglichst viele Subventionsgelder zu erhalten. Nach dem richtigen Platz für die Fabrik wurde in Nevada, Arizona, Kalifornien, New Mexico und Texas gesucht.

Als offene Frage stand aber längst nicht nur der zukünftige Standort im Raum. Viel spannender war die nach der zukünftigen Batterietechnik. Würde sich Elon Musk tatsächlich damit begnügen, die vorhandene Technologie der Panasonic-Zellen vom Typ 18650 gemäßigt weiterzuentwickeln? Oder war es nicht wahrscheinlicher, dass bereits an einer neuen Technologie gearbeitet wurde?

Musk jedenfalls erklärte zu diesem Zeitpunkt öffentlich, dass es schon bald Realität sein werde, Fahrzeuge mit einer Reichweite von über 800 Kilometern zu bauen. Möglich würde dies durch die Verwendung von zweidimensionalem Kohlenstoff, »Graphen« genannt. Dieses »Wundermaterial«, das seinen Entdeckern im Jahr 2010 den Physik-Nobelpreis einbrachte, wurde gerade intensiv erforscht. Die optimistischen Stimmen in der Wissenschaft mehrten sich, dass der endgültige Durchbruch der Elektromobilität tatsächlich mit diesen neuen Batterien, in denen Graphen verwendet würde, gelingen könnte.[40]

Das Werk im niederländischen Tilburg war als Endmontage- und Distributionspunkt für in Europa verkaufte Tesla Model S Fahrzeuge geplant. Außerdem sollte es mit seinen 18.900 Quadratmetern die europäische Service- und Ersatzteilzentrale von Tesla beherbergen. (Bild: Alex Erbesmann/Wikimedia Commons)

Sauber aufgereiht warten Tesla S auf die Abholung durch ihre Käufer. So schmucklos und wenig repräsentativ wie die Auslieferungshalle zeigte sich das gesamte Montagewerk. (Bild: Alex Erbesmann/Wikimedia Commons)

Im Innern wirkte das Montagewerk eher wie eine große Werkstatt. Immerhin blieben so für Tesla Motors die Fixkosten niedrig. (Bild: Alex Erbesmann/Wikimedia Commons)

Für den Sprung nach Europa hatte Tesla Motors im niederländischen Tilburg bereits ab Sommer 2013 eine 18.900 Quadratmeter große Montagefabrik für den Tesla S gebaut, und damit den ersten Tesla-Stützpunkt außerhalb Kaliforniens eröffnet. In diesem Werk sollten jedoch vorläufig keine Fahrzeuge von Grund auf gebaut, sondern aus den USA kommende Bausätze montiert werden. Tilburg war somit als reines Montagewerk konzipiert. Durch die Bausatzmontage ließen sich Zölle sparen, weil kein fertiges Fahrzeug von den USA nach Europa eingeführt wurde.

Natürlich musste das Werk in Tilburg auch als »Versuchsballon« gesehen werden – noch war nicht abzusehen, ob Tesla angesichts der starken Automobillobby in Europa Fuß fassen könnte. Gerüchteweise verlautete jedoch, dass in Tilburg mit Blick auf die geplanten Modelle auch eine eigene Fertigung ins Auge gefasst würde. Ähnliche Gerüchte wurden für den großen chinesischen Markt laut, auf den Tesla Motors bereits ebenfalls einen Fuß gesetzt hatte. Fakt war: Ungeachtet der geleisteten Arbeit der letzten Jahre und trotz der unverändert miserablen Geschäftszahlen kannte Elon Musk nur eine Richtung: Expansion.

Der Erfolg von Tesla Motors veränderte den Status von Elektroautomobilen. Das Unternehmen hatte mit dem Roadster und dem Model S gezeigt, dass Elektromobilität nicht bedeutete, auf Fahrspaß und ansprechendes Design zu verzichten. Personen, die solche bizarren Vehikel wie das von dem ehemaligen VW-Chefdesigner Designer Murat Günak entworfene Anti-Auto »Mindset« für verkaufbar hielten, waren eines Besseren belehrt worden. Während Mindset bereits 2012 in den Konkurs gegangen war, ohne auch je nur ein einziges Auto gebaut zu haben, hatte Tesla Motors die Elektromobilität aus der »Öko-Ecke« geholt und sie als bestens funktionierende sportliche Alternative etabliert.

Damit trat die Elektromobilität in eine neue Phase. Zu erkennen war dieser Paradigmenwechsel nicht zuletzt an den massiven Preissenkungen für die auf dem Markt befindlichen Elektrofahrzeuge. Auch Tesla senkte den Preis für das Model S in Deutschland. Statt wie bislang 72.000 Euro kostete es fortan nur noch 65.300 Euro.

Allerdings mehrten sich die Stimmen, die sich kritisch mit dem Geschäftsmodell von Tesla Motors auseinandersetzten. Zwar stiegen die Fahrzeugverkäufe von Quartal zu Quartal an, doch ungeachtet der hohen Umsätze arbeitete Tesla Motors immer noch in der Verlustzone. Hierzu schrieb Tesla Motors in einem Aktionärsbrief: »Im letzten Quartal erzielte Tesla Motors einen Verlust von 62 Millionen US-Dollar, wobei man einen Umsatz von 769 Millionen US-Dollar erreichen konnte und damit eine Steigerung von 55 Prozent im Vergleich zum Vorjahr.«[41]

Während Elon Musk und seine Mitarbeiter jeden Tag mit neuen Problemen bei der Expansion des Unternehmens

Elon Musk muss sich der lauter werdenden Kritik stellen: Das Model S war gut gestartet, das Model X stand vor der Markteinführung – doch die Geschäftszahlen waren nach wie vor erschreckend schlecht. (Bild: Maurizio Pesce/Wikimedia Commons)

kämpfen mussten, geisterten bereits Gerüchte über ein weiteres Modell durch die Gazetten. Laut AUTO BILD würde ab 2018 unter dem Namen »Modell C« ein kompaktes Stadtfahrzeug auf den Markt kommen, das in der Kompaktklasse gegen den Nissan Leaf und die Elektromodelle aus dem PSA-Konzern positioniert werden sollte.

Diese Gerüchte wurden durch eine entsprechende Grafik untermauert, die allerdings nicht von Tesla Motors stammte, sondern laut AUTO BILD bei einem für TESLA arbeitenden Designstudenten »aufgetaucht« war. Schon nach wenigen Tagen kursierten ein halbes Dutzend unterschiedlicher Designentwürfe des Modell C In den Fachblättern, die aber allesamt der Fantasie des jeweiligen Grafikers entsprungen waren. Kathrin Schira, die Pressesprecherin von Tesla Motors Europe, dementierte das Gerücht und verwies sämtliche Spekulationen über das Modell C ins Reich der Fantasie.

In den USA wurde Tesla Motors mit einer weiteren Herausforderung konfrontiert. Hier hatten in mehreren Bundesstaaten die Händlervereinigungen des Kfz-Gewerbes gegen den Direktvertrieb von Tesla interveniert. Nach ihrer Meinung verstieß der Direktvertrieb gegen gesetzliche Regelungen in den USA. Besonders Konkurrent GM strengte sich an, Tesla Motors Steine in den Weg zu legen.

Beispielsweise unterstützten die Rechtsanwälte von GM einen Gesetzesentwurf im US-Bundesstaat Indiana, nach dem Fahrzeughersteller ohne eigene Vertragshändler keine Lizenz zum Verkauf der eigenen Fahrzeuge erhalten sollten. Konkreter: Tesla sollte dazu gezwungen werden, neben den lediglich zur Information dienenden »Service Centern« ein eigenes, zwischen Hersteller und Kunden geschaltetes Vertriebs- und Werkstattnetz aufzubauen.

Fantasiemobil Tesla Modell C: Der bekannte Illustrator Andrei Avarvarii zeigte, wie ein kleiner Tesla aussehen könnte. (Bild: Andrei Avarvarii)

Zu dieser unzeitgemäßen Gesetzgebung schreibt das Internetportal NEUE BERATUNG: »Andere Fahrzeughersteller wie die US-Giganten Ford und General Motors verkaufen ihre Autos über ein Netz aus unabhängigen Händlern, die letztlich in Relation zu Tesla einen Nachteil bei Preiswettbewerb, Kundenbindung und Bestellkomfort darstellen. Einige US-Bundesstaaten wie Texas oder Arizona verbieten daher per Gesetz diese Art des Vertriebs.

Doch auch hier, so ist zu vermuten, werden die wirtschaftlichen Gesetzmäßigkeiten gegen diejenigen der Politik bestehen. Spätestens wenn sich auch die etablierten Internetgiganten wie Google und Apple mit eigenen Fahrzeugen daran machen, die Pkw-Märkte zu erobern, dürften letzte protektionistische Hürden fallen. Die „Digital Natives“ werden dann Fahrzeuge bestellen, wie sie es seit ihrer Kindheit bei anderen Produkten gewohnt sind: per Internet.«[42] Kurz darauf appellierten mehr als 100.000 Tesla-Fans in einer Petition an die US-Regierung für die Freigabe des Direktvertriebs.

Im Juni 2014 ging Elon Musk einen ungewöhnlichen Schritt. Auf der Aktionärsversammlung hatte er bereits orakelt, etwas Außerordentliches mit den Tesla-Patenten vorzuhaben. Kurz darauf gab er in der Mitteilung »All Our Patents Are Belong To You« bekannt, alle Tesla-Patente freizugeben. Alle von Tesla im Bereich Elektromobilität erarbeiteten Patente wurden somit ab Sommer 2014 gemeinfrei und für jeden anderen Automobilhersteller ohne Einschränkung nutzbar.

Eine Wand voller Tesla-Patente: In einer Mitteilung gab Elon Musk bekannt, alle Tesla-Patente im Bereich Elektromobilität freizugeben. (Bild: Steve Jurvetson/Wikimedia Commons)

Ungeachtet der positiven Werbewirkung sollte die Freigabe auch für Tesla Motors Vorteile generieren. Die konkrete Kalkulation: Durch die Übernahme der Tesla-Patente sollten weitere Hersteller Elektroautos auf den Markt bringen. Und je mehr Elektroautos auf den Markt kommen würden, desto schneller würde eine flächendeckende Versorgung mit Ladestationen notwendig werden. Davon, soviel war offensichtlich, würde nicht zuletzt Tesla Motors profitieren.

Unterdessen machte der japanische Automobilgigant Toyota keinen Hehl daraus, Elektromobilität für den falschen technischen Weg zu halten. Die Unternehmensführung war davon überzeugt, dass der Antrieb der Zukunft nicht mittels Batterie, sondern per Wasserstoff und Brennstoffzelle erfolgen würde. Schlechte Erfahrungen mit dem in den USA verkauften RAV4 EV, der zum Ladenhüter geworden war, machten die Abkehr der Toyota-Manager vom Elektroantrieb nachvollziehbar. Aufgrund dieser Neuausrichtung beendete Firmenchef Akio Toyoda die gemeinsame Arbeit mit Tesla Motors.

Auch Sergio Marchionne, der Chef von Fiat Chrysler Automobiles (FCA), machte aus seiner Abneigung gegenüber Elektroautos kein Geheimnis. So bat er Interessenten an dem konzerneigenen Elektroauto Fiat 500e öffentlich, den Wagen nicht zu kaufen, weil jedes verkaufte Exemplar vom Konzern mit 14.000 US-Dollar bezuschusst werden musste.

Statt in das Lamento der Wettbewerber einzustimmen, ging Elon Musk zum Angriff über. Im Sommer 2014 drangen erste Details über das neue Tesla Model 3 (interner Codename »BlueStar«) an die Öffentlichkeit, das als Volumenmodell preislich auf Augenhöhe mit dem BMW 3er positioniert werden sollte. Der Marktstart für das kompakte Sportmodell war für 2016 vorgesehen.

Der in Kalifornien beheimatete Karosseriespezialist Newport Convertible Engineering (NCE) baute das Model S zum Cabriolet um. (Bild: NCE press image)

Echten Unterhaltungswert bot überdies der Prozess der Namensfindung für den kommenden Tesla. Eigentlich war die Bezeichnung »Model E« vorgesehen gewesen – dann hätte aus den drei Buchstaben für die Modellreihen das Wort S-E-X gebildet werden können. Doch Ford intervenierte, weil eine eigene Kleintransporter-Baureihe bereits mit dem Namen »E« belegt war. Aus diesem Grund wurde der neue Tesla »Model 3« statt »Model E« getauft. Allerdings stellte Tesla Motors die Ziffer »3« durch drei waagerechte Striche dar, was letztlich einem »E« sehr ähnelte. Damit hatte Elon Musk schließlich auf Umwegen seinen Willen durchgesetzt. Das Sahnehäubchen in dieser Causa war die finale Proklamation von Elon Musk: »Ford is killing SEX«.

Bei einem Blick auf die globale Entwicklung im Automobilsektor schien es, als würde ein Riss durch das zementierte Gefüge der etablierten Hersteller gehen. Auf der einen Seite standen die großen Automobilunternehmen, die schwerfällig agierten, weitgehend an ihren alten Antriebskonzepten festhielten und Alternativen schlechtredeten. Ein besonders anschauliches Beispiel für diese Grundhaltung lieferte BMW mit dem i3, der weder mit seinen technischen Daten noch mit seiner Reichweite und schon gar nicht seinem Aussehen beeindrucken konnte.

Auf der anderen Seite standen neben Tesla Motors viele Kleinhersteller aus dem asiatischen Raum, die am erwarteten Boom für Elektroautos teilhaben wollten. Dass diese neuen Hersteller vor allem in China gegründet wurden, hatte zwei Gründe. Ein Grund war, dass zum Bau eines Elektroautos viel weniger Know-how als zum Bau eines Autos mit Verbrennungsmotor notwendig war. Der Hauptgrund lag jedoch darin, dass der chinesische Gesetzgeber die Elektromobilität inzwischen massiv förderte.

Damit sollte nicht nur die Luft in den zahlreichen Ballungszentren wieder sauberer werden, auch sollte die chinesische Industrie durch die Förderung einen Wissensvorsprung erarbeiten. Dieser Prozess war längst im Gange, denn laut einer Studie der Technischen Universität München hatten chinesische und koreanische Forscher bereits im Jahr 2011 etwa viermal so viele Patente für elektrochemische Energiespeicher angemeldet wie Forscher aus Europa.

Die staatlich gewollte Ausrichtung auf Elektromobilität brachte nicht selten reichlich skurrile Gefährte auf den Plan, denen es mit drei oder vier Rädern gelang, den Betrachter zum Schmunzeln oder zum Kopfschütteln zu bringen. Viele dieser Firmen, soviel war nicht nur dem kühl rechnenden Kaufmann klar, würden aber mit ihren Produkten am Markt niemals eine Chance haben. Doch jenseits solcher Absonderlichkeiten kamen Elektroautomobile auch zunehmend von großen Automobilfirmen, die teils als Joint Venture mit europäischen Herstellern gegründet worden waren. Was beispielsweise von Shenzhen, einem Joint Venture von BYD Auto und der Daimler AG, unter dem Markennamen »Denza« als Elektromobil seit Frühjahr 2014 vom Band lief, war alles andere als dilettantisch. Dies galt ebenso für ein halbes Dutzend weiterer größerer chinesischer Hersteller, deren Elektrofahrzeuge mittlerweile ganz selbstverständlich zum Stadtbild der Metropolen gehörten.

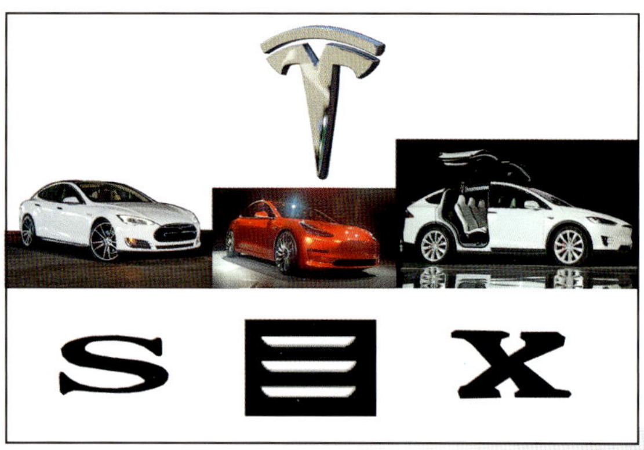

»Ford is killing SEX«: Weil Ford Protest gegen die Modellbezeichnung »E« eingelegt hatte, taufte Tesla das geplante Modell in »Model 3« um. Allerdings wurde von Elon Musk die Zahl »3« durch drei waagerechte Striche dargestellt, die letztlich wie ein »E« aussahen. (Bild: Steve Jurvetson/Wikimedia Commons)

Viersitzig genießen: Nachdem Tesla den schnittigen zweisitzigen Roadster aus dem Programm genommen hatte, gab es endlich wieder einen offenen Tesla zu kaufen. (Bild: NCE press image)

Die Position der europäischen Hersteller war nicht ganz klar: Spielten sie auf Zeit, um weiterhin ihre margenstarken großen Automobile mit Verbrennungsmotor verkaufen zu können? Lagen vielleicht die Fertigungspläne für wettbewerbsfähige Elektromobile schon längst in der Schublade? Oder war der »Zug bereits abgefahren«, und das neue Zeitalter der Elektromobilität gleichzeitig das Ende der europäischen, japanischen und US-amerikanischen Dominanz in der Automobilindustrie?

Tatsächlich hatte Tesla Motors im Jahr 2014 ein großes Problem: Der Roadster war aus dem Programm ge-

Auch mit geschlossenem Verdeck schnittig: Der technisch und optisch hochwertige Umbau des Tesla S stieß weltweit auf hohe Resonanz. Ein chinesischer Investor bestellte gleich 100 Exemplare auf einmal. (Bild: NCE press image)

nommen worden, das Model S wurde gerade weltweit eingeführt und das Model X war noch nicht auf dem Markt. Für irgendwann später war ein neuer Roadster geplant. Damit bestand das Modellprogramm von Tesla Motors lediglich aus einem einzigen Modell: dem Model S.

Im Herbst jenes Jahres stand die Markteinführung der Sportlimousine in China bevor – dort hatten trotz einer Wartezeit von sechs Monaten bereits 4000 zahlungskräftige Kunden ein Model S vorbestellt. Wie begehrt der Wagen im Kreis begüterter Kunden war, zeigte der Auftrag eines chinesischen Investors. Der in Kalifornien beheimatete Karosseriespezialist Newport Convertible Engineering (NCE) hatte von diesem Investor den Auftrag erhalten, 100 Tesla Model S zum Cabriolet umzubauen. Dies gelang so gut, dass bald für alle Besitzer eines Tesla S der Umbau mit Stoffverdeck für den Preis von 29.000 US-Dollar angeboten wurde. Legte der Kunde nochmals 20.000 US-Dollar drauf, dann erhielt er dazu ein winterfestes, in Wagenfarbe lackiertes Hardtop.[43]

Angesichts der steigenden Verkaufszahlen und des beachtlichen Börsenkurses der Tesla-Motors-Aktie bezifferten Analysten den Wert des Unternehmens unterdessen auf eine Höhe, die in etwa dem Gesamtwert der Deutschen Post AG entsprach. Rund 35 Milliarden US-Dollar (rund 27 Milliarden Euro) wurden genannt – ein überaus stolzer Wert für ein Unternehmen, das unverändert defizitär arbeitete. Wer coolen Börsianerfantasien weniger nachhing, sondern die tatsächliche Ertragssituation betrachtete, für den wirkte das Geschäftsmodell von Tesla Motors weder logisch noch nachhaltig. Der Verkauf der Autos war eine Sache – aber woraus sollten sich Folgeerträge generieren, wenn die Werkstattkosten minimal ausfielen und selbst das Nachladen an den Superchargern dauerhaft kostenlos blieb?

Ende Oktober 2014 trennte sich Toyota von seinen Tesla-Aktien. Ob die Japaner technologisch eigenständig weiter im Themenfeld Elektromobilität forschen wollte oder nicht, blieb offen. Offen blieb auch, ob die speziell gegen den Tesla S gerichtete, aggressive Werbung der Toyota-Tochtermarke Lexus der Grund für den Ausstieg war. Klar war hingegen, dass sich der Aktienverkauf für die Japaner gelohnt hatte, denn seit dem Erwerb der Anteile zu einem Preis von je 17 US-Dollar war die Aktie auf 236 US-Dollar geklettert. Kurz darauf verkaufte auch Daimler seinen Anteil von 4 Prozent der Tesla-Aktien, womit über 600 Millionen Euro in die schwäbische Kasse flossen.

Endlich hatte sich auch die Standortfrage für die Gigafabrik geklärt: Im US-Bundestaat Nevada, genauer im Tahoe Reno Industrial Center in der Nähe von Reno, sollte die Fabrik mit einer Nutzfläche von bis zu einer Million Quadratmetern in den Wüstensand gesetzt werden. Obwohl erst jetzt die Entscheidung offiziell bekanntgegeben worden war, hatten die Vorarbeiten dort bereits im Mai 2014 begonnen. Ab dem Jahr 2020 sollten in der Gigafactory dann mehr Lithium-Ionen-Akkus produziert werden als weltweit von allen anderen Batterieproduzenten zusammen.

Um Tesla Motors in den Genuss von Steuersubventionen und Steuervergünstigungen zu bringen, hatten die politischen Organe des Bundesstaates Nevada eine Reihe von Gesetzesänderungen beschließen müssen. Laut Medienberichten erhielt Tesla Motors demnach rund 3 Milliarden US-Dollar Steuersubventionen, darüber hinaus 1,9 Milliarden US-Dollar an Steuervergünstigungen.

Zur Vorgehensweise von Elon Musk bei der Standortwahl resümierte das MANAGER MAGAZIN ONLINE: »Ziemlich abgebrüht hat sich Tesla bei der Standortsuche verhalten. Von Anfang an erklärte der Elektroautopionier, dass für seine Riesenfabrik mehrere Orte in Frage kämen. Das führte zu einem heftigen Bieterwettkampf von fünf Bundesstaaten. Einzelne Kommunen überboten sich mit Angeboten für Steuernachlässe, Verwaltungs-Beschleunigungsprogramme und anderen Vergünstigungen. Von Nevada erhält Tesla nun über 20 Jahre verteilt Steuernachlässe in Höhe von insgesamt 1,25 Milliarden US-Dollar. Dafür muss Tesla jedoch mindestens 3,5 Milliarden US-Dollar in Immobilien und Fabrikausstattung investieren. Die Verwaltung des US-Bundesstaats rechnet damit, dass die Fabrik 16.000 indirekte Jobs rund um die Stadt Reno schafft, etwa durch mehr Restaurants, Geschäfte, Ansiedlung von Zulieferern und Bauaktivitäten.«[44]

Neben den Batterien für die Tesla-Elektroautomobile würden in der Gigafactory auch die Batterien für die »Tesla Powerwall« entstehen, dem stationären Energiespeicher, mit dem Schwankungen im Stromnetz ausgeglichen werden sollten. Das elektrische Energiespeichersystem für Privathaushalte mit Solar-

Die Tesla Powerwall wurde konstruiert als ein elektrisches Energiespeichersystem für Privathaushalte mit Solarstromanlage, das in zwei Größen bzw. mit zwei Kapazitäten auf den Markt kommen sollte. (Bild: Tesla, Inc./ Wikimedia Commons)

stromanlage sollte in zwei Größen bzw. mit zwei Kapazitäten auf den Markt kommen. Die kleinere 7-KWh-Variante war mit einem Kaufpreis von 3000 US-Dollar veranschlagt, die größere 10-KWh-Version mit 3500 US-Dollar. Zusätzlich waren für die industrielle Nutzung deutlich größere Powerwalls in Planung.

Trotzdem war unbestreitbar, dass Elon Musk auch mit der Gigafactory wieder ein hohes Risiko einging. Denn Voraussetzung für die Wirtschaftlichkeit der Riesenfabrik war ein guter Marktstart des Model 3, das der Öffentlichkeit bislang noch nicht einmal als Prototyp unter die Augen gekommen war. Auch das zweite Modell, das SUV-Modell namens Model X, war noch lange nicht serienreif. Sollte das Model 3 nicht wie erhofft zum Volumenmodell avancieren und sich jährlich mindestens 100.000 Mal verkaufen, dann würde Tesla Motors auf einer gigantischen Überkapazität von Batterien sitzenbleiben.

In einem Interview mit dem Nachrichtenmagazin DER SPIEGEL wischte Elon Musk diese Zweifel beiseite und fantasierte bereits über eine weitere Batteriefabrik, eventuell in Deutschland. Diese provokante Äußerung kam nicht zufällig, sondern war ein ganz offen formulierter Seitenhieb gegen die deutsche Automobilindustrie, die laut Elon Musk gerade dabei war, die Zukunft zu verschlafen. Zu dieser Ankündigung passte, dass Musk eine Zusammenarbeit mit BMW im Bereich Elektromobilität ankündigte. Hierbei hoffte er auf einen Technologietransfer, bei dem Tesla Motors vom Karbonfaser-Know-how der bayerischen Marke profitieren könnte.

Allerdings kam von BMW postwendend eine Absage, deren Tonalität in der Öffentlichkeit als ziemlich herablassend wahrgenommen wurde. Angesichts der Haltung der deutschen Automobilindustrie wurden in Fachkreisen bereits Parallelen zum Erscheinen des Apple iPhone gezogen, bei dem sich die etablierten Hersteller Nokia und Blackberry über das neue Mobiltelefon von Apple öffentlich amüsiert hatten – und kurz darauf realisieren mussten, dass sie den wichtigsten Trend der Zeit verschlafen hatten …

Mehr Ehre wurde Tesla Motors von den Medien aus dem Ausland ohne dominante Automobilindustrie zuteil. In einem Artikel auf der Webseite der britischen Tageszeitung THE DAILY TELEGRAPH erklärte beispielsweise der Journalist Chris Knapman das Tesla Model S zum wichtigsten Auto der letzten 20 Jahre. Dieses Auto, so der begeisterte Journalist, böte erstmals die reale Erfahrung, wie zukünftig Automobiltechnik aussehen könnte.

Auch aus dem USA kamen lobende Worte für Elon Musk und Tesla Motors: Daniel Akerson, der ehemalige CEO von General Motors, zeigte sich in einem Interview begeistert von der Leistung der kleinen US-Automobilfirma. Darüber hinaus schwärmte er von der Ästhetik der Tesla-Fahrzeuge, denen er zudem erstklassige Ingenieursarbeit bescheinigte. Gleichzeitig schrieb er den großen Automobilherstellern ins Stammbuch, dass sie der Tesla-Technologie hinterherhinkten.

Elon Musk sorgte durch eine Ankündigung für Verwirrung. In einem Tweet hatte er mit dem Modell D einen neuen Typ angekündigt. Unter dem – in den USA auch als anzüglich zu verstehenden – Slogan »Show us your D« erwartete das Publikum ein neues, im Geheimen entwickeltes Modell. Was schließlich auf die Bühne rollte, war ein modifizierter Tesla S mit neuen Assistenzsystemen und Allradantrieb. Dabei stand der Buchstabe »D« lediglich für »Dual Motor«, weil

Im Allrad-Modell Tesla S P85D standen jetzt 508 kW (691 PS) Leistung und ein Drehmoment von 930 Nm zur Verfügung, die auf beide Achsen verteilt wurden. (Bild: Jeremy/Wikimedia Commons)

Leistung, Leistung, Leistung: P85D – das war das Kürzel, das den »Wahnsinns«-Modus möglich machte. Was das in der Praxis bedeutete, konnte beispielsweise auf YOUTUBE unter dem Suchbegriff »Insane Mode« werbewirksam betrachtet werden. (Bild: Jeremy/Wikimedia Commons)

sowohl an der Vorder- als auch an der Hinterachse jeweils ein Antriebsmotor verbaut worden war. Mit dem Dual-Drive kam nun auch an der Vorderachse ein vierpoliger Dreiphasenwechselstrom-Induktionsmotor zum Einsatz.

Nachdem die erste Enttäuschung verflogen war, enthüllte sich langsam das gewaltige Fahrdynamikpotenzial dieses Automobils – jetzt standen 508 kW (691 PS) Leistung zur Verfügung, die auf beide Achsen verteilt wurden und dementsprechend in Vortrieb umgesetzt werden konnten. Der Tesla S P85D sollte dank Dual-Motor raketenartig beschleunigen und die etablierte Sportwagenkonkurrenz hinter sich lassen. Eine Besonderheit war der »Insane«-Modus (»Wahnsinns«-Modus), der vom Fahrer eingeschaltet wer-

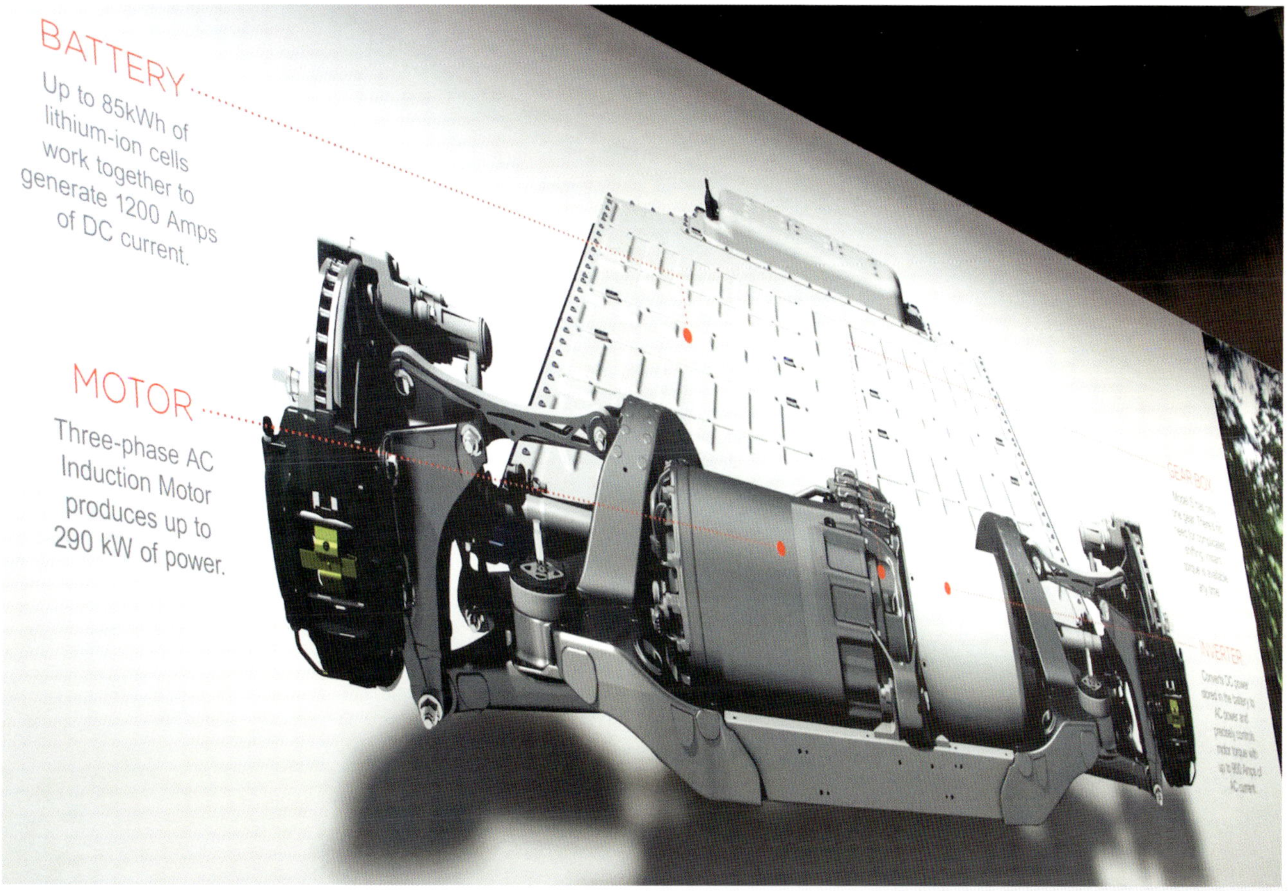

Im Bild der normale Antrieb mit einem Elektromotor an der Hinterachse. Beim Tesla S P85D wurde nun an der Vorderachse ein zusätzlicher Elektromotor verbaut. (Bild: Windell Oskay/Wikimedia Commons)

den konnte. In diesem speziellen Fahrprogramm verteilte die Launch Control des Tesla das Gesamtdrehmoment von 930 Newtonmetern auf die zwei Elektromotoren und riss den Tesla S P85D in 3,4 Sekunden auf Tempo 100.

Zum Beschleunigungserlebnis schrieb ein Journalist der F.A.Z.: »Fast lautlos schießt der Tesla voran, katapultiert sich in die Landschaft wie beim virtuellen X-Box-Rennen. Die Beifahrerin bekommt die üblichen weißen Handknöchel. Als die Tempoanzeige nach gefühlten drei Sekunden die 100-km/h-Marke passiert, quietscht sie ein wenig. Und selbst der Mensch am Volant, der schon so manchen Boliden zähmte und nicht wenige Superbike-Vorderräder bei irrer Beschleunigung am Boden hielt, spürt ein flaues Gefühl in der Magengrube.«[45]

Der P85D sollte für 120.170 US-Dollar (ca. 94.000 Euro) in den Handel kommen. Der teuer bezahlte »Insane«-Modus entpuppte sich nebenbei als perfektes Mittel, um die Marke Tesla ins Gespräch zu bringen. Amüsante Videos auf YOUTUBE, in denen schockierte Beifahrer in einem voll beschleunigenden Tesla S P85D gezeigt wurden, machten bald die Runde. Nebenbei kündigte Elon Musk an, alle neuen Model-S-Fahrzeuge serienmäßig mit einem Autopilotsystem auszurüsten, das in seiner Funktionalität neue Maßstäbe setzen sollte.

War der Tesla S zu dieser Zeit in aller Munde, das Model X bereits auf dem Weg zur Serienreife und der Tesla 3 in einer fortgeschrittenen Entwicklungsphase, so war der gute alte, längst ausgelaufene Tesla Roadster mittlerweile in den Hintergrund gerückt. Um dies zu ändern und den offenen Zweisitzer wieder attraktiv zu machen, bot Tesla Motors ein Werksupdate an. Unter der Bezeichnung »Version 3.0« konnten Kunden die Batterien ihres Roadsters vom Technologiestand 2008 auf die aktuelle Batterietechnik des Jahres 2014 hochrüsten. Konkrete Angaben zu Leistung und Kosten sollten bald folgen, ab dem Frühjahr 2015 würde das Werksupdate verfügbar sein.

Eingangsbereich Werk 2: Tesla hatte in Europa Fuß gefasst und expandierte mit Nachdruck. Dies zeigte sich im zweiten Montagewerk mehr als deutlich. (Bild: Tesla, Inc.)

Das riesige neue Werk 2 in Tilburg lag nur wenige hundert Meter vom alten Werk 1 entfernt. Es bot zusätzliche 43.000 Quadratmeter Montage- und Lagerfläche. (Bild: Tesla, Inc.)

Mittlerweile durchzog ein neues Schlagwort die deutsche Medienlandschaft: »Tesla-Fighter« – so nannte man eine neue Generation von deutschen Oberklassenlimousinen mit Elektroantrieb, die entwickelt werden sollten. Angesichts der Tatsache, dass die Ankündigungen der großen deutschen Hersteller von vielen Marktbeobachtern nicht für bare Münze genommen wurden, machte der Terminus »Tesla-Fighter« doch deutlich, dass mit dem US-Hersteller ein ernstzunehmender Rivale auf den Plan getreten war. Die Zeit des Ignorierens war lange vorbei, nun ging auch die Zeit des nachsichtigen Belächelns ihrem Ende entgegen.

Das bedeutete, dass sich die großen Fahrzeughersteller mehr oder minder in eine neue Position brachten. Nun galt es zu überlegen, ob mit Tesla tatsächlich ein neues Zeitalter des Automobilbaus begonnen hatte – oder ob der Erfolg der Marke nur ein Sturm im Wasserglas war. Aus der Ecke von Daimler war jedenfalls zu hören, dass das Ende des finanziellen Engagements bei Tesla Motors keineswegs das Ende der Elektromobilität im eigenen Haus bedeute. Im Gegenteil, die Schwaben wollten in Europa baldmöglichst eigene Elektrofahrzeuge an den Start schicken.

Währenddessen zeigte sich, dass die Nachfrage nach Tesla-Automobilen in Europa bereits die verfügbare Kapazität übertraf. Nach dem gelungenen Sprung auf den europäischen Kontinent und der Eröffnung des Tesla-Montagewerks in Tilburg im Sommer 2013 plante Elon Musk demgemäß eine deutliche Erweiterung. Ein neues, zusätzliches Werk wurde gesucht – und auch schnell gefunden: Es lag ganz in der Nähe von Werk 1 und bot zusätzliche 43.000 Quadratmeter Montage- und Lagerfläche. Die Umbauarbeiten waren bereits in vollem Gange, die Eröffnung sollte im Laufe des Jahres 2015 erfolgen.

Im Spätherbst 2014 waren die Umbauarbeiten noch nicht abgeschlossen. Die Montage des Model S wurde aber bereits ins neue Werk verlagert. Später sollte auch das Model X hier montiert werden. (Bild: Dirk Kunde/Drehmoment.net)

Zum Betriebsablauf in diesem unfertigen Zustand bemerkte der Technikjournalist Dirk Kunde: »In Tilburg umfasst derzeit jedoch fast jeder Arbeitsschritt Handarbeit. Roboter sind hier nicht zu sehen. Dafür spricht auch die hohe Mitarbeiterzahl von 400. […] In Tilburg sind lediglich die Hubwagen automatisiert. Vom Entladebereich folgen sie in den Boden eingelassenen Metallstreifen und bringen die Fahrzeuge zur Montagestraße. Hier hängen die noch leeren Autos an einer Deckenschiene. An der ersten Station werden Räder und Hilfsachse abgebaut, sie dienten nur dem Transport in und aus dem Container. An der nächsten Station bauen Mitarbeiter Bremsen ein und verlegen die Kabelstränge. Nun folgt die Achse mit dem Elektromotor. Das Auto gleitet weiter und die Greifarme setzen es behutsam auf den Akku, der bereits an der nächsten Station wartet.«[46]

In diesem zweiten Montagowerk sollte neben der Endmontage des Model S auch die des künftigen Model X erfolgen, wofür rund 180 zusätzliche Mitarbeiter gebraucht wurden. Auch beim Model X würden weiterhin keine kompletten Fahrzeuge von Grund auf neu gebaut, sondern lediglich aus dem Stammwerk im kalifornischen Fremont kommende Bausätze montiert werden. Unzweifelhaft hatte sich Tesla Motors viel schneller in Europa etabliert, als es sich die deutschen Automobilhersteller vorgestellt hatten. Mit anderen Worten: Tesla Motors war da, um zu bleiben – von einem »Versuchsballon« in Europa konnte keine Rede mehr sein.

Unterdessen bestätigte sich die Vermutung, dass in der Gigafabrik nicht mehr die alten Panasonic-Zellen des Typs 18650 produziert werden würden, sondern weiterentwickelte Zellen. Insider sprachen von größeren und stärkeren Zellen, nicht aber von einer neuen Technologie. Immerhin versprachen die weiterentwickelten Zellen einige Vorteile bei der Produktion, denn mit ihnen sank der Preis pro Kilowattstunde. Gemäß den kursierenden Gerüchten wollte Tesla Motors zukünftig größere Batteriezellen des Typs 26650 verwenden, die aufgrund der geringeren Stückzahl pro Fahrzeug schneller zu einem Batteriepack zusammengefügt werden konnten.

Die Batteriekosten pro Kilowattstunde waren seit 2010 massiv gefallen und lagen Ende des Jahres 2014 bereits zwischen 250 und 300 US-Dollar – ein Preisniveau, das vor wenigen Jahren noch völlig undenkbar gewesen war. Hier hatten sich die Prognosen der Experten als falsch erwiesen, denn der Preisverfall der Antriebsbatterien war in einer Rasanz vor sich gegangen, die selbst Optimisten verblüffte. In Zahlen: 2007 kostete eine Kilowattstunde über 1000 US-Dollar. Noch im Jahr 2010 wurde ein Preis von rund 330 US-Dollar pro Kilowattstunde für das Jahr 2020 prognostiziert. Nun allerdings, Ende 2014, kratzte der Preis schon an der 200-US-Dollar-Marke. Elon Musk wollte mit der Produktion in der Gigafabrik dieses Niveau nochmals um 30 Prozent senken. Ziel war ein Preis von 130 US-Dollar pro Kilowattstunde. Einige Prognosen sprachen sogar von einem möglichen Preis von 100 US-Dollar im Jahr 2022.[47] Diese Grenze war keineswegs willkürlich gesetzt: Sie markierte vielmehr den Schwellenpreis, an dem sich Elektroautos kostengünstiger herstellen ließen als Autos mit Verbrennungsmotor.

Unter der Bezeichnung »Version 3.0« konnten Kunden die Batterien ihres Roadsters in Tilburg vom Technologiestand 2008 auf die aktuelle Batterietechnik des Jahres 2014 hochrüsten lassen. (Bild: Dirk Kunde/Drehmoment.net)

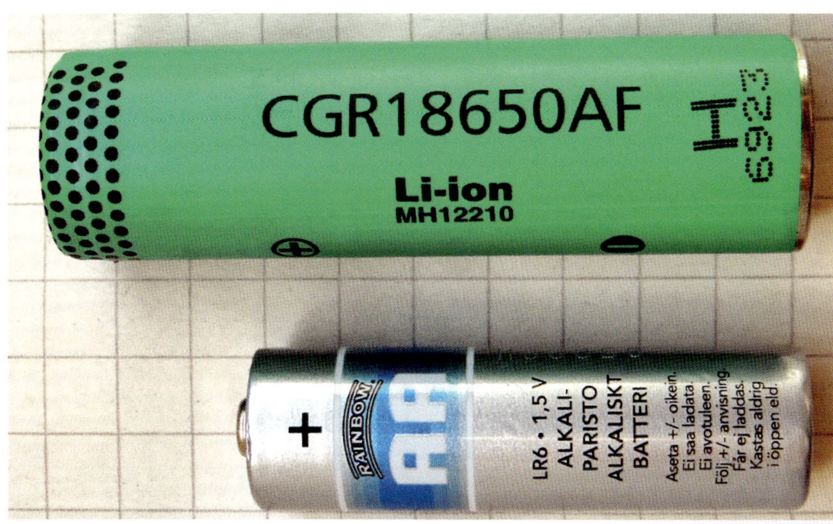

Größenvergleich einer handelsüblichen Lithium-Ionen-Batteriezelle des Typs 18650 (oben) mit einer normalen Alkaline AA-Batterie. (Bild: Lead Holder/Wikimedia Commons)

Seriöse Studien prognostizierten trotz fallender Preise für die Zukunft einen milliardenschweren Markt bei der Batterietechnik. Sollte es Elon Musk gelingen, die Fabrik wie geplant zu bauen, dann würde Tesla Motors der weltweit führende Anbieter von Batterien für Elektrofahrzeuge sein. Ausschlaggebend war dabei die Voraussage, dass schon in absehbarer Zeit Elektroautomobile kostengünstiger als Automobile mit Verbrennungsmotor gebaut werden konnten. Damit würden die traditionellen Hersteller nicht nur ihre Kernkompetenzen verlieren, denn aufwändige Otto- und Dieseltriebwerke sowie Getriebe würden für den Fahrzeugbau nicht länger benötigt werden. Auch würde sich parallel dazu die Wertschöpfungskette eines Automobils verändern, da sich sowohl die Arbeitsumfänge wie die Verdienstmöglichkeiten der Werkstätten dramatisch verringerten.

Schon ein Blick auf den Wartungsumfang bzw. den Inspektionsplan eines Tesla S machte unmissverständlich klar, dass die über Jahrzehnte gewachsenen Händlernetze in ihrer derzeitigen Form überflüssig würden. Mit anderen Worten ausgedrückt: Setzte sich die Elektromobilität durch, dann war ein großes Sterben von Autohäusern und Werkstätten vorauszusehen. Allein diese Tatsache möchte erklären, warum sich die deutschen Hersteller und die deutsche Politik beim Thema Elektromobilität bedeckt hielten.

Zu diesem bevorstehenden Wandel konkretisierte der Autor Jens Lubbadeh: »Damit steht einer der seltenen Momente der Technikgeschichte bevor, in der eine einzige Technologie Unzähliges verändern wird. Die Batterie wird Wirtschaftszweige umwerfen, die derzeit fast 1,3 Millionen Menschen beschäftigen. Wie rasch und wie genau, ist noch offen, für den grundlegenden Trend aber nicht entscheidend. Jeder Einzelne wird den Wandel spüren – sei es als Hausbesitzer, Autofahrer, Stadtbewohner, Industriearbeiter oder als alles zusammen.«[48]

Während der Tesla S langsam auch ins Bewusstsein breiterer Bevölkerungskreise vordrang, war er doch für die meisten der begeisterten Betrachter unerschwinglich. Gerade mit dem eben erst präsentierten Tesla S P85D zeigte das Unternehmen, dass es seine Kunden in einer Liga suchte, die weit jenseits des Massenmarktes lag. Dies sollte sich in Zukunft mit dem Model 3 ändern.

Dementsprechend erläuterte Chris Porritt, Vice President of Engineering von Tesla Motors, dem britischen Fachmagazin AUTO EXPRESS Details zum bereits angekündigten Model 3. So sollte der neue Typ in puncto Größe und Preis auf einem ähnlichen Niveau wie der Audi A4 und der BMW 3er liegen. Um dies zu erreichen, durfte der Tesla 3 kein in teurer Handarbeit gefertigter Exot werden, vielmehr musste er als Volumenmodell kostengünstig zu produzieren sein. Hierzu stellte Tesla-Chefentwickler Jerome Guillen die Zahl von 500.000 Fahrzeugen pro Jahr in den Raum. Dieser gigantische Output mochte wohl tatsächlich notwendig sein, um die Gigafabrik auszulasten und Tesla Motors wirtschaftlich rentabel zu machen – doch stieß die vollmundige Ankündigung verständlicherweise auf allgemeine Skepsis.

Gerade angesichts der relativ geringen Verkaufszahlen des Modells S, die zudem noch unter den Prognosen lagen, war dies ein überaus ambitioniertes Ziel. Unter anderem deshalb, weil selbst bei der seinerzeit produzierten, relativ überschaubaren Stückzahl von 33.000 Fahrzeugen pro Jahr die Garantiekosten im Vergleich zu anderen Herstellern sehr hoch waren. Anders ausgedrückt: Auf dieser Basis war an den Bau von 500.000 Fahrzeugen pro Jahr nicht zu denken.

Nahrung erhielt diese Skepsis aus den Nachrichten rund um das geplante Model X. Der für den Sommer 2015 angekündigte Serienanlauf des Tesla-SUV war gerade von Elon Musk auf das Jahresende verschoben worden. Technische Probleme sorgten für ständig neue Verzögerungen, vor allem die aufwändigen Flügeltüren zeigten sich als heikle Baugruppe. Der Firmenpatron hatte sich bereits öfters fragen lassen müssen, warum der Tesla-SUV mit diesen Türen konstruiert worden war. Und warum diese Türen nur für den Zustieg in den Fond eingebaut wurden, während Fahrer und Beifahrer mit herkömmlichen Türen vorliebnehmen mussten ...

Ohnehin blieb die Person Elon Musk vielen Betrachtern ein Rätsel. Während der Tesla S weniger produziert wurde als erhofft, die Entwicklung des Model X langsamer voranging als geplant und an den Serienanlauf des Model 3 nicht einmal zu denken war, sprach Elon Musk öffentlich über seine Pläne in Deutschland. Dort, so der Tesla-Chef, könne er sich gut vorstellen, demnächst eine Batteriefabrik zu errichten. Diese Aussage wurde in der Branche indes nicht besonders ernstgenommen, sondern exakt so bewertet, wie sie Elon Musk auch gemeint hatte: als neuerliche Provokation. Musk hatte damit wieder einmal öffentlich erklärt, dass er das seiner Meinung nach mangelnde technologische Engagement der deutschen Automobilindustrie nicht verstehe.

Wie konsequent Tesla Motors unterdessen das eigene Geschäftsmodell mit Elektrofahrzeugen vorantrieb, machte eine Zahl deutlich: 102 Supercharger waren mittlerweile europaweit aufgestellt worden, an denen die Besitzer eines Tesla ihr Fahrzeug in 30 Minuten nahezu vollständig (zu 80 Prozent) und gratis aufladen konnten. Erstaunlicher war ein zweiter Blick auf diese Zahl, denn noch ein halbes Jahr zuvor hatten in Europa gerade einmal 17 Ladestationen existiert.

Bis Ende 2014 waren 102 Supercharger in ganz Europa aufgestellt worden. Hier konnten die Besitzer eines Tesla ihr Fahrzeug kostenfrei aufladen. (Bild: Jakob Härter/Wikimedia Commons)

Trotzdem blieb Deutschland für Tesla Motors ein schwieriger Markt. Obwohl Elon Musk vor gut einem Jahr in München angekündigt hatte, 1000 Tesla Model S monatlich verkaufen zu wollen, war das Geschäft nicht wirklich in Gang gekommen. Eigentlich wollte Musk in Deutschland den Markt in der Ober- und Luxusklasse aufwirbeln, wie er es in den USA und in anderen Ländern bereits getan hatte. Doch die Verkaufszahlen waren in Deutschland grotesk hinter den Prognosen zurückgeblieben. Statt rund 12.000 Tesla S waren 2014 laut Kraftfahrt-Bundesamt gerade einmal 817 Exemplare neu zugelassen worden.

Dieser Misserfolg hatte zwei Gründe: Der erste war die Stärke der etablierten deutschen Hersteller, die durch das Flottengeschäft mit Firmen über ein wichtiges zusätzliches Standbein verfügten. Tesla Motors gründete deshalb in Deutschland eine eigene Leasinggesellschaft, um mit Mercedes, Audi, Volkswagen und BMW konkurrieren zu können. Immerhin wurde der Tesla S in Großstädten mittlerweile immer häufiger gesehen, was den Verkauf steigerte. Der zweite Grund für den Misserfolg des Tesla S in Deutschland war sein hoher Preis in Verbindung mit einer fehlenden Förderung von Elektroautomobilen. Während die Elektromobilität in anderen Ländern großzügig unterstützt wurde, blockte die deutsche Politik alle Vorschläge kategorisch ab. Die einheimische Automobilindustrie hingegen erklärte nahezu unisono und öffentlichkeitswirksam ihre Hinwendung zur Elektromobilität – und beließ es vorerst dabei.

Schlechte Nachrichten erreichten Elon Musk zum Ende des Jahres 2014 auch aus Cape Canaveral von seinem Raumfahrtunternehmen SpaceX. Zwar waren der Start und der Flug des Raumtransporters Dragon zur internationalen Raumstation ISS wie gewünscht verlaufen, doch die Landung auf einer schwimmenden Plattform im Atlantik war missglückt. Immerhin hatte die Rakete ihr Ziel gefunden und zum Landeanflug angesetzt; allerdings war die Bodenberührung beim Aufsetzen zu hart gewesen. Die teure Trägerrakete, die eigentlich wiederverwendet werden sollte, explodierte daraufhin.

EXKURS: HYPERLOOP

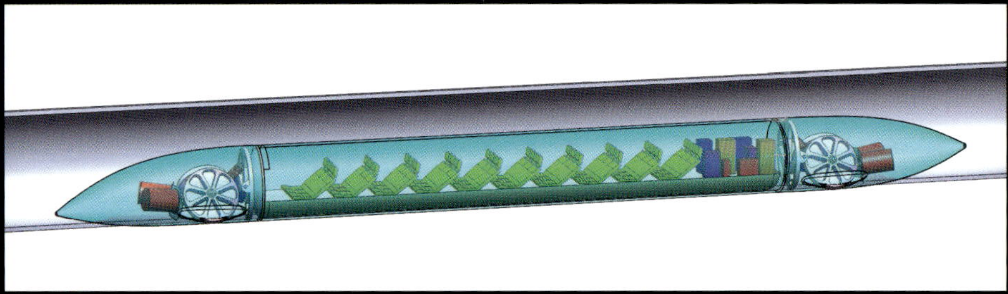

Früher Entwurf: So könnte der Hyperloop später einmal aussehen – oder auch nicht. (Bild: RichMacf/Wikimedia Commons)

Angesichts des Verkehrsaufkommens in den Großstädten rund um den Globus kam Elon Musk im Jahr 2013 auf eine weitere Idee: Mit einem unter der Erde in einer erdbebensicheren Vakuumröhre schwebenden Kapselzug namens »Hyperloop« sollte der Transport- und Logistiksektor revolutioniert werden. Denn ohne Luftwiderstand ließen sich, so die Vorstellung von Elon Musk, in einer solchen Röhre Geschwindigkeiten von rund 1200 km/h (760 Meilen pro Stunde) erreichen. Der Hyperloop sollte ohne Beeinträchtigungen durch Lärm und Abgase die Vorteile von Bahn und Flugzeug vereinen.

Dem folgend sollte es möglich sein, große Mengen von Gütern in den Kapseln mit Schallgeschwindigkeit zu transportieren – oder zahlende Menschen. In einer normalen Hyperloop Kapsel (Pod) sollten 28 Passagiere Platz finden, in einer größeren mehrere Automobile. Elon Musk wollte mit dem Hyperloop der Gesellschaft eine Alternative zu den seiner Meinung nach anachronistischen, oberirdisch fahrenden Hochgeschwindigkeitszügen aufzeigen.

Dass auch diese Idee kein Hirngespinst war, wurde durch die bereits erarbeiteten detaillierten Bau- und Kostenpläne[49] deutlich, die Elon Musk veröffentlichte. Auf 57 Seiten beschrieb er die Technik und die Finanzierung des Hyperloop in aller Ausführlichkeit. Allerdings erklärte Musk, dass er selbst das Projekt nicht realisieren wolle, da er mit seinen drei anderen Unternehmen genügend beschäftigt sei.
So absurd die Idee des Hyperloop auf den ersten Blick auch wirkte, ihre technische Umsetzung sollte unterm Strich nicht teurer sein als der Bau einer oberirdischen Hochgeschwindigkeitsbahn. Zudem sollte der Hyperloop sicherer sein. Fakt war, dass nicht nur die Deutsche Bahn und der französische Eisenbahnbetreiber SNCF Interesse an diesem Projekt bekundeten, auch der US-Industriegigant General Electric war bereit, Geld in das Projekt zu investieren. In diesen offenen Wettbewerb stiegen bald mehrere weitere Interessenten ein – unter anderem Elon Musks Dauerrivale, der Milliardär Richard Branson, der mit seinem Unternehmen Virgin bereits ganz offen mit SpaceX konkurrierte. Bransons 2017 eigens für das neuartige Transportsystem gegründetes Unternehmen, in dem er selbst die Position des Chairman bekleidete, hieß entsprechend Virgin Hyperloop One.

Als weiterer Mitspieler trat der deutsche Dirk Ahlborn auf den Plan, der mit seiner Firma Hyperloop Transportation Technologies (HTT) durch Crowdsourcing sowie Geld aus den Vereinigten Arabischen Emiraten eine zehn Kilometer lange Hyperloop-Strecke in Abu Dhabi bauen wollte. Diese Pläne wurden jedoch aufgegeben. Stattdessen, so erklärte CEO Dirk Ahlborn im Jahr 2018, werde der Hamburger Hafen am Containerterminal Altenwerder eine Hyperloop-Teststrecke erhalten.

In diesen Wettbewerb stieg auch Kanada mit dem »Waterloop« ein, einem Hyperloop, der ebenfalls durch

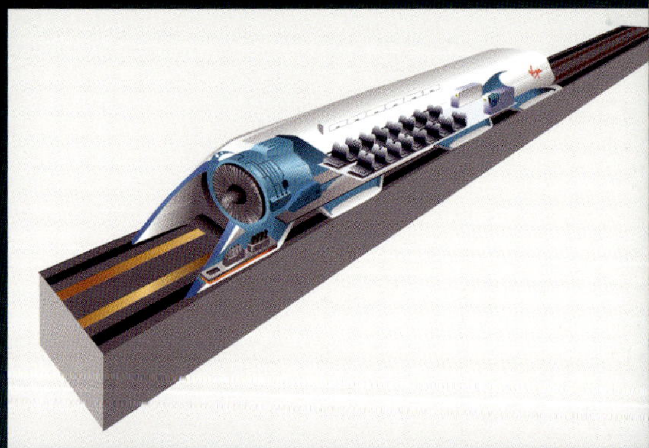

Alternativer Entwurf: Auch Milliardär Richard Branson stieg mit seinem Unternehmen Virgin Hyperloop One in den Hyperloop-Wettbewerb ein. (Bild: Camilo Sanchez/Wikimedia Commons)

Oberirdisch fahrender Waterloop aus Kanada: Außer Enthusiasmus und einigen bunten Bildern hatten die Kanadier Ende des Jahres 2019 noch nicht viel vorzuweisen. (Bild: Mrdeluna/Wikimedia Commons)

Crowdfunding finanziert werden sollte. Indes hatte das System nicht mehr viel mit Elon Musks Bauplänen zu tun, denn die Transportröhren sollten bei diesem Projekt oberirdisch auf Stützen montiert werden, um die Entstehungskosten zu senken. Zwar lief diese Bauweise dem eigentlichen Grundgedanken völlig zuwider, doch musste Musk unter Berücksichtigung aller Gesichtspunkte einsehen, dass eine oberirdische Streckenführung gravierende Vorteile bot. Dabei spielten nicht nur die Baukosten für die Verlegung der unterirdischen Fahrröhren eine Rolle, sondern auch Fragen wie Belüftung, Feuerbekämpfung, Erdbebensicherheit und Unfallrettung.

Elon Musk, der sich 2015 wieder dem Hyperloop zugewandt hatte, wollte nun im US-Bundesstaat Kalifornien eine Teststrecke für seine Version bauen. Geplant war eine 8 Kilometer lange Strecke im Gebiet zwischen Los Angeles und San Francisco, mit deren Hilfe die grundsätzliche Funktionalität des Bauprinzips getestet werden sollte. Hochgeschwindigkeitstests konnten hier jedoch nicht stattfinden, da die Strecke dafür zu kurz war. Rund 100 Millionen US-Dollar sollten investiert werden. Zudem rief Elon Musk unter dem Namen »SpaceX Hyperloop Pod Competition« einen Wettbewerb ins Leben, um jährlich den weltweit schnellsten Hyperloop-Pod zu küren.

Zum Status des Hyperloop im Jahr 2020: Rund um den Globus arbeiten zahlreiche Hochschulen, Ingenieurteams und Firmen an einem eigenen Hyperloop gemäß den Plänen von Elon Musk. Viel Geld fließt in Entwicklung dieser neuen Transportform. Parallel dazu entstehen Teststrecken, um die technische Umsetzung des Konzepts voranzutreiben.

Eine zentrale Herausforderung dieser Tests ist die Höchstgeschwindigkeit, die ein Hyperloop-Pod in einer Röhre realistisch und dauerhaft erreichen kann. Aktuell (Stand Dezember 2019) wird der Geschwindigkeitsrekord vom Hyperloop-Team der TU München gehalten, das 2019 mit seinem Exemplar und einer Geschwindigkeit von 463,5 km/h zum vierten Mal bei der »SpaceX Hyperloop Pod Competition« einen neuen Rekord aufstellte. Die erzielte Geschwindigkeit ist zwar durchaus eindrucksvoll – doch ist sie noch weit entfernt vom ursprünglichen Plan, schon bald in Schallgeschwindigkeit sicher und komfortabel durch unterirdische Vakuumröhren zu fahren. Offensichtlich ist: Bis ein solches Geschäftsmodell wirtschaftlich ausgereift ist und der Hyperloop sicher funktioniert, wird noch viel Zeit vergehen und jede Menge Entwicklungsarbeit zu leisten sein.

Rekordhalter aus Deutschland: Das siegreiche Modell des WARR-Hyperloop-Pods aus dem Jahr 2019 mit seinen Erbauern von der TU München. (Bild: Technische Universität München)

2015

WELTWEITE EXPANSION

Das Jahr 2015 begann mit einer schlechten Nachricht: Elon Musk und Talulah Riley, die im Sommer 2013 zu zweiten Mal geheiratet hatten, ließen sich wieder scheiden. Begleitet wurde dies von einem Rauschen im Blätterwald und amüsierten Berichten in der einschlägigen Boulevardjournaille. Talulah Riley erhielt lediglich 16 Millionen Euro von Musk, obwohl laut Ehevertrag eigentlich eine Teilung des gemeinsamen Besitzes vorgesehen war.

Spannender als diese erneute Scheidung war eine Meldung aus Japan. Toyota hatte alle firmeneigenen, die Brennstoffzellentechnologie betreffenden Patente freigegeben. Damit ging Toyota im Bereich Brennstoffzellen den gleichen Schritt, den Tesla Motors vor einiger Zeit gegangen war. Auch hier steckte Kalkül hinter der Freigabe der Patente: Toyota hoffte ebenfalls, durch die Freigabe möglichst viele Nachahmer hinter sich zu scharen, um der präferierten Technologie zum Durchbruch zu verhelfen. Je mehr Nachahmer auf die Brennstoffzellentechnologie setzten, umso günstiger würde der Aufbau der notwendigen Versorgungsinfrastruktur mit Wasserstoff werden.

Tesla X Prototyp: Auffällig ist der großformatige Kühlergrill, der in dieser Form nicht in Serie ging. (Bild: Don McCullough/Wikimedia Commons)

Tesla X Prototyp: Die Heckschürze ist hier noch in der alten Form zu sehen. Zum Serienanlauf bekam auch sie eine neue Form. (Bild: Sarah Larson/Wikimedia Commons)

Der Zeitpunkt der Freigabe war kein Zufall, denn der Verkauf des ersten in Serie produzierten Brennstoffzellenautomobils Toyota Mirai hatte am 15. Dezember 2014 in Japan begonnen. Auch nach Deutschland sollte der Toyota Mirai bald kommen, wenngleich eine Tankstellen-Infrastruktur für den Betrieb des Fahrzeugs fast nicht existent war. Der Preis in Deutschland sollte 78.540 Euro betragen – von größeren Stückzahlen war beim Verkauf somit ohnehin nicht auszugehen. Generell stand die Frage im Raum, warum sich der weltgrößte Automobilhersteller unter den gegebenen Rahmenbedingungen ausgerechnet für die Brennstoffzellentechnologie entschieden hatte. Elon Musk jedenfalls äußerte sich darüber nur abfällig, indem er beispielsweise die »Fuel cell« (Brennstoffzelle) öffentlich als »Fool cell« (Deppenzelle) titulierte.

Konkreter wurde bei Tesla Motors nun der Serienanlauf des Model X, das als Betaversion bereits nahezu ungetarnt seine letzten Testrunden auf offener Straße absolvierte. Hierzu hatte das Unternehmen im Quartalsbericht erklärt, dass über 30 verschiedene Betaversionen des Fahrzeugs getestet würden, um einen möglichst reibungslosen Serienanlauf zu garantieren. Mittlerweile lagen laut Aussagen von Tesla Motors rund 24.000 Vorbestellungen für den Tesla-SUV vor; planmäßig sollte die Produktion im Herbst 2015 beginnen.

Inzwischen hatte sich auch GM positioniert und auf der Detroit Auto Show den Chevrolet Bolt präsentiert. Dieser kompakte, rein elektrisch angetriebene Van sollte eine Reichweite von 200 Meilen (322 Kilometern) bieten und lediglich rund 30.000 US-Dollar kosten. Mary Barra, die Vorstandsvorsitzende von GM, machte ausdrücklich darauf aufmerksam, dass der Chevrolet Bolt keine Studie bleiben würde. Der Wagen sollte definitiv 2017 auf den Markt kommen, und darüber hinaus sollte er in Europa auch als Elektrofahrzeug der Marke Opel verkauft werden. Elon Musk konterte und kündigte kurz darauf an, dass der kommende Tesla 3 ebenfalls mindestens 200 Meilen Reichweite haben würde. Diese 200 Meilen sollte das Modell selbst unter widrigen Umständen erreichen.

Anfang 2015 drehten bereits zahlreiche Vorserienmodelle des Tesla-SUV auf den Straßen rund um Fremont ihre Runden. Hier ein Prototyp mit verschiedenfarbigem Leder im Fond. (Bild: John Cummings/Wikimedia Commons)

Supercharger-Stationen mit Solarzellendach: Mit Sonnenstrom waren die Fahrzeuge von Tesla auf dem Weg zu einer deutlich besseren Umweltbilanz. (Bild: User: Jusdafax/Wikimedia Commons)

Längst war offensichtlich, wie stark in China der Markt für Elektrofahrzeuge wuchs. Auch hier positionierte sich Tesla Motors nach Kräften. Wie chinesische Medien berichteten, war eine Partnerschaft mit zwei in Chongqing ansässigen Unternehmen, namentlich der Lifan Group und der Chang'an Automobile Group, vereinbart worden. Hierbei ging es um eine Fertigung von Tesla-Fahrzeugen direkt in China. Allerdings war aufgrund der rigorosen Gesetze dazu eine Partnerschaft bzw. ein Joint Venture notwendig.

Dieser angekündigte Schritt wurde allenthalben mit Skepsis betrachtet, denn das Geschäft in China war für Tesla bislang alles andere als zufriedenstellend verlaufen. Hinter vorgehaltener Hand wurde gar von 2300 unverkauften, in ganz China verteilt auf Halde stehenden Tesla S gesprochen. Ein Drittel der chinesischen Belegschaft war bereits gekündigt worden. Doch Elon Musk bekräftigte seinen Wunsch, bis zum Jahr 2020 seine Fahrzeuge auch direkt vor Ort in China zu fertigen, um die hohen Einfuhrzölle und die komplexen Importrestriktionen zu umgehen.

Allerdings reagierten immer mehr Anleger verschnupft auf die Ankündigungen von Elon Musk, und auch die Presse traute den großen Plänen nicht mehr so recht. Nach den enttäuschenden Geschäftszahlen für das Jahr 2014 kritisierte das MANAGER MAGAZIN: »Sein Unternehmen hat die Absatzziele verfehlt, den Verlust erhöht, und die Erwartungen der Analysten enttäuscht. Dennoch zeigte Tesla-Chef Elon Musk keine Spur von Demut bei der Präsentation der jüngsten Quartalszahlen. Ganz im Gegenteil: Er drehte noch mal richtig auf. Bis 2025 könnte Tesla die derzeitige Marktkapitalisierung von Apple erreichen, erklärte Musk vollmundig, wenn der Elektroauto-Hersteller seinen Wachstumskurs beibehält. Bei solchen Ansagen Musks schwingt schon ein wenig Größenwahn mit.«[50]

Während sich seine Kritiker noch an den roten Zahlen abarbeiteten und den schlechten Quartalsverlauf zum Anlass nahmen, das Geschäftsmodell von Tesla Motors grundsätzlich in Frage zu stellen, war Elon Musk schon beim nächsten Thema. Bereits in wenigen Monaten, so kündigte er an, werde es von Tesla Motors einen funktionierenden Autopiloten geben. Diese Ankündigung schien dem Redakteur des MANAGER MAGAZIN dann doch zu großspurig, so dass er gegenüber Elon Musk ätzte: »Fest steht hingegen: Tesla muss in den kommenden Monaten nicht nur Logistik, Vertrieb und Produktion in den Griff kriegen. Um den hohen Erwartungen gerecht zu werden, muss Tesla-Chef Musk bald etwas Handfesteres präsentieren als luftige Ansagen zum Börsenwert in zehn Jahren.«[51]

Grundsätzlich schien es dringend geboten, dass der Firmenpatron an seinem Image arbeitete. Das Gezerre um seine Ehe war für sein öffentliches Image nicht förderlich gewesen. Auch die nach außen dringenden Berichte von Mitarbeitern über manche Charakterzüge ihres CEO waren nicht gerade dazu angetan, das Bild von Elon Musk in der

Öffentlichkeit zu verbessern. Neben seinem unbestreitbaren Arbeitseifer, seiner scharfen Intelligenz und seiner Durchsetzungskraft wurde Musk zugeschrieben, undankbar, cholerisch und rücksichtslos gegenüber seinen Mitarbeitern zu sein. Auch der öffentliche Blog seiner ersten Ehefrau Justine trug zu Musks Negativimage bei. In diesem Blog hatte sie ungeniert eheliche Details veröffentlicht, die vom Magazin MARIE CLAIRE aufgegriffen und publiziert worden waren.[52]

Um zur Abwechslung auch einmal positive Presse zu bekommen, wurde werbewirksam die Meldung lanciert, dass Musk für seine Bemühungen bei Tesla Motors lediglich den Mindestlohn empfing. Gerade einmal 35.360 US-Dollar hatte er 2014 in seinem Unternehmen nominell verdient. Diese Summe war die gesetzlich definierte Mindestsumme in Kalifornien für seinen Posten als Chief Executive Officer, Product Architect und Chairman. Musk hatte sich zudem geweigert, das Gehalt anzunehmen. Stattdessen blieb das Geld in der Firma. Wirtschaftliche Schmerzen bereitete ihm der Lohnverzicht nicht. Das Onlinemagazin TESLAMAG erklärte hierzu süffisant: »Dennoch braucht sich Musk keine Geldsorgen zu machen. Unabhängig von seinen bisherigen und anderweitigen geschäftlichen Tätigkeiten besitzt er 26,7 Prozent der verfügbaren Tesla-Aktien mit einem aktuellen Gesamtwert von circa 7,4 Milliarden US-Dollar.«[53] Weit weniger erheiternd waren hingegen die Gerüchte um Lohndumping im Tesla-Werk in Fremont. Hier sollten laut Medienberichten Mitarbeiter von Subunternehmern für 5 US-Dollar die Stunde beschäftigt sein.

Wie stark die Automobilwelt im Wandel begriffen war, wurde durch neue Wettbewerber deutlich. Suchmaschinengigant Google kündigte ein eigenes Elektrofahrzeug an, ebenso arbeitete Apple an seinem eigenen Elektrofahrzeug »iCar«, das bis zum Jahr 2020 auf den Markt gebracht werden sollte. Vom Verbrennungsmotor redete dabei kein Mensch mehr. Apple trieb die Entwicklung unter dem Codenamen »Titan« massiv voran und hatte seit 2014 bereits eine Vielzahl von Experten für Elektrotechnik von Tesla abgeworben. Zu diesem Wandel passte auch der Wunsch von Tesla-Kunden nach einem veganen Fahrzeug. Einige Aktionäre machten sich bereits dafür stark, die Ausstattungsoption Ledersitze in den Fahrzeugen von Tesla ganz zu streichen.

Ab April 2015 war die Tesla Powerwall, die Pufferbatterie für Haushalte, im Handel erhältlich. Hierbei sollten die Akkus den von privaten Photovoltaikanlagen erzeugten Strom aufnehmen und überschüssigen Strom ins allgemeine Netz speisen. Die Besitzer einer Powerwall erhielten dafür eine Vergütung.

Während dieser Zeit des wachsenden Interesses an Elektromobilität vereinbarten VW und BMW eine Zusammenarbeit. In den USA sollte gemeinsam ein Netz von Schnellladestationen aufgebaut werden. Die Frage war, ob damit lediglich das Image der beiden Marken modernisiert werden sollte, oder ob dahinter vielleicht sogar ein Strategiewechsel steckte. Bislang jedenfalls hatte weder VW mit dem Elektro-Golf noch BMW mit dem Modell i3 allzu viele Kunden überzeugen können.

Elon Musk, der sich immer noch um den Ausbau der Geschäfte bei Tesla Motors, SpaceX und SolarCity kümmerte, konnte einen weiteren Erfolg verbuchen. Im US-Bundesstaat Kalifornien sollte eine Teststrecke für den im August 2013 präsentierten Hyperloop entstehen. Geplant war eine acht Kilometer lange Strecke zwischen Los Angeles und San Francisco, an der die grundsätzliche Funktionalität des Bauprinzips getestet werden sollte.

Der 2015 anvisierte Markteintritt in China gestaltete sich deutlich schwieriger als der Sprung nach Europa. Die Chinesen drangen auf ein Joint Venture – doch Elon Musk hatte daran keinerlei Interesse. (Bild: Steve Jurvetson/Wikimedia Commons)

J. B. Straubel, unverändert Chief Technical Officer von Tesla Motors, erklärte die Reduzierung der Batteriekosten zum wichtigsten Ziel für die Zukunft. Um hier schneller voranzukommen, hatte Tesla Motors eine Partnerschaft mit einem der führenden Forscher Nordamerikas im Bereich Lithium-Ionen-Batterien vereinbart. Jeff Dahn, der als Professor an der Dalhousie University in Nova Scotia lehrte, sollte für seine Arbeit für Tesla Motors im Gegenzug Gelder für seine universitären Forschungsprojekte erhalten. Zu den Plänen der Batterieentwicklung, die von Prof. Dahn begleitet werden sollten, erläuterte das Magazin TESLAMAG: »Ein Gebiet seiner Forschung betrifft die Silizium-Anode, eine günstige Alternative zu Graphit mit weitaus höherer Kapazität. Neben der Forschung an der chemischen Zusammensetzung, möchte Tesla Motors die Kosten dadurch senken, dass man die Zulieferung und die Verarbeitung von Lithium, Kobalt, Graphit und Nickel nunmehr in der Gigafactory selbst abwickelt.«[54]

Zu dieser Zeit wurde Elon Musk immer öfter mit Leonardo da Vinci oder Henry Ford verglichen – ein durch harte Arbeit reich gewordener Selfmademan mit schier unbegrenztem Eifer, sprühenden Ideen und Fortune bei seinen Entscheidungen. Aber war diese Darstellung auch zutreffend? Ein Redakteur der LOS ANGELES TIMES machte sich die Arbeit und recherchierte die Fördergelder, die Elon Musk für seine Unternehmen in den letzten Jahren erhalten hatte.[55]

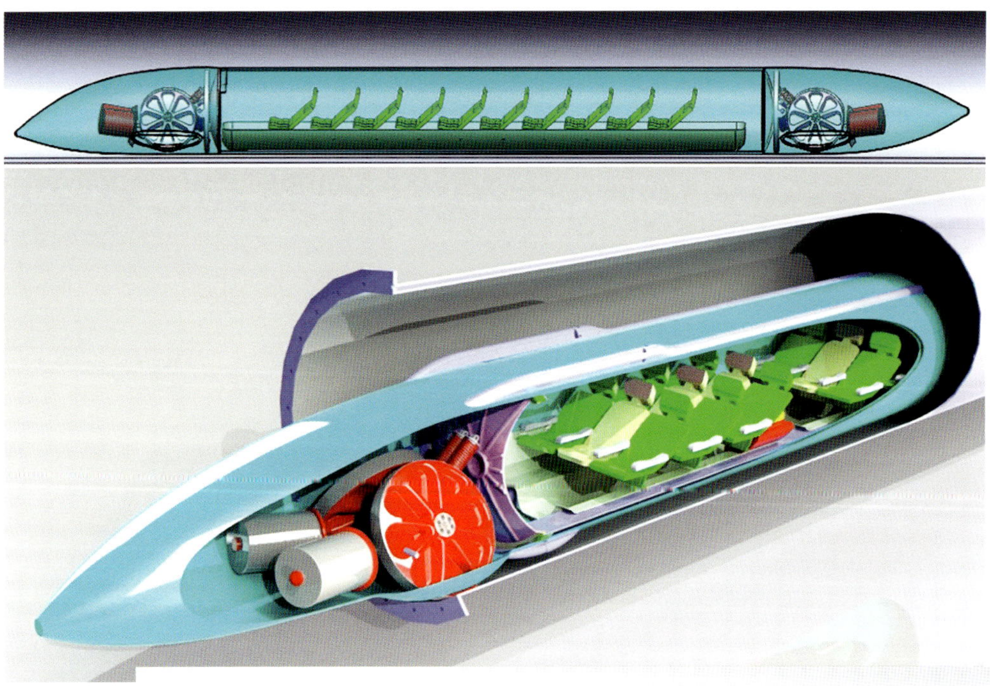

Im US-Bundesstaat Kalifornien sollte eine Teststrecke für den präsentierten Hyperloop entstehen. (Bild: RichMacf/Wikimedia Commons)

Dies waren:

- Staatliche Starthilfekredite von jeweils ca. 500 Millionen US-Dollar für SolarCity und Tesla (wurden bereits getilgt)
- 1,3 Milliarden US-Dollar Beihilfe des Bundesstaats Nevada für den Bau der Giga-Batteriefabrik.
- Ca. 1 Milliarde US-Dollar an Baukosten und Steuerrabatt vom Staat New York für die nächste Gigafabrik.
- Ca. 1,5 Milliarden US-Dollar an staatlichen Beihilfen und Steuerrabatten für die Käufer von Solarmodulen, die SolarCity zugutekommen.
- Ca. 20 Millionen US-Dollar vom Bundesstaat Texas für den Bau eines Raketenstartplatzes von SpaceX.
- Ca. 300 Millionen US-Dollar Beihilfen für Elektroautos in verschiedenen Staaten.
- 126 Millionen US-Dollar Beihilfe von Kalifornien für das neueste Geschäftsfeld Powerwall.

Hierbei waren allerdings noch nicht einmal die lukrativen Staatsaufträge der NASA und der US-Luftwaffe mit eingerechnet, die allein rund 5,5 Milliarden US-Dollar umfassten. Über diese Aufstellung wurde hitzig debattiert, denn viele US-Bürger lehnten traditionell jede Form einer staatlichen Unterstützung von Unternehmen ab. Die Frage stand im Raum, ob die drei Unternehmen von Elon Musk ohne diese Beihilfen überhaupt überlebensfähig gewesen wären und waren.

Kurz nach diesem Bericht gab der Finanzvorstand von Tesla Motors, Deepak Ahuja, bekannt, dass er seinen Posten kündigen und das Unternehmen verlassen werde. Mit dem kritischen Bericht der LOS ANGELES TIMES sollte der Fortgang von Deepak Ahuja nichts zu tun haben; vielmehr, so die offizielle Darstellung, suche der scheidende Finanzvorstand nach sieben Jahren harter Arbeit mit »Nonstop-Adrenalinkick« bei Tesla Motors nach einer neuen beruflichen Herausforderung.

Tesla Motors hatte sich mit dem Model S in der Oberklasse etabliert. Und das nicht nur in den USA, wo der Tesla S ein ganz neues Kundenvertrauen in die US-Automobilwirtschaft erzeugt hatte. Auch in Dänemark hatte der Tesla S die versammelte deutsche Konkurrenz hinter sich gelassen. Ein Grund dafür war, dass die Zulassungssteuer, die bis zu 180 Prozent des Neuwagenpreises betragen konnte, beim Kauf eines Elektroautomobils komplett gestrichen wurde. Doch selbst in der Schweiz, wo es solche Zuschüsse nicht gab, lag der Tesla S klar vor der S-Klasse von Mercedes, dem Audi A8, dem 7er BMW und dem Porsches Panamera. Nun stiegen auch in Deutschland die Zulassungszahlen für Tesla Motors stetig.

In dieser Sachlage, bei der nicht klar war, wie die Zukunft der Automobilmotorisierung aussehen würde, kamen die ersten ernsthaften Vorschläge, Verbrennungsmotoren so bald wie möglich zu verbieten. Eine Vorreiterrolle nahm hierbei Mary Nichols ein, die Chefin der kalifornischen Luftreinhaltungs-Kommission. Gemäß ihrer Überzeugung sollten spätestens zum Jahr 2030 keine Automobile mit Verbrennungsmotor mehr neu zugelassen werden. Ähnliche Meldungen wurden auch aus europäischen Ländern laut – bezeichnenderweise aus Ländern ohne eigene Automobilindustrie.

Betrüblich war die Nachricht über den dritten Todesfall in Verbindung mit einem Fahrzeug von Tesla Motors im Sommer 2015. Der erste hatte sich bereits 2014 zugetragen, als ein junger Mann einen Tesla S gestohlen hatte. Nach dem Diebstahl war er geflüchtet und hatte sich eine Verfolgungsjagd mit der Polizei geleistet, bei der er ohne angelegten Sicherheitsgurt verunfallte und starb. Der zweite Fall war Ende 2014 geschehen, als ein Tesla S ein Steilufer hinuntergestürzt und auf den Klippen zerschellt war. Da die untersuchende Behörde weder Bremsspuren noch Hinweise auf ein technisches Versagen fand, wurde von einem Selbstmord des Fahrers ausgegangen. Nun berichtete die MALIBU TIMES über einen Tesla S, der die Leitplanken durchbrochen hatte und 150 m tief in eine Schlucht gefallen war. Der Wagen brannte komplett aus und setzte das umgebende Buschwerk in Brand. 180 Feuerwehrleute mussten neun Stunden kämpfen, um das Feuer zu löschen. Wer hinter dem Lenkrad gesessen hatte, konnte zunächst nicht geklärt werden.

Elon Musk ließ im Zusammenhang mit dieser Nachricht wissen, dass die Fahrer des Tesla S in den letzten drei Jahren über eine Milliarde Meilen (ca. 1,6 Milliarden Kilometer) zurückgelegt hatten. Mit lediglich drei Todesfällen auf diese Distanz lag Tesla in der Tat deutlich unterhalb der Vergleichsrate für Fahrzeuge mit Verbrennungsmotoren – zumal, wenn man die Umstände der ersten beiden tödlichen Unfälle berücksichtigte.

Im Juni 2015 kündigte Tesla Motors ein Batterie-Update an. Der Tesla S mit 85 kWh-Batterie konnte fortan für einen Aufpreis von 3200 Euro mit einer Batteriekapazität von 90 kWh bestellt werden. Damit sollte die Reichweite laut Tesla Motors um insgesamt sechs Prozent auf 520 Kilometer steigen. Zudem konnte für den Aufpreis von 10.600 Euro (inklusive der größeren Batterie) wieder ein Modus eingeschaltet werden, der noch dramatischere Beschleunigungswerte versprach. Unter der Bezeichnung »Ludicrous Speed« (»Aberwitzige Geschwindigkeit«) bekam der Käufer eine um 10 Prozent schnellere Beschleunigung. Konkret: Von 0 auf 100 km/h sprintete das Model S P90D dann in 3,0 statt 3,3 Sekunden. Allerdings war der »Ludicrous Speed«-Modus nicht unbeschränkt nutzbar, weil nach einigen Beschleunigungsorgien die Leistung mittels Software abgesenkt wurde, um die Batterie vor Überhitzung zu schützen.

Im Monat darauf begann Tesla Motors damit, die Supercharger-Stationen mit neuen Ladekabeln auszustatten. Fortan wurden viel dünnere, zudem leichtere und flexiblere Ladekabel verbaut, die besser handzuhaben waren. Der größte Fortschritt steckte im Inneren der Ladekabel, denn sie waren flüssigkeitsgekühlt. Damit sollten höhere Ladeströme möglich werden, um die Ladezeit zu verkürzen. Das war tatsächlich notwendig, denn Tests hatten ergeben, dass das Ladekabel bei extrem schnellem Laden über 80 °C heiß werden konnte.

Grauer Tesla-Schriftzug auf weißer Wand – schlicht, aber doch auffallend. Im Bild des Tesla Store am Berliner Kurfürstendamm, aufgenommen 2015. (Bild: Fridolin freudenfett/Wikimedia Commons)

Die Zahl der Vorbestellungen für den Tesla X war unterdessen weltweit auf über 28.000 Stück gestiegen. Ungeduldig warteten die Interessenten darauf, endlich ihren Wagen im Internet konfigurieren zu können. Doch noch bremste Tesla Motors die Käufer ein, denn technische Probleme vor allem mit den aufwändig konstruierten Türen verzögerten den geplanten Serienanlauf. Ende des Jahres 2015, so die neuerliche Ankündigung, sollte das Model X auf den Markt kommen. Ungeachtet dessen stiegen die Reservierungen für den Tesla-SUV von Tag zu Tag.

Im August 2015 kamen die neuen Quartalszahlen von Tesla Motors, die allerdings auf ganzer Linie enttäuschten. Zwar war der Umsatz um 25 Prozent gestiegen, doch der Verlust hatte sich mit 184 Millionen US-Dollar im zweiten Quartal 2015 nahezu verdreifacht. Auch die Absatzprognose hatte Elon Musk um rund 10 Prozent reduziert. Hinzu kam die Tatsache, dass die Entwicklung des Tesla X viel mehr Zeit und vor allem Geld verschlang als gedacht. Die Zeit verrann und das Geld wurde knapp bei Tesla Motors. An der Börse sackte die Aktie des Unternehmens um 8 Prozent ab.

Doch nicht nur das: Hinzu kam eine Studie der Nachrichtenagentur Reuters, die vorrechnete, dass Tesla Motors bei jedem ausgelieferten Model S 4000 US-Dollar Verlust machte. Gemäß der Studie musste Tesla Motors baldmöglichst Gewinne erzielen, um zu überleben. Zu allem Unglück machte eine weitere negative Nachricht die Runde: Hacker hatten das Model S während der Fahrt angegriffen und waren in die Bordelektronik eingedrungen. Hier zeigten sich unverblümt die negativen Seiten der Internet-Konnektivität, mit der allerdings auch die anderen Hersteller zu kämpfen hatten.

Tesla Store von innen: Neben Autos wurden neuerdings auch passende Modeaccessoires für Tesla-Fans angeboten. Tesla wandelte sich damit immer mehr zur Lifestyle-Marke. (Bild: Christos Vittoratos/Wikimedia Commons)

Doch längst gab es genügend Akteure, die ebenso optimistisch wie Elon Musk in die Zukunft blickten. Darauf vertraute Tesla Motors. Demgemäß wurden im Rahmen einer Kapitalerhöhung 3,1 Millionen Aktien zum Kurs von 242 US-Dollar ausgegeben, was rund 740 Millionen US-Dollar in die Kassen des Unternehmens spülte. Hierzu konkretisierte das Magazin TESLAMAG: »Zu den Käufern gehören die Goldman Sachs Gruppe mit 1,18 Millionen Aktien und Morgan Stanley mit 962.000 Aktien. Auch JP Morgan Chase & Co., Deutsche Bank AG, Bank of America Corp. und Wells Fargo & Co. halten Anteile am kalifornischen Autobauer. Elon Musk wollte ebenfalls Anteile für 20 Millionen US-Dollar kaufen.«[56]

Die Mittel sollten in die Serienfertigung des Tesla X sowie in die Entwicklung der weiteren angekündigten Modelle fließen. Ebenso sollte das Geld für die Umgestaltung und Modernisierung der weltweit rund 200 Tesla Stores ausgegeben werden. In den neuen Stores sollten fortan auch die Produkte der »Tesla Design Collection« angeboten werden. Wie bei anderen Premiumherstellern auch, so konnten Enthusiasten nun Einkaufstaschen, Handtaschen, Handschuhe, Jacken und weitere Accessoires von Tesla Motors kaufen – das nötige Kleingeld vorausgesetzt.

Ein Kuriosum bildete das Testergebnis des amerikanischen »Consumer Report«, einer Einrichtung vergleichbar mit der deutschen »Stiftung Warentest«. Beim Test des Tesla Model S P85D erreichte der Wagen 103 von 100 möglichen Bewertungspunkten. Damit legte der Tesla S nicht nur eine neue Messlatte für Automobile, er nötigte die Tester auch dazu, ihr Bewertungsmodell zu überarbeiten. Für Elon Musk war dieser Test Wasser auf die Marketingmühlen, entsprechend wurde das Testergebnis weltweit medial gestreut.

In dieser turbulenten Zeit, in der Tesla Motors dringend und nachhaltig finanziell Fuß fassen musste, war es ungemein wichtig, die nächsten Projekte pünktlich und plangemäß auf den Weg zu bringen. Hier wurde von allen Mitarbeitern äußerster Einsatz gefordert, erst recht von den Managern. Umso befremdlicher wirkte die Nachricht aus Palo Alto, dass ausgerechnet Jérôme Guillen, bis März 2015 Vice President of Global Sales and Service bei Tesla Motors, eine Auszeit von vier Monaten ankündigte. Bis zum Ende des Jahres wollte Guillen nicht mehr arbeiten. Gleichzeitig wurde offenbar, dass Jérôme Guillen seinen alten Posten nicht mehr bekleidete und auch nicht mehr als Manager auf der Gehaltsliste stand. Unverändert aber sollte Guillen Mitglied des Vorstands bleiben. Spekuliert wurde, ob die vorausgegangene Versetzung, die in der Branche durchaus als Degradierung verstanden worden war, den Ausschlag für die Pause von Guillen gegeben hatte. Es brodelte bei Tesla Motors, denn auch Deutschland-Chef Philipp Schröder kehrte Elon Musk nach nur 20 Monaten den Rücken, um wieder zu seinem alten Arbeitgeber zurückzukehren.

Aus Deutschland selbst kam im Herbst zur IAA die Nachricht, dass der Volkswagen-Konzern die Abgassysteme seiner Dieselmodelle systematisch manipuliert hatte. Einige Zeit darauf begann die Verfolgung von VW durch die

Das neue Werk 2 im niederländischen Tilburg entsprach in seiner schieren Größe viel eher dem Geschmack von Elon Musk, der auf Repräsentation großen Wert legte. (Bild: Dirk Kunde/Drehmoment.net)

Ein Tesla S auf einem selbsttätig fahrenden Hubwagen. Vom Entladebereich folgen sie in den Boden eingelassenen Metallstreifen und bringen die Fahrzeuge zur Montagestraße. (Bild: Tesla, Inc.)

Justiz. Neben dem erfolgten Imageschaden standen bald Milliardenforderungen aus den USA im Raum. Für die gesamte deutsche Automobilindustrie, die in erheblichem Umfang vom sogenannten Dieselskandal betroffen war, stellte sich vor diesem Hintergrund immer drängender die Frage, ob und wie ein genereller Kurswechsel hin zur Elektromobilität eingeleitet werden sollte. Fahrzeugangebot, Marktsituation und Ladeinfrastruktur präsentierten sich zu diesem Zeitpunkt eher trostlos. Klar war im Herbst 2015, dass der von Bundeskanzlerin Angela Merkel verkündete Plan, bis zum Jahr 2020 eine Million Elektroautos auf die deutschen Straßen zu bekommen, nicht zu erreichen war. Um entsprechend zu reagieren durften sich die Automobilhersteller allerdings nicht mehr allzu viel Zeit lassen, denn die künftigen CO_2-Vorgaben ließen sich ohne lokal abgasfrei fahrende Fahrzeuge nicht einhalten. Bis zum Jahr 2021/22 musste jeder Premiumhersteller in Europa mehr als 100.000 Elektrofahrzeuge im Jahr verkaufen, um die Abgasgesetze zu erfüllen. Sollte der Flottenabgaswert darüber liegen, würden seitens der EU drakonische Strafzahlungen fällig.

450 Model S wurden fortan pro Woche in Handarbeit zusammengebaut. Demnächst sollte auf der Montagestraße auch das Model X endmontiert werden. (Bild: Tesla, Inc.)

Nach der IAA, genauer am 24. September 2015, hatte das Bundesministerium für Wirtschaft und Energie Elon Musk zur Veranstaltung »Wirtschaft für morgen« eingeladen. Minister Sigmar Gabriel wollte auf dieser Veranstaltung mit seinen Gästen über die Zukunft der Automobilindustrie diskutieren. Die Moderatorin wies gleich zu Anfang auf eine Kuriosität hin, denn vor dem Eingang hatte sich im Vorfeld eine 200 m lange Menschenschlange gebildet. »Wie bei einem Popstar«, so wunderte sich die Moderatorin. Klar war, weshalb die Menschen zur Veranstaltung strömten: Nicht wegen Gabriel, sondern wegen Elon Musk, der nach der Anmoderation persönlich begrüßt wurde.

Viel spannender als diese Polit-Veranstaltung war für Musk die Eröffnung des zweiten Montagewerkes in Europa, das jetzt endlich fertiggestellt war. Diese neue, größere Produktionsstätte in Tilburg war notwendig geworden, weil bereits absehbar war, dass die Kapazitäten des ersten Werks nicht ausreichten. Auf einem Areal von 43.000 Quadratmetern waren 180 Mitarbeiter mit der Endmontage von angelieferten Model-S-Bausätzen beschäftigt. In konkreten Zahlen: Statt 225 Fahrzeuge pro Woche würden

Die Qualität der ausgelieferten Fahrzeuge wurde ständig verbessert, beispielsweise durch einen Lichttunnel, in dem gnadenlos kleinste Lackfehler sichtbar waren. (Bild: Dirk Kunde/Drehmoment.net)

schon bald 450 die Fertigungsanlagen verlassen. Laut Planung sollte bei entsprechender Nachfrage hier bald auch das Model X endmontiert werden.

Dieses neue Werk war in Größe und Stil viel eher nach dem Geschmack von Elon Musk. War das erste noch schmucklos und besaß eher den Charakter einer großen Werkstatt, so präsentierte sich das neue Werk edel und hochmodern. Gleichzeitig wurde die Qualität der ausgelieferten Fahrzeuge deutlich gesteigert. Es gab jetzt auch einen Lichttunnel zur Endkontrolle der Lackierqualität und eine Regenkammer, in der jedes Fahrzeug auf Dichtigkeit getestet wurde. Der Clou aber: Da die hier montierten Fahrzeuge keine Emissionen erzeugten, war innerhalb der Montagehalle eine 750 m lange Teststrecke mit Links- und Rechtskurven gebaut worden. Nach dem obligatorischen Prüfstandlauf wurden die fertiggestellten Tesla S hier zügig über Straßenbeläge mit unterschiedlicher Qualität und Oberfläche gefahren, um sie auf ungewöhnliche Geräusche zu kontrollieren. Gleichzeitig wurden nochmals die Bremsen getestet. Bei auftretenden Klapper- oder Quietschgeräuschen wurde an einem separaten Stellplatz nachgearbeitet. Nach diesem Fahrtest kamen die Fahrzeuge dann direkt in die finale Aufbereitung, wo ihnen zum Abschluss noch Neuwagen-Duftspray für den Innenraum zuteilwurde.

Hinsichtlich der ausgeklügelten Logistik für das neue Werk in Tilburg erklärte der Technikjournalist Dirk Kunde: »Auf der gegenüberliegenden Hallenseite befinden sich große Tore für Container. Die geöffneten Metallboxen ragen ein Stück in die Halle hinein. Noch sind nicht alle entladen. Geschickt gestapelt, passen vier Model S oder drei Model X in die zwölf Meter langen Behälter. Die kommen über den Atlantik und werden entweder in Antwerpen oder Rotterdam auf kleinere Schiffe umgeladen. Von dort geht es über ein Kanalsystem bis ins Gewerbegebiet von Tilburg. Das Containerterminal liegt nur wenige Hundert Meter von der Montagehalle entfernt.«[57]

Während weiter die Frage offenblieb, ob die deutsche Automobilindustrie bereits fertige Baupläne für wettbewerbsfähige Elektrofahrzeuge in der Schublade liegen hatte, begann Tesla Motors im September 2015 in den USA mit der Markteinführung des Tesla X. Auch das neue Modell war kein Volumenmodell für breite Käuferschichten, sondern ein Luxus-SUV mit sieben Sitzplätzen. 142.000 US-Dollar kostete der neue Tesla mit seinen charakteristischen, nach oben öffnenden »Falcon Wing«-Türen. Die Bedienung erfolgte wie beim Tesla S über einen zentralen Touchscreen. Die offizielle Präsentation sollte am 29. September 2015 in Fremont stattfinden.

Auf den Markt kommen sollte der Tesla X in drei Varianten mit zwei verschiedenen Batteriekapazitäten. Auch dieser SUV war als agiles Automobil konzipiert, was bereits bei einem kurzen Blick auf die Leistungsdaten deutlich wurde. Trotz seiner Länge von 5037 mm und eines Gewichts von knapp 2,5 t erreichte das Modell ähnliche Fahrwerte wie die Sportlimousine Tesla S. Auch bei der Reichweite erfüllte der Tesla X hohe Erwartungen, denn mit einer Batterieladung konnte laut NEFZ eine Strecke von 417 bis 489 Kilometern zurückgelegt werden.

Sogar eine eigene Regenkammer hatte das neue Werk erhalten, in der jedes montierte Fahrzeug auf Dichtigkeit getestet wurde. (Bild: Dirk Kunde/Drehmoment.net)

Indoor-Teststrecke: Nach dem Prüfstandlauf wurden die fertiggestellten Tesla S über Straßenbeläge mit unterschiedlicher Qualität und Oberfläche gefahren, um sie auf ungewöhnliche Geräusche zu kontrollieren. (Bild: Tesla, Inc.)

Stolz war Elon Musk auf die Tatsache, mit dem Tesla X ein komplett veganes Automobil produziert zu haben. Tierische Materialien wie Leder oder Wolle waren im Tesla X nicht mehr zu finden. Auch entsprechende Schmierstoffe, in denen unter Umständen tierische Fette verborgen sein konnten, gab es beim Tesla X nicht. Wer als Kunde im Innenraum trotzdem auf Leder nicht verzichten wollte, für den war das Material »Artico« in der Ausstattungsliste im Angebot. Artico war nichts anderes als ein strapazierbares Lederimitat, das seit vielen Jahren auch in den Fahrzeugen von Mercedes-Benz eingesetzt wurde.

Während einige Zeitgenossen noch belustigt darüber diskutierten, ob denn bei der Entwicklung dieses veganen Wagens auch auf einen Elchtest verzichtet worden war, zeigte die Werbung mit der Veganität des Tesla X doch eines sehr klar: Die Kundschaft, die Elon Musk mit dem Tesla X bedienen wollte, war die junge urbane Elite. Diese Klientel war nicht nur solvent, sondern darüber hinaus stil- und meinungsbildend. Schon allein die Gunst dieses Personenkreises sicherte Tesla Motors eine weitgehend wohlwollende Berichterstattung in den Medien. Von Seiten der Tierschutzorganisation PETA las sich das dann bei-

Dutzende von Tesla S fertig zur Auslieferung in die EU-Länder. Kunden in der Schweiz und Norwegen erhalten ihre Fahrzeuge nicht aus Tilburg. (Bild: Dirk Kunde/Drehmoment.net)

29. September 2015: Den ersten Tesla X bekam Tesla-Vorstandsmitglied Steve Jurvetson, der im Sommer 2012 auch schon den ersten Tesla S erhalten hatte. (Bild: Steve Jurvetson/Wikimedia Commons)

spielsweise wie folgt: »Mit seinem 100 Prozent lederfreien Auto können wir Tesla Motors als Anbieter von erstklassigen Fahrzeugen empfehlen, die nicht nur mit umweltfreundlichen Motoren überzeugen, sondern auch mit tierleidfreien Sitzpolstern punkten.« So begeistert zeigte sich Harald Ullmann, 2. Vorsitzender von PETA Deutschland, in einer Pressemitteilung.[58] Den Hype um Elon Musk und Tesla Motors zusammenfassend, schrieb der Journalist Robert Ott in seinem Blog: »Ein Tesla-Auto ist das ultimative Statussymbol für gut betuchte Weltverbesserer: Teuer, luxuriös, dank rein elektrischem Antrieb so umwelt- und klimafreundlich wie kaum ein anderes Fahrzeug auf dem Markt. [...] Tesla ist anders, Tesla ist cool: Dieses Bild haben kluges Marketing und Social Media-Hype erzeugt.«[59]

Dass Tesla Motors eine ganz spezielle Käuferschicht ins Auge gefasst hatte, wurde auch durch ein weiteres serienmäßiges Ausstattungsdetail offensichtlich. Per Knopfdruck konnte der Tesla X in den »Biowaffen-Verteidigungs-Modus« geschaltet werden. Gedacht war dieses Filtersystem weniger zur Abwehr eines Anschlags auf die Insassen – vielmehr sollte das aufwändige Luftfiltersystem gerade in Großstädten für eine deutlich höhere Luftqualität im Interieur sorgen. Hierzu das offiziöse Onlinemagazin TES-

LAMAG: »Das Filtersystem beseitigt Pollen, Bakterien, Viren und Schmutz, bevor es die Luft in der Kabine des Fahrzeugs zirkulieren lässt. Dabei kann der Fahrer zwischen drei Modi wählen: Zirkulation mit der Außenluft, Re-Zirkulation der inneren Luft und Biowaffen-Verteidigungs-Modus. Letzterer verursacht einen positiven Druck in der Kabine und schützt somit sogar vor einer Apokalypse.«[60] Diese Zeilen warfen zunächst mehr Fragen auf als sie beantworteten …

Fest stand, dass im Tesla X ein HEPA-Hochleistungs-Schwebstofffilter (HEPA = High Efficiency Particulate Air Filter) zum Einsatz kommen sollte. Laut Angaben von Tesla Motors sollte durch diesen Filter die Luft im Innenraum des Tesla X der Luftqualität eines Reinraums in einem Krankenhaus entsprechen. Damit hatte Elon Musk nicht nur die Aufmerksamkeit von Veganern für sich und seine Fahrzeuge gewonnen, sondern auch die zahlreicher Allergiker.

Der »Biowaffen-Verteidigungs-Modus« hatte indes noch einen Marketing-Hintergrund, der sich erst beim Nachdenken über die Expansionspläne von Elon Musk erschloss. Konkreter gefragt: Wo wollte Tesla Motors künftig stark wachsen? Wo war ein riesengroßer lukrativer Markt zu erwarten? Wo würde der »Biowaffen-Verteidigungs-Modus« als Ausstattungsdetail essenziell sein? Die Antwort auf alle drei Fragen lautete: China.

Der neue Tesla X war im Grunde genommen ein Tesla S mit SUV-Karosserie. Gerade mit diesem Modell wollte Elon Musk im schwachen chinesischen Markt punkten. (Bild: Tesla, Inc.)

Während in den USA und in Europa der verbaute HEPA-Filter eher als Marketinggag verstanden wurde, war es für chinesische Kunden die richtige Antwort auf ein drängendes Bedürfnis. Denn in den chinesischen Großstädten hatte sich das Smog-Problem dramatisch verschärft. Die Luftbelastung war inzwischen so gesundheitsschädlich, dass laut seriösen Berechnungen täglich (!) mehr als 4000 Menschen in chinesischen Ballungszentren an dieser Smogbelastung starben, pro Jahr also rund 1,6 Millionen Opfer zu beklagen waren.

Längst war es daher unter wohlhabenden Chinesen üblich, Nahrungsmittel aus dem Ausland zu beziehen, weil diese weniger oder gar nicht von Schadstoffen belastet waren. Dieser Anspruch bildete mittlerweile einen beachtlichen Wachstumsmarkt. In Fulda (Hessen) wurde beispielsweise vom Milupa-Konzern eine neue Fabrik errichtet, die ab Frühjahr 2016 vorrangig Babynahrung für China produzieren sollte. Exakt diese gleichermaßen kaufkräftige wie gesundheitsbewusste Klientel, die sich Nahrungsmittel aus aller Welt einfliegen ließ, wollte Tesla Motors in China mit dem Model X bedienen.

29. September 2015 – auf dieses Datum hatten viele Menschen gewartet, denn es markierte die offizielle Markteinführung des Tesla Model X. Tatsächlich hatte sich Elon Musk, wie er selbst einräumte, bei der Konstruktion verschätzt. Permanente technische Probleme mit den mechanisch aufwändigen Türen hatten den Serienanlauf immer wieder verzögert. Wie bei Tesla Motors üblich, geschah der Serienanlauf nicht still und leise, sondern im Rahmen einer publi-

Ganz ohne Kühlergrill: Nicht nur unter Tesla-Kunden wurde heiß darüber diskutiert, was von der Fahrzeugfront des Tesla X zu halten war. Für viele Betrachter wirkte die Prototypen-Front mit Kühlergrill gefälliger. (Bild: Tesla, Inc.)

Tesla X: Das Heck des Tesla X war vor Serienbeginn ebenfalls überarbeitet worden. (Bild: Tesla, Inc.)

Tesla X von innen: Schlichte Eleganz gepaart mit einem großzügigen Platzangebot. Vor allem für den chinesischen Markt war ein HEPA-Filtersystem im Angebot. Für Veganer gab es Lederersatz. (Bild: Tesla, Inc.)

cityträchtigen Großveranstaltung. Rund 30.000 Vorbestellungen für das Model X waren bereits in Fremont eingegangen. Zu diesem »Launch Event« eingeladen worden war jedoch lediglich ein kleiner Teil der Besteller.

Ende September wurden von Tesla Motors auch die ersten Powerwalls in der 7-kWh-Version montiert. Anfang 2016 sollten dann die Kunden beliefert werden, die die größere Version mit 10 kWh Leistung bestellt hatten. Weiterhin sollte die Produktion der Powerwalls zukünftig nicht mehr in Fremont stattfinden, sondern direkt in der geplanten Gigafactory in Nevada.

Nach der Markteinführung des Model X präsentierte Elon Musk im Oktober 2015 das lange versprochene Autopilotsystem für den Tesla S. Allein 50 Spezialisten hatten an der Software gefeilt, dazu 100 an der notwendigen Hardware. Der Tesla S konnte damit automatisiert einparken, die Fahrbahn wechseln oder die Spur oder den Abstand zu einem vorausfahrenden Wagen halten. Ausdrücklich jedoch wies Elon Musk darauf hin, dass der Fahrer die Hände

Während ältere Kunden meist mit der Bedienung des zentralen Touchscreen Displays fremdelten, war der Umgang damit für die mit Smartphones aufgewachsene Generation der »Digital Natives« eine Selbstverständlichkeit. (Bild: Tesla, Inc.)

an Lenkrad belassen sollte, weil sich das System noch in der Anfangsphase befinde. Sukzessive sollte die Software für das System verbessert und via Internetanbindung aufgespielt werden. Auch das Tesla Model S sollte das Autopilotsystem erhalten.

Sorge bereitete nach wie vor das Geschäft in China, das unverändert schleppend lief, obwohl dort die Elektromobilität vom Gesetzgeber stringent vorangetrieben wurde. Fakt war jedoch, dass den Fahrzeugen von Tesla der Nimbus und das Prestige deutscher Oberklasselimousinen fehlten, die in Asien nach wie vor Statussymbole ersten Ranges darstellten. Wer für ein Oberklasseautomobil Geld übrig hatte und entsprechend repräsentieren wollte, der kaufte eben keinen Tesla, sondern einen BMW, Mercedes-Benz, Audi oder Porsche.

Laut Musk konnte eine Produktion direkt in China wohl binnen zwei Jahren aufgebaut werden – ob dies aber zum wirtschaftlichen Erfolg führen würde, war zweifelhaft. Ein weiterer Aspekt war unverändert die Tatsache, dass Tesla Motors – wie alle anderen ausländischen Hersteller – per Gesetz nur mit einem einheimischen Joint-Venture-Partner Automobile produzieren durfte. Und das war so ziemlich das Letzte, was Elon Musk akzeptieren wollte. Mit dem Model X erhoffte sich Elon Musk jedoch den Durchbruch auf dem lukrativen Markt.

Eine unerwartete und sehr unangenehme Nachricht platzte Ende Oktober in die Medienlandschaft. Das US-Testmagazin »Consumer Reports«, das gerade eben noch den Tesla S in den Himmel gelobt hatte, zog seine Bewertung und sogar seine Kaufempfehlung zurück. Nach eigener Aussage hätten Umfragen des Magazins gezeigt, dass es bei den ersten Serienmodellen des Tesla S zahlreiche technische Mängel gegeben hatte, die nun zu dieser Abwertung in der Beurteilung führten. So ärgerlich diese neuerliche Beurteilung war, so wenig spiegelte sie die hohe Zufriedenheitsquote von Tesla-Besitzern wider. Denn gleichzeitig hatten in ebendieser Umfrage 97 Prozent der Besitzer eines Model S angegeben, dass sie das Fahrzeug noch einmal kaufen würden. Die Meldung des US-Testmagazins verunsicherte nicht nur die Kunden von Tesla, sondern ebenso die Investoren. Die darauffolgende Reaktion glich dementsprechend einem Erdbeben, das die Aktie von Tesla Motors senkrecht abstürzen ließ. Nach zwischenzeitlich noch massiveren Verlusten ging die Aktie am Ende des Börsentages mit einem Verlust von rund 6 Prozent aus dem Handel.

Eher amüsiert wurde hingegen von der Boulevardpresse die Meldung aufgenommen, dass Elon Musk im Sommer 2015 die zweite Scheidung von Talulah Riley wieder zurückgezogen hatte. Das Paar hatte sich versöhnt und beschlossen, die Ehe in trauter Eintracht weiterzuführen.

Während sich die deutsche Automobilindustrie zu dieser Zeit in puncto Batterieforschung und -fertigung insgesamt eher zurückhaltend zeigte, verhandelte Elon Musk bereits mit einem weiteren Partner, um die eigene Batteriefertigung voranzutreiben. Neben Panasonic als Kooperationspartner für den Bau der Gigafactory waren die koreanischen Unternehmen Samsung und LG Chem als

»Falcon Wing Doors«: Teurer Designgag, der in seiner Komplexität technisch heikel war und die Fertigungskosten in die Höhe trieb. (Bild: Tesla, Inc.)

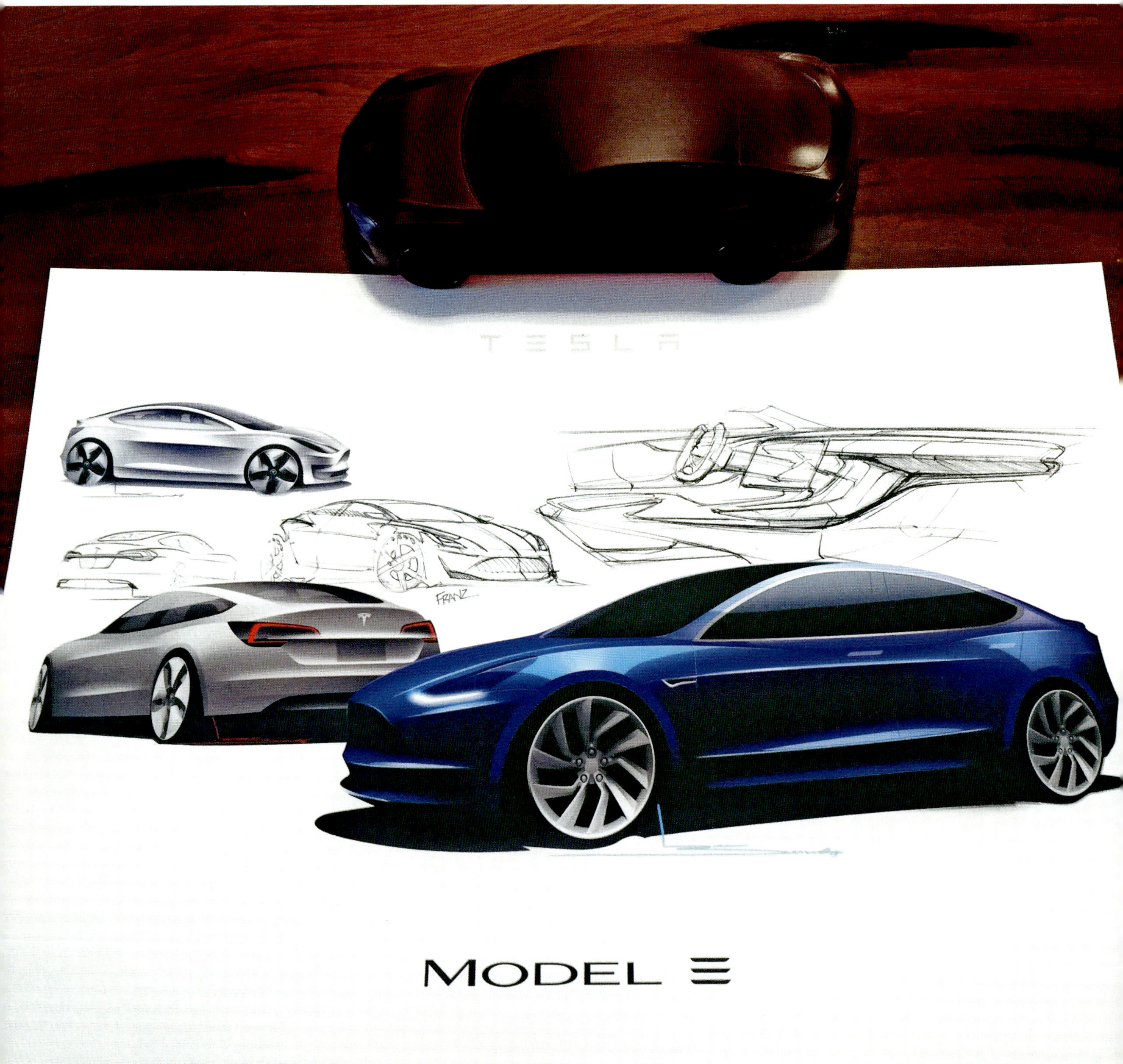

Offizielle Bilder gab es vom Tesla Model 3 noch nicht zu sehen. Allerdings veröffentliche der Tesla-Vorstand Steve Jurvetson vorab diese Skizzen als »Appetitmacher«. (Bild: Steve Jurvetson/Wikimedia Commons)

weitere Partner in Gespräch. Prompt bestätigte Tesla Motors eine Vereinbarung mit LG Chem über den Bau von Upgrade-Batterien für den Tesla Roadster 3.0. Zwar war hierfür nur eine geringe Stückzahl von 2–3 Akkupaketen pro Woche zu erwarten, aber beide Unternehmen waren einander ein Stück näher gerückt.

Währenddessen rief in Deutschland die Daimler AG bzw. Mercedes-Benz alle mit der von Tesla zugelieferten Antriebseinheit produzierten B-Klasse Electric Drive in die Werkstatt. Bei den 2618 von November 2013 bis Mai 2015 hergestellten Fahrzeugen konnte sich der Antrieb in seltenen Fällen von selbst ausschalten, so dass der Fahrer das System nochmals starten musste. Allerdings ließ sich der Fehler laut Kundenanschreiben von Mercedes-Benz mit einem Software-Update des Steuergeräts beheben. Die Ursache für den Fehler lag also mitnichten im zugelieferten Antriebsstrang – und mit einem Update via Internetanbindung, wie es Tesla bei seinen Fahrzeugen längst praktizierte, hätte kein einziger Kunde in die Werkstatt gerufen werden müssen …

Genauso gespannt wie noch wenige Tage zuvor auf den Tesla X warteten Kunden und Anleger nun auf den neuen Quartalsbericht von Tesla Motors, der Anfang November 2015 veröffentlicht werden sollte. Hier herrschte unverändert Ernüchterung: Zu Buche stand ein Quartalsverlust von 230 Millionen US-Dollar, der bei Tesla zwischen Juli und September aufgelaufen war. Fraglos eine bedrohliche Summe, doch erstens war das Model X gut eingeführt worden und zweitens waren in diesem dritten Quartal immerhin 11.603 Autos vom Band zum Kunden gerollt. Elon Musk kündigte zudem an, die Produktionszahlen zukünftig deutlich zu erhöhen. Außerdem sollte im Frühjahr das Model 3 auf den Markt kommen. Spätestens ab diesem Zeitpunkt, so erklärten Tesla-Enthusiasten den zweifelnden Kritikern, werde das Unternehmen auf dem Weg zur Profitabilität sein.

Trotz der schlechten Geschäftszahlen schnellte der Börsenkurs in die Höhe. Hierzu erläuterte SPIEGEL ONLINE: »Grund für die Euphorie der Anleger dürfte der stabile Geschäftsausblick sein. Tesla geht davon aus, im vierten Quartal zwischen 17.000 und 19.000 Fahrzeuge an Kunden zu liefern. Die Auslieferungen legten im abgelaufenen Quartal um fast 50 Prozent im Vergleich zum Vorjahresquartal zu. In den ersten neun Monaten des laufenden Geschäftsjahres hat die Firma 33.140 Wagen auf die Straße gebracht. Als neues Jahresziel gab Tesla 50.000 bis 52.000 aus.«[61]

Tesla Motors war allerdings auch mit seinem teilautonomen Autopiloten noch nicht so weit gekommen wie angekündigt. Aus diesem Grund suchte man händeringend nach Software-Spezialisten, die das System zum vollautonomen Fahren weiterentwickeln sollten. Wie wichtig diese Angelegenheit war, wurde dadurch deutlich, dass die eingehenden Bewerbungen Musk persönlich vorgelegt wurden. Eine Weiterentwicklung des Autopiloten war tatsächlich dringend notwendig, um die Verkehrsbehörden von der Tauglichkeit des Systems zu überzeugen. Das gelang nicht immer: In Hong Kong beispielsweise musste Tesla den teilautonomen Autopiloten auf Druck der Verkehrsbehörde deaktivieren. Auch bei den Ladestationen hatte Elon Musk Druck gemacht. Mittlerweile standen allein in den USA knapp 1400 Ladestationen, davon rund 224 Supercharger-Stationen und 122 Destination Charger an ausgewählten Hotels, Restaurants, Einkaufszentren und Geschäften. Die Frage war, wie Tesla Motors diese gewaltigen Investitionen wieder refinanzieren wollte, wenn das Aufladen weiterhin kostenfrei blieb? Eher eine Banalität war dagegen der Rückruf aller 90.000 bis dato produzierten Model S in die Werkstatt, um die Gurtbefestigung zu überprüfen.

In China hatte die staatliche Förderung der Elektromobilität bereits Früchte getragen. Die Verkäufe von E-Mobilen waren stark angestiegen, und auch Mercedes-Benz und BMW hatten sich in Position gebracht. Von Tesla kamen unterdessen verstörende Nachrichten. Denn Ende November 2015 geisterte die Meldung durch die Fachpresse, dass von der Präsentation des Tesla X am 29. September bis Ende November von den 32.000 vorbestellten Tesla X gerade einmal 13 (!) Stück ausgeliefert worden waren. Natürlich meldete sich Elon Musk diesbezüglich zu Wort und erklärte, dass der Serienanlauf erst Anfang des Jahres 2016 in der geplanten Form starten werde.

Dafür suchte Tesla Motors im Dezember 2015 rund 1600 neue Mitarbeiter, die zu den 14.000 bei Tesla auf der Gehaltsliste stehenden Arbeitskräften hinzukommen sollten. Würde Tesla Motors diesmal den Fahrplan einhalten und der für Frühjahr 2016 angekündigte Prototyp des Model 3 die Erwartungen der

In der Nähe von Reno (Nevada) entstand die Gigafactory 1 mitten im Wüstensand. (Bild: Tesla, Inc./Wikimedia Commons)

Der Rohbau der Gigafactory schritt zügig voran. Bei diesem vom Tesla-Vorstand veröffentlichten Bild wurden die gewaltigen Dimensionen erst richtig deutlich. (Bild: Steve Jurvetson/Wikimedia Commons)

Käufer erfüllen, käme das tatsächlich einem Sprung in eine andere Liga gleich. Nicht klar war jedoch, wann der Tesla 3 in Serienfertigung gehen würde; sicher war nur, dass er als Volumenmodell völlig neue, um ein Vielfaches größere Fertigungskapazitäten benötigte.

Kurz vor Weihnachten gelang Elon Musk ein neuerlicher Coup, denn seinem Unternehmen SpaceX war es gelungen, eine ins All geschossene Falcon-9-Trägerrakete nach ihrem Flug unversehrt und aufrecht auf der Erde landen zu lassen. Nach Ansicht von Fachleuten hatte SpaceX damit nicht nur das Ende der teuren Wegwerfraketen eingeläutet und die Raumfahrt in ein neues Zeitalter geführt, obendrein hatte sich Elon Musk damit einen Eintrag in die Geschichtsbücher verdient.

Der stets medienwirksam agierende Firmenpatron hatte anscheinend auch mit seiner Suche nach Software-Spezialisten für seinen Autopiloten gute Erfolge erzielt, denn Ende Dezember 2015 sprach er öffentlich über einen neuen, noch ambitionierteren Zeithorizont für das autonome Fahren. Statt erst in drei sollte das Fahren mit einem »Level 4 autonomen Fahrzeug«, also einem sich völlig autonom bewegenden Automobil, bereits 2017 möglich sein. Hierbei sollte der Autopilot nicht lediglich in 99 %, sondern in 99,9999 % der möglichen Szenarien richtig reagieren.

Als kleines Weihnachtsgeschenk an seine wachsende Fangemeinde ließ Elon Musk einige Bilder aus dem Innern der im Bau befindlichen Gigafactory veröffentlichen. Zu Spekulationen gab ein Foto Anlass, auf dem die Fabrik als »Gigafactory 1« bezeichnet wurde – dies legte fraglos die Errichtung weiterer Gigafactorys nahe. Vor allem aber sollten die Bilder jene Kritiker zum Schweigen bringen, die Musk vorwarfen, den Mund zu voll zu nehmen. Tatsächlich dämmerte es mehr und mehr Automobilinteressierten, dass möglicherweise ein Paradigmenwechsel in der Motorisierungsgeschichte begonnen hatte.

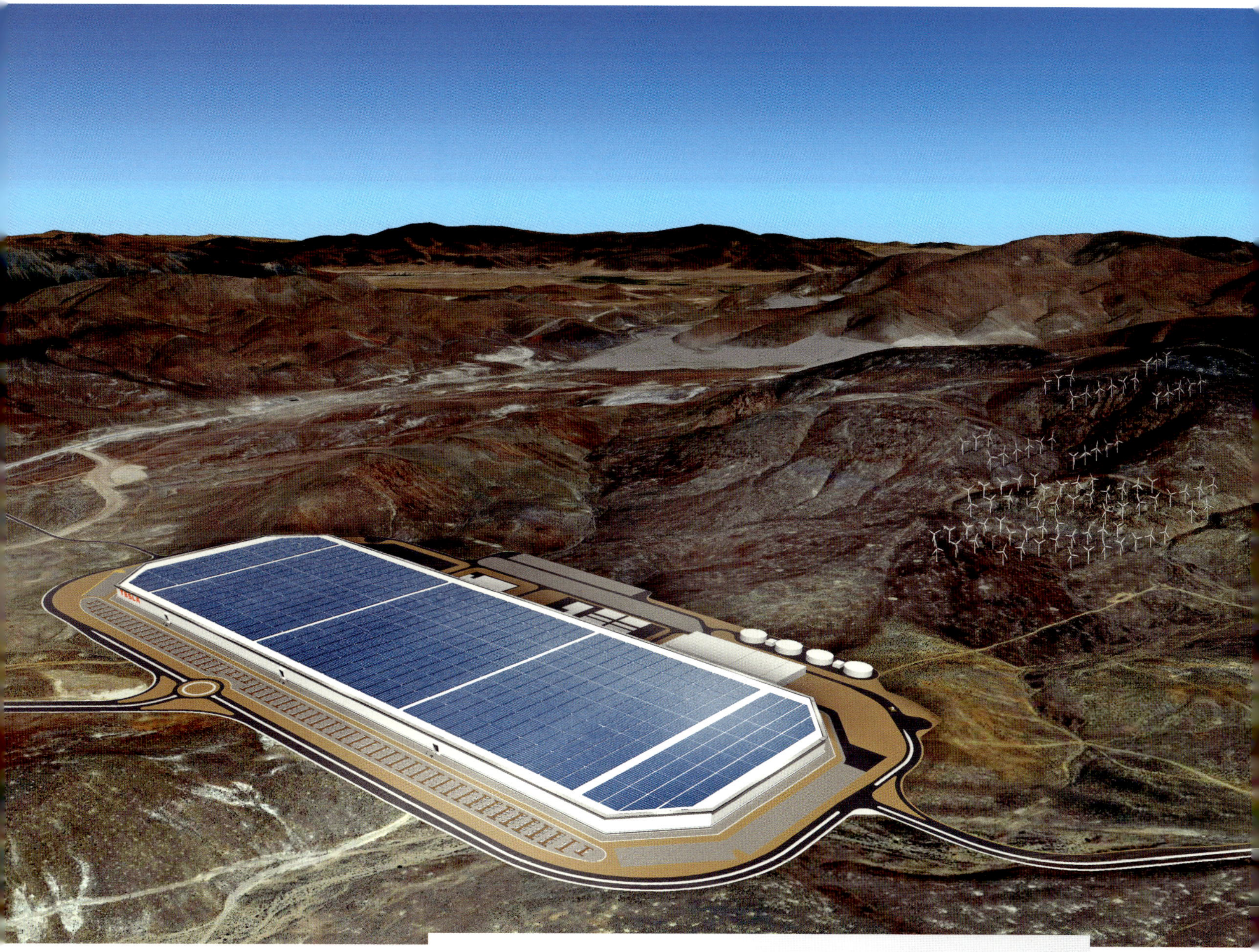

So sollte die Fertigungsstätte zum Produktionsbeginn Ende 2016 aussehen. Bis dahin blieben nur zwölf Monate Zeit. (Bild: Tesla, Inc./Wikimedia Commons)

EXKURS: THE BORING COMPANY

Parallel zur Idee des Hyperloop, bei dem Automobile, Passagiere und Waren in unterirdischen Vakuumröhren transportiert werden sollten, verfolgte Elon Musk einen weiteren Plan. Hierzu benötigte er eine Tunnelbohrmaschine. Da Musk die auf dem Markt erhältliche, herkömmliche Tunnelbohrtechnik zu teuer und zudem veraltet schien, gründete er kurzerhand die Firma »The Boring Company«.

Diesen zweideutigen Namen wählte Musk bewusst, denn er bedeutet nicht nur »Die bohrende Firma«, sondern ebenso »Die langweilige Firma«. Und angesichts der anderen Unternehmungen Musks war dieses neue Unternehmen tatsächlich nicht ganz so aufregend. Es wählte seinen Firmensitz auf dem Gelände von SpaceX in Hawthorne (Kalifornien).

Kein Stau, kein Stress: Automobile und Lkw sollten zukünftig unterirdisch und selbsttätig fahren, um den normalen Straßenverkehr zu entlasten. (Bild: The Boring Company)

Elon Musk plante ein Transportsystem für Automobile und Lkw, bei dem jedes Fahrzeug vor den Toren der Stadt auf einem Loopschlitten parken sollte, der mittels eines Lifts (Loop Lift) in die Erde zum Transporttunnel abgesenkt würde. Dieser Loopschlitten sollte dann automatisiert in den laufenden unterirdischen Tunnelverkehr eingeschleust werden und mit bis zu 200 km/h schienengeführt zum gewünschten Ausstiegspunkt fahren. Am Ziel angekommen, würde der Loopschlitten wieder zur Erdoberfläche steigen, wo das Fahrzeug dann im Straßenverkehr seine Fahrt fortsetzen könnte.

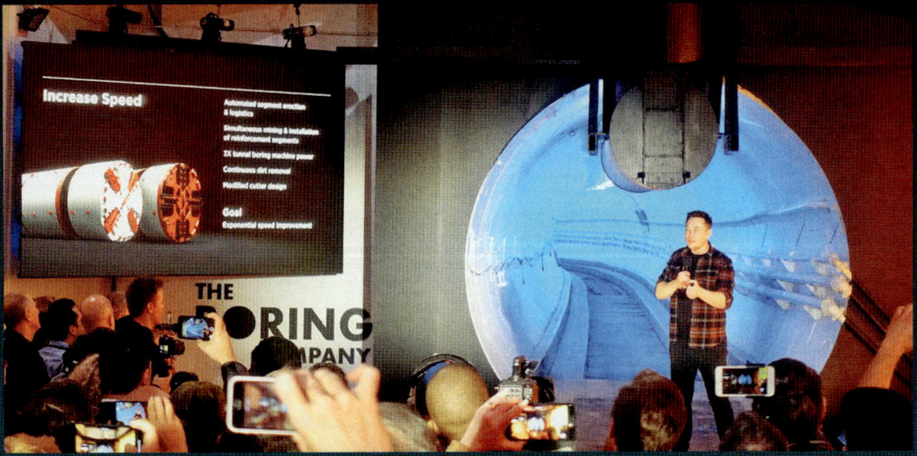

Musks Tunnelbaufirma wurde Ende 2016 gegründet, weil sich der Patron über veraltete und überteuerte Tunnelbohrtechnik ärgerte. (Bild: Steve Jurvetson/Wikimedia Commons)

Kurz nach der Firmengründung im Dezember 2016 startete Musk mit dem Bau eines Testtunnels. Ab Februar 2017 begannen die Arbeiten direkt auf dem Gelände von SpaceX. Hierzu wurde eine Grube mit einer Länge von 15 m, einer Breite von 9 m und einer Tiefe von 4,6 m ausgehoben. Der von Musk hierfür entwickelte Tunnelbohrer verzichtete auf einen herkömmlichen Dieselantrieb. Der Bohrzug mit integriertem Model-3-Akkupack wurde stattdessen von mehreren Elektromotoren angetrieben und erreichte damit ein viel höheres Drehmoment als das Original mit Dieselmotor. Schon wenige Wochen darauf erteilte die Stadt Hawthorne die Genehmigung für einen einspurigen Tunnel, der 1,83 km lang und über 3,8 m breit sein sollte.

Der erste Abschnitt des Hawthorne-Tunnels, einschließlich der Liftstation (Loop Lift), wurde bereits im Dezember 2018 fertiggestellt. Der gesamte Tunnel inklusive Lüftung, Sicherheitssystemen, Beleuchtung, Videokameras und Kommunikationstechnik kostete gerade einmal zehn Millionen US-Dollar – zufälliger- und eigenartigerweise exakt so viel, wie der Verkauf der The-Boring-Company-Flammenwerfer[62] in die Kasse gespült hatte. Immerhin: Elon Musks Ziel, den Tunnelbau um den Faktor 10 zu verbilligen, schien aufzugehen.

Zu dieser Demonstration und den technischen Möglichkeiten erklärt The Boring Company zusammenfassend: »Ziel ist es, zu zeigen, dass ein Lift auf sehr kleiner Grundfläche und innerhalb bestehender Gebäude gebaut werden kann, unabhängig davon, ob es sich um Häuser, Bürogebäude oder Einzelhandelsparkplätze handelt. In Zukunft könnte man in jedem Bürogebäude im Untergeschoss einen Aufzug haben, der extrem bequeme Pendelfahrten ermöglicht.«[63]

Insgesamt bietet das Unternehmen The Boring Company seinen Kunden drei unterschiedliche Produktlinien, die grundsätzlich aus einem oder mehreren Tunnelröhren, Projektierungs- und Planungsunterlagen sowie Umweltprüfungen und Genehmigungen bestehen.

1. **Loop Transportation System:** Diese Produktlinie besteht aus zwei Tunneln, Stationen, Lüftungs-/Ausgangsschächten, Loopschlitten und internen Systemen wie Beleuchtung, Kommunikation, Videoüberwachung sowie Brand- bzw. Lebensrettung.
2. **Leitungstunnel:** Diese Tunnelauslegung kann nicht nur diverse Versorgungsleitungen beinhalten, sondern auch eine oder mehrere Wasserröhren. Der Vorteil dieser Produktlinie ist ein bequemer Wartungszugriff auf eine oder mehrere Versorgungseinrichtungen ohne Oberflächengrabungen.
3. **Wassertunnel:** Mit dieser Produktlinie lassen sich kostengünstig Wasser- oder Abwassertunnel erstellen.

Im Jahr 2020 arbeitet The Boring Company an mehreren, zum Teil großen Tunnelprojekten. So beispielsweise in Las Vegas, in Chicago, in Washington D.C. oder in Los Angeles. Elon Musk kommt seiner Vision damit Stück für Stück näher. Bis er sein eigentliches Fernziel erreicht, nämlich den Tunnelbohrer zum Bau einer autarken Marskolonie einzusetzen, dürfte es hingegen noch ein wenig dauern.[64]

Hawthorne-Tunnel: Musks erklärtes Ziel ist es, mit seinem neuen Unternehmen den Tunnelbau um den Faktor 10 zu verbilligen. (Bild: The Boring Company)

Chicago Express Loop: 2020 arbeitet Elon Musk an mehreren zukunftsträchtigen Großprojekten. (Bild: The Boring Company)

2016 2017

TESLA WIRD ZUM GROSSSERIEN-HERSTELLER

Das Jahr 2016 begann nicht gut für Tesla Motors: In Dänemark, einem durch die staatliche Unterstützung weltweit wichtigsten Märkte des Unternehmens, wurde zum 1. Januar 2016 die steuerliche Förderung von Elektrofahrzeugen stark reduziert. Auch das Model X war weitaus schlechter in den Markt gegangen als prognostiziert. Noch immer hinkte die Produktion den Planungen weit hinterher, während die Liste an Bestellungen für das Modell immer länger wurde.

Lediglich 208 Model X hatte Tesla Motors von Ende September bis zum 31. Dezember 2015 ausgeliefert – damit ließ sich als Automobilhersteller schwerlich überleben. Auch in China war das Geschäft trotz aller Bemühungen hinter den Erwartungen zurückgeblieben. Zudem war dort der Verkauf des Tesla X, von dem sich Elon Musk große Erträge versprach, noch nicht angelaufen. Die Markteinführung wurde von Anfang auf Mitte 2016 verschoben. Immerhin sollten laut Planung im Premierenjahr noch rund 5000 Tesla Fahrzeuge ins Reich der Mitte verkauft werden.

Diese Prognose war sehr optimistisch, denn unverändert galten für die Tesla Modelle hohe Einfuhrzölle. Damit lagen die Typen S und X preislich weit im Luxussegment. Doch wer Elon Musk bei seinen öffentlichen Auftritten zuhörte, hatte nicht das Gefühl, dass ihn die Probleme rund um den Vertrieb des Model X sehr interessierten. Zwar war dieses Modell gerade erst auf den Markt gekommen, doch Musks Aufmerksamkeit galt dem neuen Model 3 (interner Codename »Bluestar«).

Bald wurde der CEO konkreter: Das Model 3 mit seinem geplanten Preis von 35.000 Euro sollte über weniger technische Gimmicks verfügen als S und X. Es sollte bodenständiger werden und weniger die Messlatte für das technisch Machbare sein. Dies nicht ohne Grund, denn während die deutschen Hersteller außer Ankündigungen immer noch wenig zu bieten hatten, setzte General Motors ein klares Zeichen. Auf der traditionell im Januar stattfindenden Detroit Motor Show zeigte GM-CEO Mary Barra den nun nahezu serienreifen Chevrolet Bolt. Der kompakte Van, der seine Ähnlichkeit mit dem Opel-Erfolgsmodell Zafira nicht leugnen konnte, sollte in den USA schon ab Herbst 2016 verkauft werden. 320 Kilometer Reichweite zu einem Preis von rund 30.000 Euro (nach Abzug der staatlichen Förderung in den USA) sollte genügend Kunden überzeugen, um den Bolt zu einem Volumenmodell zu machen. Ab Frühjahr 2017 sollte der Chevrolet Bolt definitiv auch in modifizierter Form von Opel angeboten werden.

Mit Faraday Future trat ein weiterer Wettbewerber für Tesla Motors auf den Plan. Allerdings hüllte sich das Unternehmen zunächst völlig in Schweigen. Bekannt war lediglich, dass ein solventer chinesischer Investor viel Geld in die Hand nehmen wollte, um zukünftig Elektroautomobile zu bauen. Spekuliert wurde, ob eventuell Apple mit seinem Automobilprojekt hinter der geheimnisvollen Firmengründung steckte. In Las Vegas zeigte Faraday Future dann den Prototyp »FFZERO1«, der in jeder Hinsicht enttäuschte. Zu sehen war ein protziger re-

Vor allem Probleme mit dem aufwändigen Falcon Wing Doors hatten den Serienstart des Tesla X verzögert. Nun folgte ein gerichtliches Nachspiel. (Bild: Motor Blog/Wikimedia Commons)

alitätsferner Sportwagen mit einer Leistung von 736 kW/1000 PS, der keinerlei Bezug zu einem Serienfahrzeug hatte. Da der gezeigte Prototyp überdies einen Beweis seiner Fahrtüchtigkeit schuldig blieb, verloren Presse und Öffentlichkeit schnell das Interesse an Faraday Future. Wie es schien, war dieses Unternehmen nichts anderes als ein weiterer »Papiertiger« der Elektromobilitätsbranche.

Unterdessen spielte Elon Musk weiter gekonnt auf der Klaviatur des Marketings: Bei öffentlichen Auftritten spannende Gerüchte streuen, interessante Andeutungen fallen lassen und vollmundige Versprechungen zu künftigen Neuerungen abgeben – darin zeigte sich der Firmenpatron als wahrer Meister. Dementsprechend war es kein Zufall, dass er bei einer Veranstaltung in Hongkong eine Powerpoint-Folie zeigte, in der neben den aktuellen Modellen zwei verhüllte Fahrzeuge standen. Sofort begannen sich Gerüchte darum zu ranken, ob dieses Modell »Y« heißen sollte und speziell für ein jüngeres Publikum konzipiert sein könnte. Tatsächlich hatte schon im Herbst 2015 das deutsche Fachmagazin AUTO BILD über ein solches Modell orakelt[65], das kostengünstig auf Basis des Model 3 entstehen könnte. Obwohl diese Gerüchte dementiert wurden, geisterten diesbezüglich immerfort neue Meldungen durch die Medien.

Auf der Suche nach einem Spezialisten, der die Weiterentwicklung des Autopiloten vorantreiben sollte, war Elon Musk ein personeller Coup gelungen. Mit Jim Keller, dem ehemaligen CPU-Chefentwickler des US-amerikanischen Chip-Herstellers AMD (Advanced Micro Devices), hatte er einen hochkarätigen Entwickler akquiriert, der bei Tesla Motors fortan als Vice President of Autopilot Hardware Engineering beschäftigt war.

In Deutschland wachte die Politik langsam auf, denn plötzlich wurde über eine Förderung für Elektroautos diskutiert. Ob, wann und in welcher Höhe diese realisiert werden würde, blieb wie zu erwarten offen. Anders gesagt: Die deutschen Hersteller hatten so lange auf Zeit gespielt, dass es nun auf Wochen auch nicht mehr ankam.

Unterdessen hatte Tesla Motors den Schweizer Zulieferer Hoerbiger Automotive verklagt, der mit der Entwicklung der Türen des Tesla X beauftragt gewesen war. Da der hydraulische Klappmechanismus laut Tesla Motors nicht wie gewünscht funktionierte, stattdessen die verbauten Hydraulikteile Öl verloren und zudem die Mechanik überhitzte, hatte sich Elon Musk von dem Zulieferer getrennt. Hiergegen hatte sich Hoerbiger Automotive, mit 8000 Beschäftigten ein weltweit agierender Automobilzulieferer mit entsprechendem Know-how, schriftlich gewehrt. Da Hoerbiger Automotive einen noch ausstehenden größeren Geldbetrag von Tesla forderte und Tesla Motors sich dafür nicht in der Pflicht sah, landete der Vorfall schließlich vor dem United States District Court in San José (Kalifornien).

In einer ausführlichen Pressemitteilung verkündete das Unternehmen:

»Zug, 25. Januar 2016 – Am 19. Januar 2016 hat Tesla Motors, Inc. am United States District Court in San José, California, Klage gegen HOERBIGER Automotive Comfort Systems LLC, Auburn, Alabama, erhoben. Die Klageschrift unterstellt, Tesla habe die Geschäftsverbindung mit HOERBIGER beendet, weil HOERBIGER die spezifizierten Anforderungen an das hydraulische Antriebs-

In den USA fuhren bereits die ersten Prototypen des Model 3 völlig unverhüllt in der Öffentlichkeit. An Werbewirksamkeit ließ sich das kaum überbieten. (Bild: Smnt/Wikimedia Commons)

Zur offiziellen Präsentation des Model 3 bildeten sich weltweit vor den Tesla Stores lange Warteschlangen. Manche Interessenten übernachteten sogar vor dem Store, um zu den ersten Bestellern zu gehören. (Bild: Aaron Muszalski/Wikimedia Commons)

system für die »Falcon Wing« Türen des Tesla Model X nicht erfüllt habe. HOERBIGER weist diese Sichtweise entschieden zurück. [...]

HOERBIGER hat alle mit Tesla Motors, Inc. vereinbarten Anforderungen erfüllt. HOERBIGER stand deshalb seit der einseitigen Kündigung mit Tesla in Verhandlungen über eine angemessene Entschädigung für Kosten im Zusammenhang mit Design und Engineering, Personalaufwand in Management, Entwicklung und Produktion sowie dem Aufbau der Materialversorgung und Produktions-Infrastruktur – einschließlich vertraglicher Verpflichtungen gegenüber den Lieferanten von HOERBIGER. Die Darstellung in einigen Medienberichten, dass HOERBIGER für das Design der Türen des Tesla Model X verantwortlich gewesen sei, trifft nicht zu. HOERBIGER war von Anfang an lediglich mit der Entwicklung und Produktion hydraulischer Türantriebe beauftragt. Zu keinem Zeitpunkt war HOERBIGER für die Entwicklung von Elektronik und Software zur Steuerung des symmetrischen Bewegungsablaufs sowie zur Vermeidung von Überhitzung verantwortlich.«[66]

Obwohl der Tesla X noch nicht in Deutschland verfügbar war, wurde ein erstes Exemplar auf deutschen Straßen gesichtet. Diese Meldung wäre keiner Erwähnung wert gewesen, hätte das Nummernschild nicht mit dem Kürzel »IN« (für Ingolstadt) begonnen. War das bloß Zufall oder hatte Audi sich über einen Strohmann einen Tesla X gekauft, der nun ausgiebig getestet wurde? Leider konnte nicht in Erfahrung gebracht werden, wo das Bild aufgenommen worden war.

Elon Musk, der Ende Januar 2016 von seinem Optionsrecht Gebrauch gemacht und 532.000 Tesla-Aktien erworben hatte, präsentierte Mitte Februar

Auf einer Aktionärsversammlung musste sich Elon Musk 2016 dem kritischen Publikum stellen. Nach wie schrieb Tesla Motors horrende Verluste. (Bild: Steve Jurvetson/Wikimedia Commons)

Die Präsentation des Model 3 wurde natürlich von Elon Musk entsprechend zelebriert. Links im Bild der Tesla X, rechts im Bild der neue, preiswertere Typ. (Bild: Steve Jurvetson/Wikimedia Commons)

die neuen Geschäftszahlen. Satte 320,4 Millionen US-Dollar Verlust hatte das Unternehmen in den vergangenen drei Monaten geschrieben, was die Investoren nicht zu interessieren schien. Auf der anderen Seite stand ein Umsatzanstieg um 27 Prozent auf 1,21 Milliarden US-Dollar. 17.478 Fahrzeuge hatte Tesla Motors im letzten Quartal 2015 ausgeliefert. Dies war die Nachricht, die interessierte – die Aktie des Unternehmens schoss um 11 Prozent in die Höhe.

Während auf der einen Seite die Tesla-Enthusiasten und Early Adopters an den Lippen von Elon Musk hingen und jedes seiner Versprechen glaubten, standen auf der anderen Seite die Skeptiker, die vorrechneten, wie lange der Automobilhersteller noch überlebensfähig war. Zweifellos musste möglichst bald die Gewinnschwelle erreicht werden, um das Weiterbestehen des Unternehmens zu sichern. Doch davon war Tesla Motors unverändert weit entfernt. Alles in allem erinnerte das Geschäftsmodell von Tesla Motors viele Kritiker immer noch arg an die Zeit kurz vor dem Platzen der »Dotcom-Blase« ...

Nur noch mit Kopfschütteln wurde die neue Meldung aus dem Privatleben von Elon Musk quittiert: Denn nach der Heirat im Jahr 2010, der folgenden Scheidung Anfang 2012, der Wiederheirat im Sommer 2013, der zweiten Scheidung gegen Ende des Jahres 2014 und der Rücknahme der Scheidung im Jahr 2015 folgte im März 2016 die erneute, dritte Scheidung von Elon Musk und Talulah Riley.

Auch ein anderer Abschied wurde offiziell, denn Daimler trennte sich von Tesla Motors. Damit hatten die Stuttgarter nicht nur ihr finanzielles Engagement bei Tesla beendet, sondern auch die Kooperation. Allerdings sollte diese Entscheidung nicht das Ende, sondern den Anfang einer neuen Phase der Elektromobilität des Konzerns markieren, denn es war beschlossen worden, eine neue Batteriefabrik im sächsischen Kamenz zu errichten. 500 Millionen Euro wollte Daimler investieren, um schon 2017 über eigene Batterien zu verfügen.

Bei Tesla bildeten sich seit dem 30. März 2016 rund um den Erdball lange Menschenschlangen vor den Stores. Interessenten warteten dort geduldig, um direkt vor Ort und ohne Verzögerung ein

Auch der Tesla 3 war optisch wohlproportioniert. Als sehr gelungen wurde von den Anwesenden die von Designer Franz von Holzhausen modellierte Heckpartie gelobt. (Bild: Steve Jurvetson/Wikimedia Commons)

Auto bestellen zu können. Der Grund war, dass am 31. März das Tesla Model 3 in seriennaher Form gezeigt werden sollte. Die öffentliche Aufmerksamkeit rund um das neue Volumenmodell ging so weit, dass selbst renommierte deutsche Magazine wie das MANAGER MAGAZIN auf ihrer Website einen Liveticker zur Vorstellung des neuen Tesla-Modells einrichteten.

Natürlich veranstaltete Elon Musk wieder eine große Show rund um die Präsentation des Model 3, das ungefähr wie ein kleineres Model S aussah, wenn auch nicht ganz so gefällig proportioniert. Verstörend und optisch wenig gelungen wirkte auf viele Betrachter die kahle Fahrzeugfront, denn die Gestalter rund um Franz von Holzhausen hatten beim Model 3 wie beim Model X komplett auf einen Kühlergrill verzichtet. Nicht einmal eine kleine Attrappe wie beim Model S war zu sehen. Als Reichweite gab Elon Musk rund 350 Kilometer (215 Meilen) an, die der Tesla 3 basierend auf dem Fahrzyklus der EPA mit einer Batterieladung erreichen sollte.[67]

Angesichts des gelungenen medialen Auftritts sowie des optisch und preislich attraktiven Fahrzeugs entstand sofort ein weltweiter Hype um den Tesla 3, der in einer unvorhersehbaren Flut von Vorbestellungen mündete. Schon nach knapp einer Woche wurden rund 325.000 Reservierungen für das neue Modell gezählt. Für lediglich 1000 US-Dollar bzw. 1000 Euro konnte sich ein Interessent einen Tesla 3 reservieren, der in Europa voraussichtlich rund 31.000 Euro kosten würde. Dabei geriet nahezu in Vergessenheit, dass die Produktion erst ab Ende 2017 beginnen sollte. Erst dann würden auch erste Probefahrten möglich sein. Spannend war die Frage, wie Tesla diese Auftragsflut abarbeiten wollte. Vom Tesla S waren bislang lediglich einige tausend Exemplare entstanden, und die Serienfertigung des Tesla X war mehr als holprig angelaufen – und nun sollten innerhalb kurzer Zeit mehrere 100.000 Tesla Model 3 gefertigt werden? Das passte nicht recht zusammen.

In Deutschland wurde zu dieser Zeit endgültig beschlossen, die Elektromobilität gesetzlich zu fördern. Einerseits sollte für 300 Millionen Euro eine flächendeckende Ladeinfrastruktur aufgebaut werden, darüber hinaus erhielten Käufer eines reinen Elektrofahrzeugs eine Prämie von 4000 Euro, die eines Plug-in-Hybrids immerhin noch 3000 Euro als Förderung. Die Subventionssumme sollte 1,2 Milliarden Euro betragen, wobei Staat und Industrie sich die Kosten jeweils zur Hälfte teilen würden.

Die Prämie wurde jedoch auf Fahrzeuge mit einem Netto-Listenpreis von maximal 60.000 Euro beschränkt – damit blieben die großen Tesla Modelle außen vor. Während ein Teil der Kritiker die Förderungskriterien der Bundesregierung bemängelte, wies ein anderer Teil darauf hin, dass in den USA nur Fördergelder an die Käufer flossen, bis ein Hersteller 200.000 Elektrofahrzeuge hergestellt hatte. Dies bedeutete, dass die meisten zukünftigen Käufer eines Tesla Model 3 ebenfalls leer ausgehen würden.

Unterdessen stellte Tesla Motors den Batterieforscher Prof. Jeff Dahn nun fest an, statt ihn wie bislang mit Forschungsgeldern auszustatten. Ab dem 8. Juni 2016 sollte Dahn ganztägig bei Tesla Motors arbeiten. Und jetzt, nachdem die Förderung der Elektromobilität in Deutschland beschlossen war, gab es aus Wolfsburg sofort öffentliche Überlegungen hinsichtlich des Baus einer eigenen, groß angelegten Batteriefabrik.

Elon Musk elektrisierte mit seinem Auftritt nicht nur die Präsentationsgäste. Binnen weniger Minuten gingen mehr als 130.000 Reservierungen für den Tesla 3 ein. (Bild: Steve Jurvetson/Wikimedia Commons)

Im Sommer 2016 kam das Model S in den Genuss einer ersten Modellpflege. Sowohl Exterieur wie Interieur profitierten von verschiedenen Aufwertungen. (Bild: Tesla, Inc.)

Während in Deutschland noch über das Für und Wider einer in unbestimmter Zukunft eigenen Batteriefertigung diskutiert wurde, gingen in den USA im Mai die ersten Einladungen zur Eröffnungsfeier der Gigafactory in die Post. Tatsächlich sollte die Gigafabrik bereits am 29. Juli 2016 eingeweiht werden. Wie bereits gemutmaßt, würden dort zukünftig neue, größere Batteriepacks entstehen. Statt des Typs 18650 sollte fortan der Zelltyp 20700 gebaut und in die neuen Modelle eingesetzt werden.

Nicht nur das: Tesla Motors hatte zudem weitere 485 Hektar Bauland gekauft, um die Gigafactory bei Bedarf zu vergrößern. Statt der geplanten vier Teilabschnitte mit einer Produktionsfläche von 930.000 Quadratmetern, konnte diese in Zukunft auf sieben Teilabschnitte wachsen. Dann stünden Tesla Motors 2.230.000 Quadratmeter an Produktionsfläche zur Verfügung. Noch spannender war indes die Aussage, dass sich innerhalb kurzer Zeit bis zu 14 weitere Unternehmen als Geschäftspartner in Nachbarschaft zur Gigafactory ansiedeln würden.

Für Ernüchterung sorgte die Meldung, dass das Laden per Supercharger für die künftigen Besitzer eines Tesla Model 3 nicht kostenfrei sein würde. Die Option dazu musste bei der Konfiguration des Fahrzeugs aufpreispflichtig mitbestellt werden. Immerhin wurde nun langsam offensichtlich, wie das Geschäftsmodell von Tesla Motors zukünftig aussehen könnte.

Im Sommer 2016 wurde dem Tesla Model S ein erstes Facelift zuteil; hierbei wurden einige Änderungen am Exterieur und Interieur vorgenommen: An der Front verschwand der Kühlergrill nahezu völlig, dafür gab es wie schon beim Model X einen optionalen HEPA-Hochleistungs-Schwebstofffilter (HEPA = High Efficiency Particulate Air Filter) mit Biowaffen-Schutzmodus, LED-Scheinwerfer, ein optionales Akku-Upgrade für den 70-kWh-Akku auf 75 kWh, eine serienmäßige hohe Mittelkonsole mit Ablagefächern (wie beim Model X) sowie eine optionale Handyvorbereitung.

Zum HEPA-Filter schrieb Tesla Motors im Frühsommer 2016 in einer Meldung: »Das Endresultat ist ein um mehrere Hundert Mal effizienteres Filtersystem als die herkömmlich in Autos verwendeten. Es versorgt Fahrer und Passagiere mit der bestmöglichen Kabinenluft, unabhängig von jedweden Vorkommnissen in der direkten Umgebung. Das Luftfiltersystem wurde in mehreren realen Alltagsszenarien umfangreichen Tests unterzogen, von Stausituationen in der Rush Hour auf kalifornischen Highways über Fahrten durch geruchsintensives Sumpfland bis hin zu Müllkippen oder chinesischen Großstädten. Wir wollten sicherstellen, dass das System Feinpartikel, Gasverschmutzung, Bakterien, Viren, Pollen und Sporen fassen und eliminieren kann.«[68]

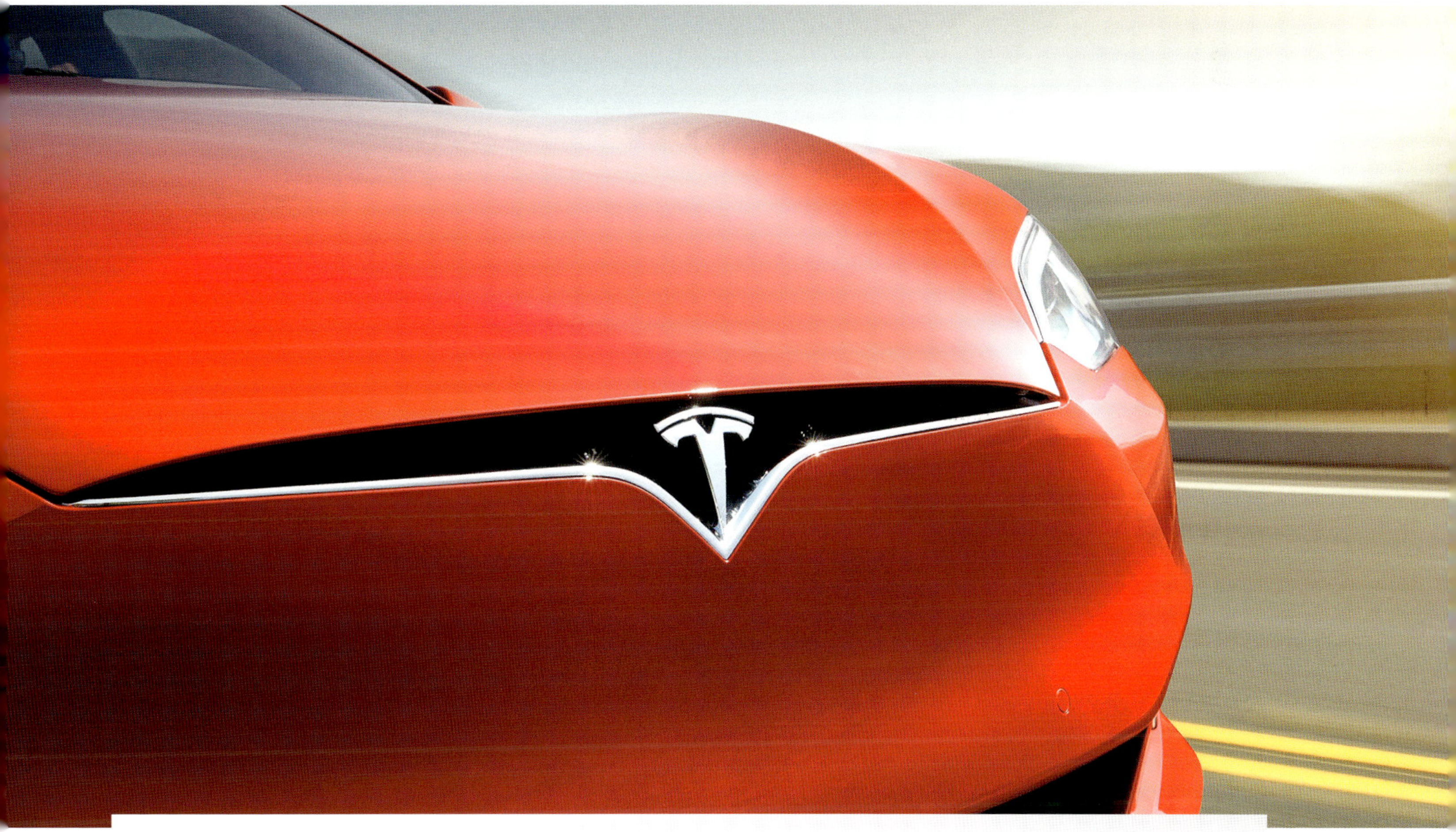

Im Rahmen der Modellpflegemaßnahme verschwand der Kühlergrill nahezu völlig, was beileibe nicht jedem Betrachter gefiel. (Bild: Tesla, Inc.)

An der Wagenfront strahlten fortan LED-Scheinwerfer. (Bild: Tesla, Inc.)

Interessant war der Launch einer Einstiegsvariante des Model S mit einer reduzierten Leistung von 60 kWh. Diese wurde den Vorbestellern eines Model 3 von Tesla Motors proaktiv angeboten, um den bevorstehenden Auftragsstau beim kleineren Typ abzufedern.

Für Unbehagen sorgte indes die Nachricht über den ersten tödlichen Unfall mit eingeschaltetem Autopiloten in einem Tesla Model S. Dabei hatte der Autopilot an einer Kreuzung einen querenden Sattelzug übersehen, weil sich die seitliche weiße Plane des Lkw nicht stark genug von der Farbe des Himmels unterschieden hatte. Der Tesla bohrte sich daraufhin ungebremst in die Flanke des Sattelschleppers. Die US-Verkehrsaufsicht (NHTSA) leitete dazu im Juli 2016 eine Untersuchung ein. Gleichzeitig wurden Gerüchte laut, dass der Fahrer mit seinen Händen nicht wie vorgeschrieben das Lenkrad umfasst hatte, um bei einer Fehlfunktion des Autopiloten eingreifen zu können.

Überlagert wurde diese von den Medien gierig aufgegriffene Nachricht durch das Warten auf die Eröffnung

Dem Innenraum wurde serienmäßig eine hohe Mittelkonsole zuteil. (Bild: Tesla, Inc.)

der Gigafactory, die ungeachtet aller Unkenrufe planmäßig realisiert wurde. Damit hatte Elon Musk entgegen aller kritischen Kommentare das nächste Großprojekt zum Laufen gebracht. Spätestens jetzt wurde deutlich, wie schnell der Wandel im Automobilsektor voranschritt – und wer hier die Führungsposition markierte.

Sommer 2016: Nachdem Jérôme Guillen im März 2015 von seinem Posten als Vice President of Global Sales and Service abgelöst worden war, und nicht ganz klar war, ob und in welcher Funktion er bei Tesla Motors bleiben würde, wurden von Elon Musk nun Fakten präsentiert: Guillen war seit Anfang 2016 für den Bereich »Tesla Semi« verantwortlich. Tesla Semi war eine ganz neu geschaffene Abteilung, die sich um die Entwicklung eines Lkw bzw. Sattelschleppers kümmern sollte. Schon im Jahr 2017 würde das serienreife Nutzfahrzeug präsentiert werden. Auch ein kleineres Nutzfahrzeug wurde avisiert, das auf Basis des Model X entstehen sollte.

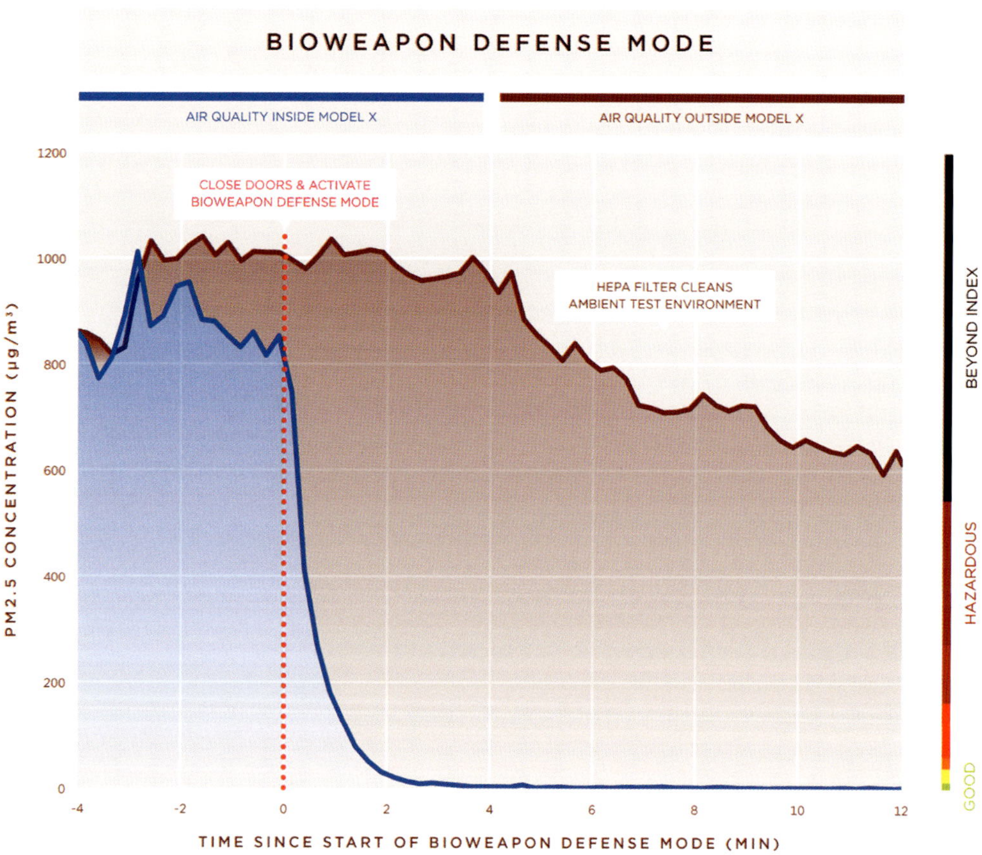

Das Model S wurde wie bereits der Tesla X mit einem HEPA-Hochleistungs-Schwebstofffilter mit Biowaffen-Schutzmodus aufgerüstet, der die Luft für die Insassen reinigen sollte. (Bild: Tesla, Inc.)

Immer wieder tauchten Gerüchte um ein mögliches Model Y in den Medien auf. Dieses mittlerweile auch von Musk erwähnte Modell war als kompakter SUV auf der Plattform des Model 3 geplant und sollte nach diesem präsentiert werden. Zu welchem genauen Zeitpunkt der neue Typ auf den Markt kommen würde, blieb indes offen; ebenso, ob es die teuren Flügeltüren des Model X erben oder mit konventionellen Türen gebaut werden würde. Allerdings wurde bald offene Kritik laut, denn viele Interessenten wünschten sich eher eine geräumige Kombi-Version des Model 3 als einen weiteren SUV.

Konkreter wurden nun auch die Pläne zur Batteriefertigung in der Gigafactory. Hierzu erläuterte TESLAMAG: »Erst im Juni haben wir darüber berichtet, dass Tesla in der Gigafactory Batteriezellen des Typs ›20700‹ verarbeiten wird. Im Gegensatz zu den aktuell verbauten Batteriezellen des Typs ›18650‹, wären diese etwas größer (70 statt 65 mm) und breiter (20 statt 18 mm). Doch offenbar ist auch dieses Vorhaben bereits Schnee von gestern. Denn wie ›Fortune‹ berichtet, wird Tesla mit einem neuen Zelltypen ›21-70‹ in der Gigafactory arbeiten. Diese Batteriezellen haben dieselbe Größe, wie die 20700, sind jedoch minimal breiter (21 statt 20 mm). Da die letzte Ziffer in der Bezeichnung der Zellen sowieso keine Rolle spielt, lässt Tesla diese komplett weg.«[69]

Im August kam dann die überraschende Nachricht, dass Tesla Motors das Unternehmen SolarCity zu einem Preis von 2,6 Milliarden US-Dollar (ca. 2,3 Milliarden Euro) kaufen wolle. Bezahlt

Zur Eröffnung der Gigafactory 1 verkündete Elon Musk, dass eine Gigafactory 2 in Planung sei und über eine Gigafactory 3 nachgedacht würde. Vorerst aber wurde an der Gigafactory 1 weitergebaut. (Bild: Tesla, Inc.)

werden sollte in Aktien von Tesla Motors. Spannender als die Nachricht aber war das neue Produkt: Statt unschöner Solarmodule auf dem Dach sollten künftig die Dachziegel selbst als Solarmodule dienen. Damit ließen sich Dächer direkt und kostensparend zu Solardächern umbauen.

Ungeschickt und dreist zeigte sich unterdessen der Versuch eines Managers aus der US-amerikanischen Ölbranche, an geheime Informationen zu den Vorbestellungen zum Tesla Model 3 zu gelangen. Todd Katz, der Finanzchef der Quest Integrity Group, schrieb den Tesla-Finanzvorstand Jason Wheeler an, um von ihm diese Informationen zu erhalten. Dies tat er, indem er sich als Elon Musk ausgab und eine falsche E-Mail-Adresse mit dem Namen von Elon Musk gebrauchte. Da er jedoch die Adresse elontesla@yahoo.com benutzte und nicht etwa die Domain tesla.com verwendete, wurde Jason Wheeler stutzig und meldete den Vorfall der Polizei. Todd Katz wurde von Tesla Motors verklagt, worauf es zu einer Gerichtsverhandlung kam. Todd Katz trat daraufhin von seinem Posten als Finanzchef der Quest Integrity Group zurück.

Elon Musk wollte nun eine neue Finanzierungsrunde einberufen, um Geld für den Produktionsanlauf des Model 3 zu sammeln. Um Zweifel auszuräumen, war es wichtig, das 3. Quartal 2016 mit einem ausgeglichenen Ergebnis abzuschließen – entsprechend drängte Musk seine Mitarbeiter, in den nächsten Wochen möglichst viele bestellte Autos auszuliefern. Dies ging soweit, dass Tesla-Mitarbeiter bei Kunden anriefen, um sie zu bitten, ihren Auslieferungstermin ins 3. Quartal vorzuziehen. Im Oktober wurden schließlich die neuen Quartalszahlen veröffentlicht: Tatsächlich hatte Tesla es geschafft, das 3. Quartal mit einem Überschuss von 22 Millionen US-Dollar (0,14 USD pro Aktie) abzuschließen.

Wer bislang an der Stichhaltigkeit von Musks Geschäftsidee gezweifelt hatte, der bekam nun die Antwort. Denn aus dem Tesla-Hauptquartier wurde mitgeteilt, dass Neukunden ab dem Jahr 2017 ihren Tesla nicht mehr kostenfrei an einem Supercharger aufladen können. Stattdessen würde zukünftig lediglich ein kleines Kontingent (»Supercharger Credits«) von 400 kWh jährlich kostenfrei zur Verfügung stehen – damit ließen sich gerade einmal 1600 Kilometer bewältigen.

Dass Elon Musk mit dem Model 3 große Ziele verfolgte, wurde auch an anderer Stelle offensichtlich – beispielsweise in Deutschland: So kaufte Tesla Motors im November 2016 kurzerhand

Entgegen aller Unkenrufe eröffnete Elon Musk erste Fertigungsbereiche der Gigafactory 1 planmäßig im Juli des Jahres 2016. (Bild: Tesla, Inc.)

den deutschen Maschinenbauer Grohmann Engineering. Das in Prüm (Rheinland-Pfalz) beheimatete Unternehmen war 1963 gegründet worden und galt als einer der führenden Entwickler von automatisierten Produktionsanlagen. 2016 arbeiteten dort mehr als 700 Beschäftigte, die einen Jahresumsatz von über 95 Millionen Euro (Konzernabschluss 2014) erwirtschafteten. Über den Kaufpreis wurde strenges Stillschweigen vereinbart. Innerhalb der neuen Dachorganisation »Tesla Advanced Automation Germany« sollten allein bei »Tesla Grohmann Engineering«, wie die Firma fortan hieß,

Die Produktion von Akkupacks für stationäre Stromspeicher lief bereits seit Frühjahr 2016. Nach Fertigstellung der nächsten Bauabschnitte sollten in der Gigafactory zusätzlich Elektromotoren und Antriebseinheiten produziert werden. (Bild: Tesla, Inc.)

in den nächsten Jahren mehr als 1000 zusätzliche Arbeitsplätze entstehen. Klaus Grohmann, der Gründer von Grohmann Engineering, blieb unverändert Leiter des Unternehmens. Klar war in der Branche, dass Elon Musk damit bei der Transformation vom Hersteller exotischer Kleinserienfahrzeuge hin zum ernstzunehmenden Großserienhersteller einen großen Schritt nach vorne getan hatte.

Zum Jahresende 2016 wurden die Pläne für eine weitere Gigafactory konkreter. Diese Gigafactory 2 sollte definitiv in Europa entstehen, weshalb im Hintergrund bereits rund 300 Gemeinden mit ihren Standorten um die Gunst von Elon Musk buhlten. Allerdings machte dieser keinen Hehl aus dem Faktum, dass die Wahl des neuen Standortes direkt mit der Höhe der zufließenden Subventionen und Steuervergünstigungen verknüpft war.

Auf den grundsätzlichen Wandel der Position der etablierten Automobilhersteller machte ein Gastkommentar im MANAGER MAGAZIN aufmerksam. In diesem Gastbeitrag warnte Stefan Randak, Direktor und Leiter der Praxisgruppe Automotive beim Interim-Management-Anbieter Atreus in München, dass mittlerweile die »Entwicklungskompetenz im Bereich der Elektrifizierung, des autonomen Fahrens und der Car Connectivity überwiegend in den Händen der Zulieferindustrie« läge. Gemäß der Ansicht von Randak seien die großen Automobilhersteller gegenüber Zulieferern wie Bosch, Continental oder Valeo sowie Batterieherstellern wie Panasonic, Samsung und LG mit ihrem Know-how ins Hintertreffen geraten. Sein kritisches Resümee der neuen Situation: »Die großen Zulieferer von gestern stehen heute bereits auf Augenhöhe mit den Autobauern. Es ist nicht auszuschließen, dass einige von ihnen schon morgen selbständig ein eigenes Elektrofahrzeug auf den Markt bringen werden.«[70]

2017

Die Fertigung von Akkupacks für stationäre Stromspeicher lief in der Gigafactory 1 bereits seit Frühjahr 2016 auf kleiner Flamme. Am 4. Januar 2017 startete dort schließlich die Massenproduktion von Lithium-Ionen-Akkumulatoren für die Powerwalls und industriellen Powerpacks. Ab April 2017 sollte dann die Fertigung der neuen Energiespeicher für das Model 3 beginnen. Unverständlich war das Geheimnis, das Elon Musk um den Hersteller der Gehäuse für die Akkus machte: Hinter vorgehaltener Hand wurde von einem deutschen Zulieferer für Batteriekomponenten gemunkelt. Erst im April 2017 wurde bekannt, dass die Heitkamp & Thumann Group die Batteriehülsen lieferte.

Ein wichtiges Thema blieb die Unfallsicherheit. Elon Musk kündigte deshalb im Januar 2017 an, dass der von Tesla Motors entwickelte erweiterte Autopilot (Hardware 2.0) im Vergleich zur Vorgängerversion die Unfallwahrscheinlichkeit um rund 80 % senken werde. Das gesetzte Ziel sei, so erklärte Musk, eine Reduzierung um 90 %. Angesichts der zahllosen Ankündigungen zu diesem Thema, die in den letzten Jahren von Musk verbreitet worden waren, verpuffte diese Meldung ohne weitergehende öffentliche Beachtung.

Unterdessen rückte der Produktionsbeginn des Model 3 näher, und immer drängender stand die Frage im Raum, wie Musk und sein Team diese gewaltige Aufgabe stemmen wollten. Denn es galt ja nicht nur, die Autos in entsprechender Menge zu bauen, was schwierig genug war. Darüber hinaus galt es, die Vertriebsstrukturen der neuen Situation anzupassen. In Deutschland sollte dazu bis Ende 2017 die Anzahl der Tesla-Stores verdoppelt werden, wie Tesla Deutschland-Chef Jochen Rudat in einem Interview erklärte. Statt bislang 13 sollten dann 26 Filialen interessierte Kunden beraten.

Dass Tesla Motors langsam erwachsen wurde, zeigte sich an einer Nebensächlichkeit: Noch vor wenigen Monaten hatte die Namensgebung des neuen Modells als »Model E« für Aufsehen gesorgt, weil Ford gegen die Bezeichnung mit dem Buchstaben »E« interveniert hatte. Daraufhin hatte Elon Musk das »E« durch drei horizontale Striche ersetzt, die optisch sehr an ein »E« erinnerten. Nun aber, nachdem die Typenbezeichnung »Model 3« mehr oder minder gebräuchlich war, wandelte sich auch der offizielle Name des neuen Modells ohne weitere Ankündigung zu »Model 3«.

Der eigentliche Grund für die Änderung der Modellbezeichnung wurde erst einige Woche später publik: Der deutsche Sportartikelhersteller Adidas hatte durch die drei horizontalen Streifen seine Markenrechte verletzt gesehen und beim Patentamt Einspruch eingelegt. Hierzu präzisierte das Online-Magazin MEIN-ELEKTROAUTO: »Adidas ließ mitteilen, dass man sich Tesla nicht entgegensetzen würde, wenn der Modellschriftzug nur für das Auto selbst zum Einsatz käme. Allerdings sei man nicht damit einverstanden, dass Tesla den selbigen Schriftzug auch für Bekleidung nutzen will. Daher hatten die Anwälte von Adidas zwei Einsprüche eingelegt: Einmal, weil man der Meinung ist, dass eine Verwechslungsgefahr besteht und ein weiterer, weil man befürchtet, dass der Ruf verwässert werden könnte.«[71]

Unterdessen hatte die US-amerikanische Bevölkerung einen neuen Präsidenten gewählt: Donald Trump. Seine Devise lautete »America first«. In diesem Zusammenhang drohte er ganz unverhohlen amerikanischen Firmen mit empfindlichen Sanktionen, wenn sie dieser Losung nicht folgten. Die Ford Motor Company zog sofort ihre Pläne für ein neues Werk in Mexiko zurück. Auch Tesla Motors stornierte einen erst im Herbst 2016 abgeschlossenen Vertrag über einen Großauftrag mit einem Wert von 100 Millionen Euro beim deutschen Automobilzulieferer SHW. Natürlich wurde von Ford genauso wie von Tesla dementiert, dass die getroffene Entscheidung irgendetwas mit den Drohungen von Donald Trump zu tun habe, stattdessen wurden fadenscheinige Gründe ins Feld geführt. Auch Fiat-Chrysler (FCA) und GM hatten bereits zu spüren bekommen, dass Donald Trump seine Drohung sehr ernst meinte. Umgehend erklärten die Unternehmen öffentlich, zukünftig vermehrt in den USA zu investieren.

Dass ausgerechnet Elon Musk mit seinen frischen Ideen plötzlich als einer der wichtigsten Berater von Donald Trump gehandelt wurde, machte diese Vorgänge nicht weniger fragwürdig. Zur Erinnerung: Noch wenige Tage vorher hatten Elon Musk und Donald Trump aus ihrer gegenseitigen Antipathie keinen Hehl gemacht. Viele Beobachter fürchteten sogar, dass die Wahl Trumps das Ende von Tesla Motors bedeuten könnte. Zur plötzlich offenbar innigen Beziehung zwischen Elon Musk und Donald Trump konkretisierte das MANAGER-MAGAZIN: »Inzwischen gehört der 45-jährige Musk sogar Trumps Strategie- und Politik-Forum an und ist einer seiner wichtigsten Berater. Bei Industriegipfeln im Trump Tower und dem Weißen Haus saß der Elektroauto-Unternehmer zuletzt ganz in der Nähe des Präsidenten. [...] Und wenn es einen Weltmeister des Opportunismus gäbe – Musk hätte hervorragende Chancen auf den Titel. [...] Sofort nach der Wahl hat Musk deshalb die Nähe von Trump gesucht.«[72] Unvermeidliches Resultat: Der Aktienkurs von Tesla Motors begann deutlich zu steigen.

Nachdem Elon Musk Anfang 2017 nicht nur einem Gremium von 17 Beratern für das strategische Forum von US-Präsident Trump angehörte, sondern mittlerweile auch zu dessen Gremium von Industrievertretern, wuchs merklich der Unmut unter seinen Bewunderern. Musk veröffentlichte daher seine Sicht der Dinge zu diesem Thema. Er führte an, für Trump ein unbequemer Gesprächspartner bleiben zu wollen und vorrangig Themen voranzubringen, die wichtig für die USA und die ganze Welt seien. Um seine Haltung zu bekräftigen, bekannte er sich öffentlich kritisch zum vom Präsidenten verhängten Einreiseverbot für Personen aus bestimmten muslimischen Ländern.

Zum Februar 2017 änderte sich die Firmierung von Tesla Motors: Fortan hieß das Unternehmen offiziell nur noch »Tesla, Inc.«. Diese Umbenennung war nur logisch, da man neben der Automobilproduktion mittlerweile über eine ansehnliche Energiesparte verfügte, deren Produkte ganz regulär über die Tesla-Webseite bestellt werden konnten.

Die US-Schauspielerin Amber Heard, Ex-Frau von Johny Depp, war nun die Neue an Elon Musks Seite. Im April 2017 ging das Paar an die Öffentlichkeit. (Bild: Gage Skidmore/Wikimedia Commons)

Unterdessen kursierten die ersten Werbevideos für das Model 3 in den Medien, und es gelangten mehr und mehr technische Einzelheiten an die Öffentlichkeit. So wurde zum Beispiel klar, dass das Model 3 nicht mit einem 100 kWh-Akkupaket ausgeliefert werden würde, weil der Radstand dafür nicht ausreichte. Natürlich – und das war vorherzusehen – durfte der deutlich kostengünstigere Typ mit seinen Fahrleistungen nicht zu nahe an das große Model S heranrücken. Dies musste sich auch in der verwendeten Technik niederschlagen.

Für Aufregung sorgte eine Nachricht über die Arbeitsbedingungen bei Tesla. Hierbei schimpfte ein Mitarbeiter der NUMMI-Fabrik in Fremont sowohl über das wöchentliche Arbeitspensum als auch über die geringe Bezahlung. Weiterhin beklagte er sich über eine hohe körperliche Belastung, hervorgerufen durch fehlende oder mangelhafte ergonomische Ausstattung der Arbeitsplätze. Musk dementierte diesen Bericht und erklärte, dass es wohl hintergründig darum gehe, die Mitarbeiter von Tesla dazu zu bringen, sich gewerkschaftlich zu organisieren. Hinter dem Bericht, so der Firmenchef weiter, stecke wohl die einflussreiche nordamerikanische Gewerkschaft United Auto Workers (UAW). Ergänzend führte Musk süffisant an, dass ebendiese Gewerkschaft für den finanziellen Ruin des einstigen NUMMI-Werkes verantwortlich gewesen sei.

Während sich vor allem die deutsche Automobilindustrie weiterhin darin übte, die Elektromobilität nach Kräften zu bremsen, kam aus einer völlig unerwarteten Ecke kräftiger Rückenwind für Tesla. Zwar warb Elon Musk in den Vereinigten Arabischen Emiraten auf dem World Government Summit für seine Fahrzeuge und seine Ideen, rannte aber dort bereits offene Türen ein: Die Dubai Taxi Corporation (DTC) bestellte über das Amt für Straßenverkehr (Roads and Transport Authority) kurzerhand 200 Tesla S und X für die Taxiflotte des Emirats.

Ende Februar kursierten die ersten Bilder der Produktionsstraße für das neue Model 3 in den Medien. Ob diese Bilder vorsätzlich als »Leak« in die Presse gegeben oder sie tatsächlich heimlich gemacht wurden, blieb offen. Ein gewisser Sinn für Humor wurde bei Tesla trotzdem offenbar, denn das Schild der Produktionsstraße war mit dem Schriftzug »Area 51« gekennzeichnet, der augenzwinkernd auf das streng geheime US-amerikanische Hochsicherheitsareal verwies.

Spannender waren die technischen Details, die sich auf den Bildern der Pilot-Produktionsstraße des Model 3 erkennen ließen. Der Blick auf die Rohkarosserien, die beim neuen Typ aus Stahl anstatt wie beim Model S aus Aluminium gefertigt waren, zeigte deutliche konstruktive Unterschiede zwischen den beiden Modellen. Diese waren nicht nur kosteneffizienteren Fertigungsmethoden geschuldet, sie wiesen auch darauf hin, dass mit Stahl fortan ein konventionellerer Werkstoff Einzug in die Tesla Produktion hielt. Offen blieb zunächst trotzdem, welche Teile des Model 3 nun am Ende aus Stahl und welche aus Aluminium gefertigt werden sollten. Der US-amerikanische Branchendienst ELECTREK meldete jedenfalls umfangreiche Investitionen der Zulieferer von Aluminiumkomponenten für das Tesla Model 3. Diese sollten sicherstellen, dass ab dem anvisierten Produktionsbeginn im Sommer 2017 genügend Nachschub an Bauteilen zur Verfügung stand.[73]

Grotesk wurde die Situation während eines Conference Calls im Frühjahr 2017 anlässlich der Präsentation der Unternehmenskennzahlen zum 4. Quartal 2016. Auf Fragen von Investoren und Kunden, ob der Termin für die dritte Präsentation der Serienfassung des Model 3 eingehalten werden könne, antwortete Elon Musk mit einer in der Automobilgeschichte bisher wohl einmaligen Aussage: Die Präsentation solle erst nach dem Serienanlauf im Juli 2017 erfolgen. Immerhin konnten die vorgelegten Zahlen zum 4. Quartal 2016 überzeugen, ebenso der Ausblick auf das Jahr 2017.[74]

Parallel zu den Vorbereitungen zum Serienanlauf des Model 3 trieb Musk die Planungen für das Solar-Dachziegelwerk voran. Ende Februar 2017 war der Bau schon nahezu beendet. Die rund 93.000 Quadratmeter große Fabrik, die gemeinsam mit Panasonic betrieben werden sollte, wurde jetzt offiziell »Gigafactory 2« genannt. Gebaut worden war die Produktionsstätte jedoch nicht von Tesla, sondern von der Research Foundation for the State University of New York, an die Tesla fortan jährlich Leasinggebühren zahlen musste. Hier hatte Musk für die nächsten zehn Jahre ein finanziell interessantes Konstrukt ausgehandelt, denn die Leasingkosten betrugen lediglich 2 US-Dollar (!) pro Jahr.

Teaserbild zum Tesla Semi: Die offizielle Vorstellung war für den Spätherbst 2017 vorgesehen. (Bild: Tesla, Inc.)

Wie groß der Kapitalbedarf von Tesla vor dem Serienanlauf des Model 3 war, zeigte die Tatsache, dass Elon Musk umgehend Wandelanleihen und neue Aktien ausgab. Mit dieser Aktion flossen rund ca. 1,2 Milliarden US-Dollar (ca. 1,1 Milliarden Euro) in die Firmenkasse.

Anfang April meldete Tesla einen neuen Produktionsrekord. Im 1. Quartal 2017 waren 25.418 Fahrzeuge abgesetzt worden. Die Aussagekraft dieser Zahl wurde jedoch erst im Vergleich mit den Produktionszahlen des Vorjahres deutlich, denn sie entsprach einer Steigerung um 69 Prozent im Vergleich zum 1. Quartal 2016. Der Aktienkurs an der Nasdaq durchbrach mit 303,70 US-Dollar erstmals die Marke von 300 US-Dollar.

Während Tesla damit zum wertvollsten Automobilhersteller der USA aufgestiegen war und mit einem Börsenwert von 53 Milliarden US-Dollar vor GM und Ford rangierte, wuchs beim in Deutschland zugekauften Unternehmen Tesla Grohmann Automation der Unmut: Einerseits kritisierte die Gewerkschaft das Lohnniveau des Unternehmens, zum anderen war der Gründer und Chef Klaus Grohmann nach einem Streit mit Elon Musk unerwartet aus dem Unternehmen ausgeschieden. Bereits kurz darauf gab Musk bekannt, dass Tesla Grohmann Automation alle Verträge mit anderen Automobilherstellern storniert hatte, um fortan nur noch für Tesla tätig zu sein. Diese Ankündigung sorgte in der Automobilbranche für massive Verärgerung. Einige Vertragspartner ließen sogar wissen, ihre Interessen rechtlich vor Gericht durchsetzen zu wollen. Weiterer Ärger bereitete ein Rückruf wegen der elektrischen Parkbremse der Modelle S und X. 53.000 Fahrzeuge wurden deshalb in die Werkstätten gerufen.

Um die Stimmung bei Tesla Grohmann Automation zu verbessern, hatte Musk einen Brief an die Belegschaft formuliert. Darin garantierte er den Beschäftigten, dass in den nächsten fünf Jahren keinerlei Jobabbau zu befürchten sei. Neben einer Sofortzahlung von 1000 Euro in bar und einer pauschalen Lohnerhöhung um 150 Euro erhielten die Mitarbeiter Tesla-Aktien im Wert von 10.000 US-Dollar. Diese Maßnahmen reichten der zuständigen IG Metall aber nicht aus, weshalb geprüft werden sollte, ob ein Streik sinnvoll sein könnte. Das Medienecho und die Reaktion der Mitarbeiter zeigten indes, dass sich die IG Metall mit dieser Aktion in ein denkbar schlechtes Licht gesetzt hatte.

Unterdessen zeigte Elon Musk ein erstes Teaserbild der kommenden Sattelzugmaschine Tesla Semi, die im September 2017 offiziell präsentiert werden sollte. Dazu erläuterte Musk, dass der Prototyp bereits seine Runden drehe und das Fahrzeug zum Serienanlauf über eine Reichweite von bis zu 500 Kilometern verfügen würde.

Anfang Mai 2017 präsentierte Musk zudem ein Video seiner neu gegründeten Firma »The Boring Company«, mit der er Städte untertunneln wollte, um dort unterirdisch Autos mit bis zu 200 km/h auf einem Schlitten (Loop) zu transportieren. Auch dieses Unterfangen klang auf den ersten Blick wieder reichlich abenteuerlich, doch hatte der Firmenpatron bereits damit begonnen, den Prototyp eines neuartigen Tunnelbohrers fertigen zu lassen.

Letztlich nicht ganz unerwartet kam die Nachricht, dass das ominöse Modell Y, das nach dem Serienanlauf des Model 3 auf den Markt kommen sollte, erst Ende 2019 oder gar 2020 serienreif sein würde. Spannend war die Begründung, die Musk lieferte: Das Modell Y sollte nicht nur die SUV-Variante des Model 3 sein, sondern auf einer ganz neuen Plattform aufgebaut werden. Gleichzeitig wollte Tesla mit dem Modell Y den Produktionsprozess revolutionieren. Immerhin wurde für die Präsentation des Tesla Semi nun ein konkretes

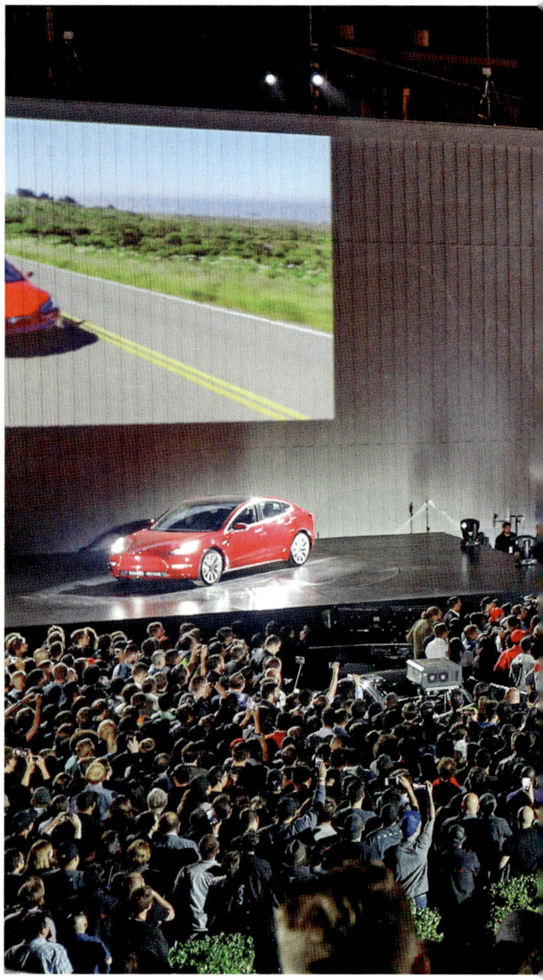

Datum genannt: Am 28. September 2017 sollte der vollelektrische Truck enthüllt und danach bald in Serie gebaut werden. Dieser schnelle Serienanlauf würde möglich, weil zahlreiche Teile sowie die gesamte Antriebstechnik des Model 3 im Semi Truck verwendet werden sollten.

Eher weniger überraschend war die Verlautbarung aus den USA, dass Elon Musk seine Beratertätigkeit für den US-Präsidenten Donald Trump wieder eingestellt hatte. Grund war, dass Trump den menschengemachten Klimawandel entgegen allen wissenschaftlichen Belegen leugnete. Gleichzeitig kam eine Meldung aus Japan: Toyota hatte bereits Ende 2016 sein Aktienpaket an Tesla in Höhe von 3 Prozent komplett verkauft – und das mit reichlich Gewinn. Erworben hatten die Japaner die Aktien einst zum Stückpreis von 17 US-Dollar, verkauft für 236 US-Dollar. Gemessen am Börsenwert war Tesla im Sommer 2017 auf den vierten Platz der wertvollsten Automobilhersteller der Welt vorgerückt.

Wie sehr sich das Verhältnis und die Kommunikation zwischen Automobilherstellern und Kunden wandelte, zeigte Tesla exemplarisch. Gedruckte Prospekte der Fahrzeuge gab es bekanntermaßen nicht, Neuigkeiten wurden über Twitter oder YouTube verbreitet. So beispielsweise die Ankündigung von Elon Musk, den Servicebereich für Tesla-Fahrzeuge weltweit stark zu erweitern. Statt 150 Werkstätten sollten sich schon bald 250 Service Center, darüber hinaus 350 mobile Werkstätten um die Belange der Kunden kümmern.[75]

28. Juli 2017: In einer öffentlichen Präsentationsshow mit geladenen Gästen übergaben Designer Franz von Holzhausen und Elon Musk den begeisterten Erstkäufern ihren fertigen Tesla 3. (Bild: Tesla, Inc.)

Frisch aufgeladen standen die ersten gebauten Tesla Model 3 abholbereit in Reih und Glied. (Bild: Tesla, Inc.)

Nach wie vor fieberten nicht nur Tesla-Fans dem Höhepunkt des Jahres entgegen: der Vorstellung des serienreifen Model 3. Am 28. Juli 2017 war es schließlich soweit: In einer öffentlichen Präsentationsshow mit geladenen Gästen zeigten Designer Franz von Holzhausen und Elon Musk dem begeisterten Publikum das neue kompakte Fahrzeug. Damit nicht genug: Nach der Show wurden 30 fein säuberlich aufgereihte Tesla 3 von ihren Besitzern in Empfang genommen, um unter Publikumsapplaus das Gelände zu verlassen. Dieses Ereignis konnte weltweit per Videostream verfolgt werden.

Tatsächlich hatte Musk den für das neue Modell angekündigten Zeitplan eingehalten. Jetzt galt es, die Serienfertigung möglichst schnell von täglich wenigen Exemplaren auf die avisierten 20.000 Einheiten pro Monat zu steigern. Zur Zahl der reservierten und mit 1000 US-Dollar bzw. Euro angezahlten Fahrzeuge wurde der Firmenchef kurz nach der Präsentation konkret: 455.000 Reservierungen waren bis dato für das Model 3 eingegangen. Wer jetzt bestellte, musste somit bis Mitte 2019 auf seinen neuen Wagen warten.

In diese Hochstimmung mischten sich jedoch auch kritische Töne, so

Konzeptionell und in der Linienführung ähnelt der Tesla 3 unverkennbar dem größeren Model S. (Bild: Tesla, Inc.)

beispielsweise im MANAGER-MAGAZIN. Hier erklärte der Autor unter Berufung auf US-amerikanische Quellen, dass der neue Typ von einer Serienfertigung im herkömmlichen Sinne noch weit entfernt sei. Das Fazit dieses Artikels: »Was bei Tesla momentan passiert, kennen Automobilexperten unter dem Begriff ›Vorserie‹.«[76] Parallel zu dieser Begleitmusik kam die Meldung, dass sich Elon Musk und seine neue Lebensgefährtin Amber Heard schon wieder getrennt hatten. Als offizielle Erklärung verlautete, dass es für beide Seiten schwierig gewesen sei, dauerhaft eine Fernbeziehung in dieser Form zu führen.

Nahezu unbeachtet von der Öffentlichkeit hatte Tesla inzwischen mit der Produktion von Solarzellen und Solarschindeln in der Gigafactory 2 in Buffalo begonnen. Auch die neue Fertigungsstätte sollte gemeinsam mit Panasonic betrieben werden. Nicht zuletzt waren die innovativen Produkte ein Ausdruck des Selbstverständnisses von Elon Musk. So erklärte er zu den Solarprodukten: »Die Leute denken, wir sind eine Elektroauto-Firma, aber es geht uns darum, den Aufstieg nachhaltiger Energien zu beschleunigen.«[77]

Auch bei der Herstellung von Batterien hatte sich bei Tesla in der Zwischenzeit viel getan. Da sich die Kosten in der Produktion der Speicherbatterien in den vergangenen Jahren stark reduziert hatten, reagierte Tesla mit einer Preisanpassung. Kurzerhand wurden die Kaufpreise der 100-kWh-Versionen der Modelle S und X um 3500 bis 5000 US-Dollar gesenkt.

Das Model 3 ist kleiner und schwächer motorisiert als das Model S, dafür mit einem Kaufpreis ab 35.000 US-Dollar deutlich kostengünstiger. (Bild: Tesla, Inc.)

Auch die Heckansicht war stilistisch an das größere Modell angelehnt. Allerdings wirkten die Fahrzeugflanken nicht ganz so gestreckt und harmonisch wie beim Tesla S. (Bild: Tesla, Inc.)

Am 16. November 2017 zeigte Elon Musk im Rahmen einer Multimedia-Show sowie unter dem üblichen Mediengetöse gleich zwei Prototypen des vollelektrischen Sattelzugs Tesla Semi – wohl auch, um die Ernsthaftigkeit des Lkw-Projekts zu unterstreichen. Als Preis für die Version mit 500 Meilen Reichweite nannte Elon Musk 180.000 US-Dollar, die Version mit 300 Meilen Reichweite sollte 150.000 US-Dollar kosten.

Das Publikum vor Ort war wie üblich begeistert, während Fachleute aus der weltweiten Nutzfahrzeugindustrie, deren Fokus im Unterschied zum Pkw-Bereich ausschließlich auf dem Kosten/Nutzen-Prinzip liegt, das Spektakel mit größter Skepsis verfolgten. Der Clou der Show aber war der knallrote viersitzige Roadster, den Elon Musk aus einem der beiden Trucks rollen ließ: Für diesen Roadster kündigte der Firmenchef Fahrleistungen an, die selbst unter den Tesla-Jüngern für ungläubiges Staunen sorgten. Auch für den Roadster wurde eine Serienproduktion angekündigt.

Bei der Gestaltung des Fahrerplatzes hatten die Verantwortlichen konsequent alle Instrumente durch ein einziges zentrales Display ersetzt. Gewählt werden konnte zwischen einem Standard- sowie einem Premium-Interieur. (Bild: Steve Jurvetson/Wikimedia Commons)

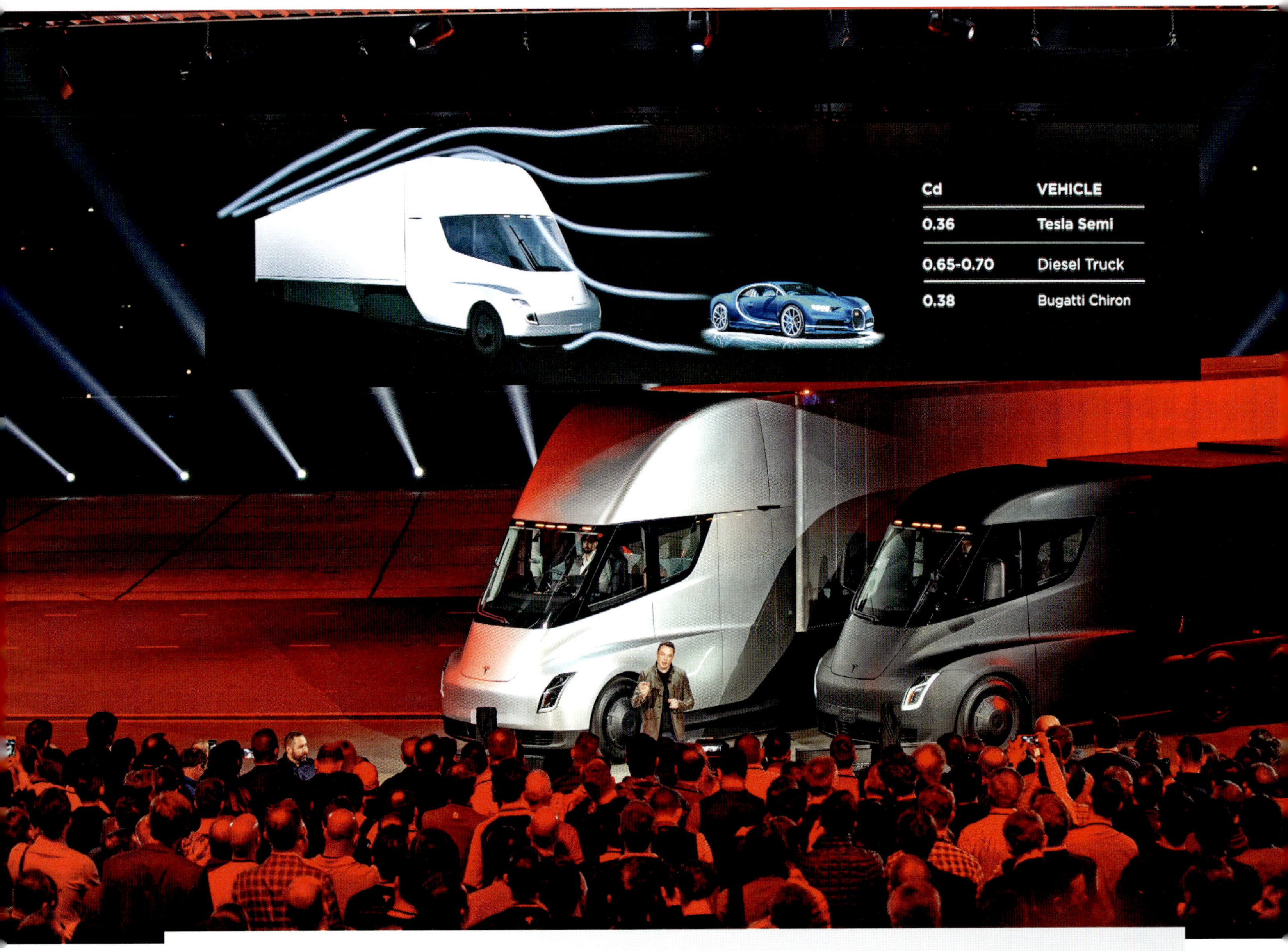

Gleich zwei Prototypen des Tesla Semi rollten auf die Bühne, um die Ernsthaftigkeit des Lkw-Projekts zu verdeutlichen. Fertigungsbeginn und erste Auslieferungen waren für das Jahr 2020 vorgesehen. (Bild: Tesla, Inc.)

Tatsächlich aber zeigte sich die Realität am Ende des Jahres 2017 viel weniger bunt. Spöttisch fasste ein Autor des Nachrichtenmagazins DER SPIEGEL die Situation zusammen: »Kein Zweifel: Jetzt spinnt er wirklich. Total! Bei Elon Musk, 46, dem Erfinder-Großmaul und multivisionären Multimilliardär, sind endgültig die Birnen durchgebrannt – oder? […] Teslas Quartalsbericht aber erwies sich für Musk als Konfrontation mit der Wirklichkeit: Zwischen Juli und September 2017 war es dem Möchtegern-Massenhersteller gerade mal gelungen, 222 Model 3 auszuliefern.«[78]

Es war nicht von der Hand zu weisen: Musk nahm den Mund stets ziemlich voll. Dabei waren die Tesla-Geschäftszahlen unverändert schlecht, die Auslieferungen hinkten dem Zeitplan hinterher, eine Ankündigung wurde von der nächsten übertroffen und ein geschäftlicher Turnaround schien noch weit entfernt. Nicht wenige Beobachter hielten den charismatischen Multi-Unternehmer mittlerweile für einen übergeschnappten Hochstapler, der schon bald grandios scheitern würde.

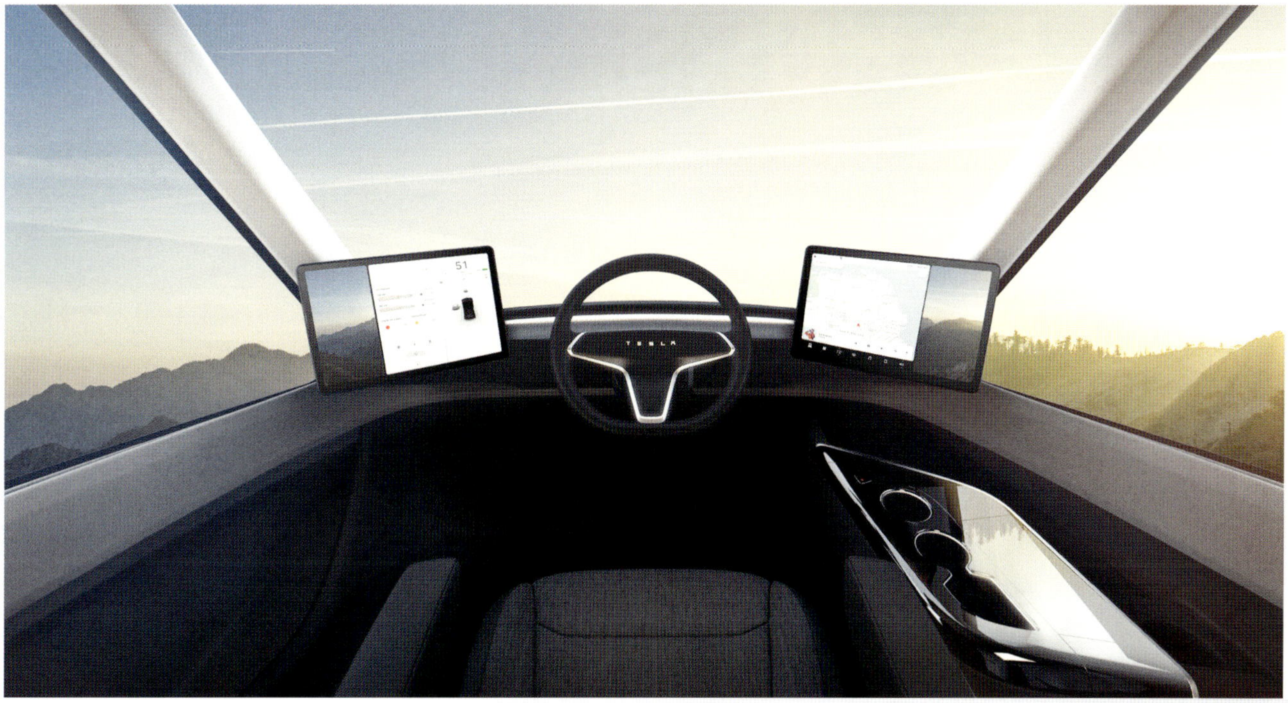

Wie bei Tesla üblich, wirkte der Arbeitsplatz des Semi-Fahrers aufgeräumt; es dominieren zwei große Touchscreens. (Bild: Tesla, Inc.)

So ganz nebenbei ließ Elon Musk auch noch einen neu entwickelten Roadster-Prototyp aus einem der beiden Semi-Trucks rollen. (Bild: Tesla, Inc.)

EXKURS: WERBUNG UND MARKETING

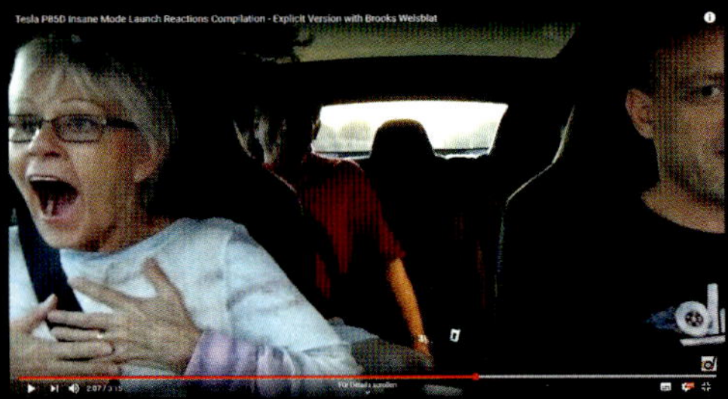

Euphorisierte Beifahrer: Dieses seit 2015 auf Youtube mehrere Millionen Mal aufgerufene Video macht die denkbar aussagekräftigste und überzeugendste Werbung für Tesla – ohne jegliche Kosten für das Unternehmen. (Bild: Screenshot Youtube DragTimes)

Auf Werbung und Marketing im herkömmlichen Sinne verzichtet das Unternehmen Tesla seit jeher völlig: Gedruckte Prospekte gab und gibt es nicht, ebenso wenig Werbespots im Fernsehen oder im Kino. Die kalifornischen Elektroautos werden weder durch Plakatkampagnen in Großstädten noch durch Beileger in Zeitschriften promotet. Auch viel Geld für Sponsorenverträge auszugeben, ist nicht nach Elon Musks Geschmack. Selbst auf Automobil-Fachmessen wird nur selten ein Tesla-Stand aufgebaut.

Elon Musk und seine »Jünger«: Durch sein Charisma und seine Präsenz zieht Musk mühelos Menschen in seinen Bann. Diese von Millionen Menschen online verfolgten Auftritte besitzen fast schon sakralen Charakter. (Bild: Tesla, Inc.)

Musk vertraut bei der Werbung auf virales Marketing bzw. Mundpropaganda, wie es früher im deutschen Sprachgebrauch hieß. Tatsächlich schafft es das Unternehmen Tesla erstaunlich gut, Menschen für seine Automobile zu begeistern, ohne sich irgendwelcher herkömmlichen Werbemaßnahmen zu bedienen. Neben der innovativen Technik der Automobile spielen hierbei drei Faktoren eine maßgebliche Rolle: Erstens die sozialen Medien, zweitens Elon Musks Eigenschaften als Kommunikator, drittens ungewöhnliche »Guerilla«-Werbeaktionen.

Bekanntermaßen eignen sich soziale Medien bestens, um Neuigkeiten flächendeckend, schnell und mit einem hohen Durchdringungsgrad zu verbreiten. Das leuchtendste Beispiel im Fall Tesla dürfte das dreiminütige Video[79] sein, das Beifahrer eines Tesla S P85D beim Beschleunigen im »Insane Mode« (»Wahnsinnsmodus«) zeigt. Zu sehen sind farbige und weiße Fahrzeugpassagiere, junge Menschen ebenso wie Senioren, Männer, Frauen und Kinder. Gezeigt wird somit ein nahezu repräsentativer Querschnitt der US-amerikanischen Bevölkerung, der lachend, quiekend, erstaunt, ungläubig und tief beeindruckt den »Insane Mode« erlebt. Dieses Video wurde bereits über 7,7 Millionen Mal aufgerufen (Stand Dezember 2019), zudem zog es zahlreiche weitere Videos ähnlicher Art nach sich.

Roadster ins Weltall geschossen: Durch solche ungewöhnlichen Werbemaßnahmen blieb Elon Musk in der Öffentlichkeit im Gespräch. (Bild: SpaceX)

Einen mehr als nur werbenden Charakter haben die persönlichen Auftritte von Elon Musk, beispielsweise bei der Vorstellung neuer Modelle. Hierbei gelingt es ihm durch sein Charisma, seine eindringliche Präsenz und seine überschwängliche Rhetorik, die Anwesenden in seinen Bann zu ziehen. Etwas zugespitzt formuliert: Musk wird durch seine Aura und seine Botschaften von seinen »Jüngern« nicht als nüchtern kalkulierender Firmenlenker wahrgenommen, sondern vielmehr als authentische Leit- und Lichtfigur auf dem Weg zur Rettung der Erde. Diese dramaturgisch perfekt durchkomponierten Auftritte sind in den sozialen Medien parallel als Stream abrufbar, und somit rund um den Erdball live zu verfolgen. Auch diese Werbung wird von Interessenten millionenfach angenommen.

Der dritte Faktor für das erfolgreiche Marketing dürfte in den außergewöhnlichen »Guerilla«-Werbeaktionen liegen, die Musk und die Tesla Produkte im Gespräch halten. So beispielsweise mit dem PR-Coup vom Februar 2018, bei dem er seinen eigenen knallroten Tesla Roadster mit einer Astronautenpuppe besetzte und ihn mit einer Rakete vom Typ Falcon Heavy in die Umlaufbahn der Sonne schoss. Dort dreht der Sportwagen seither werbewirksam seine Runden um die Sonne, bis er in einigen Jahren in der Atmosphäre verglühen wird.

Aus welcher gesellschaftlichen Sphäre Elon Musk und seine Kunden kommen, wird bei einem Blick auf das Display des Roadsters offensichtlich. Dort prangt in großen freundlichen Buchstaben die Botschaft »DON'T PANIC!« – womit Musk sich und allen Fans von Douglas Adams bzw. dem Kultbuch »Per Anhalter durch die Galaxis« eine heimliche Freude bereitete. Es fehlte nur noch die Zahl »42« auf dem Nummernschild …

Ebenfalls im Frühjahr 2018 kam Musk auf die Idee, über sein Unternehmen The Boring Company Flammenwerfer zu verkaufen. Dies geschah unter der üblichen Medienaufmerksamkeit, mit der rund um den Globus über neue und gerne auch mal seltsame Ideen des Patrons berichtet wurde. Natürlich war das kein Flammenwerfer für militärischen Einsatz, denn die Flamme reichte gerade mal einen Meter weit. Darum ging es aber auch gar nicht – es ging um den PR-Gag. Augenzwinkernd rechtfertigend meinte Elon Musk zum Flammenwerfer, dass es sicher hilfreich sei, im Fall einer »Zombie Apocalypse« einen solchen Flammenwerfer zur Hand zu haben. Auf der Website gab es zur Handhabung des Flammenwerfers dann noch allerlei Nonsens-Hinweise. Aber auch den Hinweis auf einen funktionstüchtigen Feuerlöscher, der dort ebenfalls angeboten wurde. Beworben wurde der Feuerlöscher mit den Worten: »Sie können definitiv einen für weniger Geld woanders kaufen, aber dieser hier kommt mit einem coolen Aufkleber daher …«.[80]

Tatsache war, dass innerhalb von wenigen Tagen 20.000 Flammenwerfer für je 500 US-Dollar verkauft wurden. Das bedeutete immerhin einen Umsatz von 10 Millionen US-Dollar. Dabei war dieser PR-Coup eigentlich aus einem Scherz heraus entstanden, bei dem Musk darauf gewettet hatte, jedes Produkt verkaufen zu können.

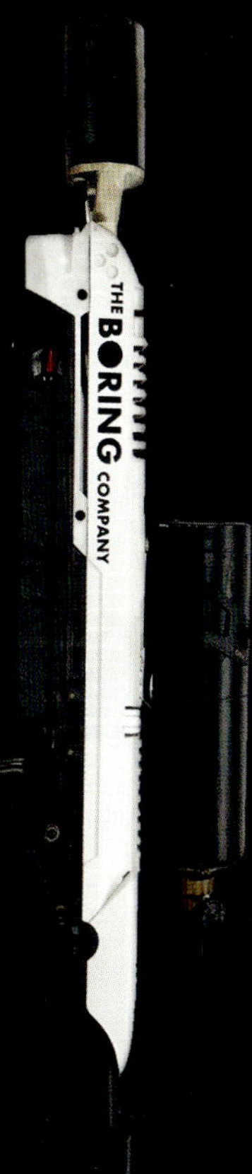

Wer's mag: Ein Flammenwerfer als Marketinggag. Die Aktion brachte nicht nur weltweite Aufmerksamkeit, sondern spülte nebenbei 10 Millionen US-Dollar in die Kasse. (Bild: Screenshot The Boring Company)

2018 2022

DIE ZUKUNFT HAT GERADE ERST BEGONNEN …

Das neue Jahr fing gleich mit einer Katastrophe an, denn Steve Jurvetson, prominentes Mitglied des Tesla- und SpaceX-Vorstands, wurde vorläufig von seinen Ämtern freigestellt. Der Grund war eine gegen ihn eingeleitete interne Untersuchung wegen des Vorwurfs sexueller Übergriffe, die eine Mitarbeiterin öffentlich gemacht hatte. Parallel dazu hatte ein ehemaliger afroamerikanischer Mitarbeiter von Tesla Sammelklage gegen Tesla eingereicht, weil er sich aufgrund seiner Hautfarbe diskriminiert fühlte. Er forderte von Tesla eine Wiedergutmachungszahlung in unbekannter Höhe. Kein Zweifel: Der Wind blies Elon Musk ziemlich heftig ins Gesicht.

Doch das war für ihn kein Grund, klein beizugeben. Stattdessen gab er bekannt, dass soeben sein Vertrag bei Tesla um zehn Jahre verlängert worden sei. Anstelle von Gehalts- und Bonuszahlungen würde die Entlohnung zukünftig alleine über Aktien erfolgen. Da Musk erwartete, in absehbarer Zeit mit 650 Milliarden US-Dollar eine Verzehnfachung der Marktkapitalisierung von Tesla zu erreichen, schien das eine lohnende Abmachung.

Während der Firmenchef öffentlich und ausführlich über die Besiedlung des Mars fabulierte, kam die Serienfertigung des Model 3 nur schleppend in Gang. Und zwar viel schleppender als es sich der Tesla-Vorstand ausgemalt hatte. Immerhin hatte der gerade präsentierte Semi-Truck so viel Eindruck hinterlassen, dass aus der ganzen Welt hunderte Bestellungen bei Tesla eingingen. Aber bis zur Serienfertigung des Semi galt es erst einmal andere Probleme zu lösen.

Immerhin kamen gute Nachrichten von der Tesla-Tochter SolarCity und der Gigafactory 2 in Buffalo, in der, mehr oder minder von der Öffentlichkeit unbemerkt, die Produktion von Solardachziegeln begonnen hatte. Die clevere Idee dahinter war, Dächer nicht mit Solarpaneelen zu verunstalten, sondern Dachziegel unsichtbar mit Solarzellen zu bestücken.

Durch die Integration der Solarzellen in die Dachziegel würde die Optik des Ziegeldachs nicht gestört. Schon bald sollten die Solar-Produkte aus der Gigafactory 2 in 800 der großen, USA-weit vertretenen »Home-Depot«-Baumärkte verkauft werden. Zuerst aber galt es, das gesamte Dach der Gigafactory 1 mit Solarpaneelen zu bestücken. Ziel war, die Gigafactory 1 so auszurüsten, dass sie zukünftig völlig energieautark agieren und ohne fossile Brennstoffe auskommen würde. Erwartet wurde eine Gesamtleistung von 70 Megawatt. Mit rund 200.000 Solarpaneelen sollte damit nichts anderes als die größte Solar-Dachinstallation des Planeten entstehen.

Ungeachtet aller verbalen Anwürfe und die schlechten Geschäftszahlen schlicht ignorierend, expandierte Elon Musk weiter: Bei Tesla in Fremont und Palo Alto arbeiteten bereits mehr als 10.000 Beschäftigte, darüber hinaus wurden im Februar 2018 in Fremont zusätzliche Bürogebäude bezogen, die weiteren 1500 Mitarbeitern Platz boten. Laut Pressebericht von Tesla würden in den neuen Bürogebäuden Mitarbeiter aus den Bereichen Service, Marketing, Energie, Verkauf sowie Administration einziehen.

Eigenartigerweise hielt es Musk nicht für nötig, auf dem traditionell Anfang März stattfindenden Genfer Salon mit einem eigenen Stand vor Ort zu sein, um das Model 3 auch in Europa vorzustellen. Der neue, kompakte Tesla konnte in Genf dennoch bewundert werden – allerdings auf dem Messestand der Firma Caresoft Global. Interessant war das Geschäftsmodell dieses Unternehmens, das Elon Musk wohl kaum gefallen haben dürfte: Caresoft Global hatte von Kunden mehrere gebrauchte Model 3 gekauft, diese vermessen und eingescannt, um CAD-Daten für das gesamte Fahrzeug zu extrahieren. Diese wiederum verkaufte Caresoft Global dann zur Analyse an andere Automobilhersteller.

Tesla Gigafactory 2: 2014 wurde mit dem Umbau des früheren Stahlwerks begonnen, und drei Jahre später, im Herbst 2017, konnten die Arbeiten abgeschlossen werden. (Bild: Tesla, Inc.)

Tesla hatte in der Gigafactory 2 sofort mit der Produktion von Solarzellen und Solarpaneelen begonnen. Anfang 2018 startete schließlich die Produktion von Solardachziegeln. (Bild: Tesla, Inc.)

Mittlerweile nahm der Braindrain bei Tesla bedenkliche Züge an: Steve Jurvetson war bereits seit Anfang des Jahres 2018 freigestellt, im Februar hatten zwei hochrangige, an der Automatisierung der Model-3-Produktionsstraße beteiligte Tesla-Ingenieure das Unternehmen verlassen. Anfang März nun kündigte Teslas Chief Accounting Officer Eric Branderiz trotz üppigen Gehalts seinen Posten aus persönlichen Gründen. Eine unerwartete Personalie, da Branderiz erst seit Oktober 2016 im Unternehmen war. Auch Chefingenieur Doug Field spielte mit dem Gedanken, Tesla zu verlassen.

Unterdessen ruhte Ende Februar 2018 die Produktion des Tesla Model 3 für vier Tage. Der Grund war eine neue Produktionslinie für Batteriemodule, die aus Deutschland von Tesla Grohmann zur Gigafactory 1 eingeflogen wurde. Das war dringend notwendig, denn der Batterieausstoß musste unbedingt gesteigert werden, um genügend Nachschub für die erwartete Model-3-Produktion zu liefern. Bis Ende März sollten, so unverändert der Plan, jede Woche 2500 Einheiten vom Band rollen. In den nächsten Wochen folgten noch mehrere Produktionsstopps, um weitere Modernisierungsmaßnahmen zur Montage des Model 3 durchzuführen.

Mittlerweile verdichteten sich die Gerüchte um einen SUV-Ableger des Model 3, das Model Y heißen sollte. Dieses Model Y würde auf der Plattform und Technik des Model 3 basieren; mit seinem hohen Dachaufbau sollte es unterhalb des Model X positioniert werden. Allerdings, soviel verriet die Gerüchteküche bis dato, würde es nicht mit den teuren und anfälligen Flügeltüren des größeren Tesla SUV auf den Markt kommen. Dass die Pläne für das Model Y bereits sehr konkret waren, machten die Stellenausschreibungen auf der Tesla-Homepage deutlich, wo für mehrere Führungsebenen Ingenieure für die Produktion des neuen Fahrzeugtyps gesucht wurden.

In China ging das Gerangel um eine Tesla-Fabrik unterdessen weiter. Lange schon war eine Gigafactory 3 in Shanghai im Gespräch, doch hinsichtlich der Eigentümerstruktur gab es immer noch keine Einigung. Die Fronten waren klar umrissen. So erklärte das Magazin TESLAMAG: »Tesla möchte in Shanghai […] alleiniger Eigentümer der neuen Produktionsstätte sein. Die Regierung von Shanghai möchte hingegen, dass die Amerikaner ein Joint-Venture mit einem chinesischen Unternehmen eingehen. Das sind die Vorschriften des Landes, an denen es bisher nichts zu rütteln gab und an die sich auch Tesla halten muss. Deshalb bat Musk vor wenigen Tagen sogar den US-Präsidenten Trump via Twitter um Hilfe.«[81]

Überschattet wurde die Situation durch einen Unfall mit Todesfolge mit einem Model X, der sich trotz eingeschaltetem Autopiloten in den USA ereignet hatte. Hierbei hatte der Fahrer mehrere Warnmeldungen ignoriert, bis sein Wagen schließlich gegen einen Betonpfeiler geprallt war, an dem er zerschellte und ausbrannte. Die Tesla-Aktie fiel darauf steil nach unten, und zwar von 360 auf 250 US-Dollar. Kurz darauf verließ Teslas Autopilot-Chef Jim Keller das Unternehmen. Mitten in diesen durch den Unfall – der im Übrigen eine Untersuchung durch die US-amerikanische Verkehrssicherheitsbehörde National Transportation Safety Board (NTSB) nach sich zog – entstandenen medialen Aufruhr lancierte Elon Musk einen ziemlich dümmlichen Aprilscherz.

Am entsprechenden Stichtag ließ er über Twitter verlauten, dass es Tesla trotz aller Bemühungen nicht gelungen sei, weitere Geldgeber aufzutreiben, weshalb das Unternehmen nun pleite sei. Im übersetzten Wortlaut: »Trotz intensiver Versuche, Geld aufzutreiben, inklusive eines verzweifelten Massenverkaufs von Ostereiern, müssen wir leider mitteilen, dass Tesla komplett und absolut pleite ist. So pleite, man glaubt es gar nicht.«[82] Glücklicherweise fiel der 1. April auf einen Sonntag – die Börsen waren geschlossen. Die Tesla-Aktie fiel trotzdem signifikant. Einen üblen Beigeschmack bekam dieser Aprilscherz vor allem dadurch, dass Musk kurz darauf, dank des nun ramponierten Aktienkurses, laut SEC-Auskunft schlanke 33.000 Tesla-Aktien für sein eigenes Depot zukaufte.

Auf der Tesla-Aktionärsversammlung im Juni 2018 erschien Elon Musk mit einer Attraktion: einem weißen Roadster. Tatsächlich konkretisierten sich langsam auch die ersten technischen Daten für das neue Modell. So wurde eine Höchstgeschwindigkeit von über 400 km/h und eine Reichweite von 1000 Kilometern zugesagt. Der eigentliche Clou aber war der jenseits aller bisherigen Denkkategorien angegebene Drehmomentbestwert, der bei nicht weniger als 10.000 Nm liegen sollte. Nur fliegen konnte der Roadster laut Musk (noch) nicht. Aber der Patron legte noch eine Schippe drauf und erklärte, dass es sich bei den genannten Werten lediglich um die Basisversion des Supersportwagens handle – die Version mit »SpaceX-Ausstattungspaket« würde von den Fahrleistungen her deutlich darüber liegen und könne sogar vorübergehend schweben ...

Wer zu den ersten Kunden gehören wollte, konnte seinen Roadster gleich anzahlen: Reservierungen für die erste Serie des Fahrzeugs (»Founders-Series«) konnten für europäische Kunden mit einer Sofortzahlung von 4000 Euro per Kreditkarte vorgenommen werden. Innerhalb von 10 Tagen musste dann eine Banküberweisung in Höhe von 211.000 Euro folgen. Wer sich mit einem Roadster aus der späteren, normalen Serie zufriedengab, der musste für den Wagen lediglich 43.000 Euro anzahlen.

Auf der Aktionärsversammlung erläuterte Elon Musk auch die weitere Modellstrategie hinsichtlich des Semi und des Model Y. Von Letzterem, das ab dem Jahr 2020 in Produktion gehen sollte, wurde beispielsweise ein weiteres Teaserbild präsentiert. In diesem Kontext erklärte Musk auch, was es mit dem SpaceX-Paket auf sich hatte, das für den Tesla Roadster optional angeboten werden sollte. Da kam man aus dem Staunen nicht heraus: Das Paket würde aus zehn Raketentriebwerken bestehen, die rund um das Fahrzeug eingebaut würden, um die Beschleunigung, die Höchstgeschwindigkeit, das Bremsvermögen und die Kurvenlage zu verbessern. Hierzu übersetzte TESLAMAG die entsprechenden per Twitter veröffentlichten technischen Erläuterungen von Elon Musk: »So werden die Raketentriebwerke aus zusammengesetzten, umhüllten Druckbehältern bestehen, die mit Ultrahochdruckluft befüllt sind. Die Behälter wurden von SpaceX entwickelt und werden für bemannte Raumfahrten genutzt. Die Druckluft soll mittels Druckluftpumpen automatisch in die Behälter gefüllt werden. Die Pumpen werden wiederum mittels Akkupaket des Roadsters betrieben, sodass das System nicht vom Fahrer nachgefüllt werden muss. Das System wird somit vollkommen elektrisch betrieben.«[83]

Mitte 2018 konkretisierten sich die Zahlen und Fakten zum neuen Tesla Roadster. (Bild: Tesla, Inc.)

Der Tesla Roadster bot tatsächlich vier Sitzplätze, auch wenn dies nicht auf den ersten Blick von außen kenntlich wurde. (Bild: Tesla, Inc.)

Angesichts der großspurigen Präsentationen und mancher sonderbaren Ankündigungen schien es, dass Elon Musk der Wirklichkeit etwas entrückt war. Und nicht nur der Börsenwert von Tesla war mittlerweile lädiert – auch tat Musk alles Erdenkliche, um seine eigene Reputation weiter zu beschädigen. Galt der Aprilscherz angesichts der angespannten finanziellen und personellen Situation bereits als missglückt und geschmacklos, so setzte Musk schon kurz darauf ein neues Lowlight. Dass der Tesla-CEO gerne verbal austeilte, vor allem gegen Wettbewerber und kritische Journalisten – das war bekannt; dass er aber beim weltweit Aufsehen erregenden Höhlenrettungsdrama von Thailand im Juli 2018, bei dem eine Gruppe von Teenagern in einer unterirdischen Höhe festsaß, einen der Retter übel beleidigte, stellte eine neue Dimension dar.

Franz von Holzhausen hatte den Roadster aus Steifigkeitsgründen nur im Bereich der Vordersitze offen konstruiert. (Bild: Tesla, Inc.)

The show must go on: Zur Aktionärsversammlung präsentierte Elon Musk dem Publikum einen schneeweißen Roadster. (Bild: Tesla, Inc.)

Auf der Aktionärsversammlung im Juni 2018 wurde auch ein Teaserbild des Model Y präsentiert. Das sollte helfen, die Aktionäre bei Laune zu halten. (Bild: Tesla, Inc.)

Der Hintergrund: Musk hatte zur Bergung der eingeschlossenen Teenager ein Mini-U-Boot angeboten, das aber vor Ort von den Helfern als völlig untauglich für die Rettungsmission angesehen und als Marketinggag abgetan wurde. Nachdem sich der Taucher Vernon Unsworth öffentlich abfällig über das Mini-U-Boot und Musk geäußert hatte, wurde er von Elon Musk aus der kalifornischen Ferne als »pädophiler Kerl« tituliert. Diese Beleidigung kostete Musk viele Sympathien – und weltweit wurde es nur für angemessen befunden, dass er sich dafür vor Gericht verantworten sollte. Die Causa endete vorerst jedoch damit, dass sich Musk öffentlich bei dem Rettungstaucher entschuldigte.

Immer mehr Beobachter, Kunden und Aktionäre fragten sich, ob Elon Musk die richtige Person war, um Tesla erfolgreich in die Zukunft zu führen. Sein Charakter wurde im Sommer 2018 immer stärker infrage gestellt. Seriöse Quellen hatten ausgerechnet, dass in den vergangenen 24 Monaten über 50 hochrangige Manager das Unternehmen verlassen hatten. Auch Chefingenieur Doug Field hatte inzwischen gekündigt.

Bereits wenige Tage nach der Aktionärsversammlung lancierte Tesla ein Bild, auf dem ein zukünftiger Tesla-Pickup zu sehen war. Per Twitter fragte Elon Musk nach den Wünschen potenzieller Kunden hinsichtlich der Ausstattung des Fahrzeugs. (Bild: Tesla, Inc.)

Die Antwort des Unternehmens kam postwendend: Anfang Juli schaffte es Tesla zum ersten Mal, das angestrebte wöchentliche Produktionsziel von 5000 Exemplaren des Model 3 zu erreichen. Bald schon sollte mit 6000 Einheiten das Kapazitätspotenzial vollständig ausgeschöpft werden. Allerdings waren die Arbeitsprozesse in Fremont noch weit entfernt von einer hochautomatisierten Fertigung. So zeigten Videoaufnahmen einen erschreckend hohen Anteil an manueller Arbeit durch eine Vielzahl von Mitarbeitern. Ermutigend war immerhin die Zahl der noch offenen Bestellungen, denn im Juli 2018 standen noch rund 420.000 Reservierungen in den Auftragsbüchern.

Um einen höheren Ausstoß zu erreichen, wurde neben dem Werk in Fremont eine weitere Montagelinie für das Model 3 in einem riesigen Industriezelt errichtet. Diese Hilfsproduktionslinie war in nur drei Wochen mit minimalen Ressourcen aufgebaut worden. Der Grund dafür lag auf der Hand: Tesla musste so viel und so schnell wie möglich liefern, um die Vorbesteller bei der Stange zu halten. Umso befremdender wurde die Botschaft aufgenommen, dass im Rahmen einer Neustrukturierung 9 Prozent der bei Tesla Beschäftigten entlassen werden sollten.

Die Situation wurde von einem müde und überanstrengt wirkenden Elon Musk ganz unverblümt als »Produktionshölle« bezeichnet, in der sich Tesla mit dem Model 3 nun befände. Damit wurde offensichtlich, dass die Fertigung einer Kleinserie und die Großserienproduktion eines Automobils zwei völlig verschiedene Angelegenheiten waren. Die Herausforderung bestand darin, für jedes einzelne der wöchentlich 5000 vom Band laufenden Model 3 eine Prozesssicherheit zu gewährleisten, die eine gleichmä-

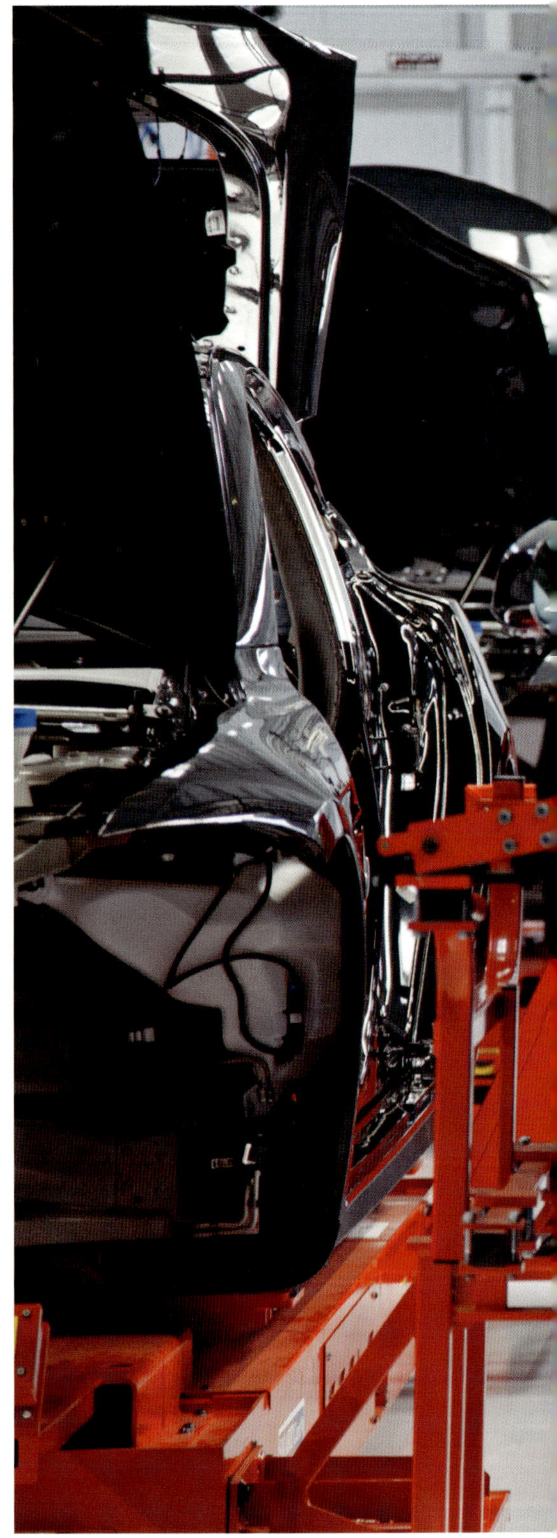

Von einer vollautomatisierten Fertigung war Tesla noch weit entfernt. Um die Prozesse auf einen zeitgemäßen Stand zu bringen, musste mehrfach die Produktion tagelang gestoppt werden. (Bild: Tesla, Inc.)

ßig hohe Bauqualität garantierte. Diese Aufgabe war das tägliche Brot von QM-Managern bei den etablierten Automobilherstellern – und Musk war gerade dabei, diese Lektion schmerzhaft zu lernen.

Eine sensationelle Nachricht kam Mitte Juli 2018 aus China: Die Parteiführung hatte beschlossen, aufgrund des anhaltenden Handelsstreits mit den USA die seit vielen Jahren felsenfest bestehende Kooperationspflicht mit einem lokalen Partner zu beenden. Mit anderen Worten: Es bestand fortan für ausländische Firmen kein staatlicher Zwang mehr, für den Markteintritt in China ein Joint Venture mit einem chinesischen Unternehmen einzugehen. Sofort flog Elon Musk nach Shanghai, wo der Vertrag über die Gigafactory 3 unterzeichnet wurde. Tesla war damit der erste ausländische Autohersteller, der ohne Kooperation mit einem lokalen Partner produzieren durfte.

Die Gigafactory 3 in China sollte 500.000 Fahrzeuge pro Jahr produzieren und damit ungefähr der Kapazität des Tesla-Hauptwerks in Fremont entsprechen. Geplant war, in Shanghai den angekündigten Kompakt-SUV Model Y zu fertigen, von dem sich Elon Musk eine Nachfrage von etwa einer Million Fahrzeuge pro Jahr erhoffte. In wenigen Wochen sollte der erste Grundstein gelegt werden.

Im August sorgte Elon Musk wieder mit einer vorschnellen Äußerung für Negativschlagzeilen. Per Tweet meldete er, dass er erwäge, Tesla zu einem Aktienkurs von 420 US-Dollar zu privatisieren und von der Börse zu nehmen. Zu den zahlreichen Vorteilen dieses Vorgehens erläuterte SPIEGEL ONLINE: »Als privat geführtes Unternehmen müsste Tesla etwa keine Quartalszahlen, keine Produktionsangaben und keine Vergütungszahlen von Führungskräften mehr preisgeben. Musk wäre dann allein seinen privat investierenden Anteilseignern verpflichtet, [...]. Auch könnte Musk auf diesem Weg Attacken von Spekulanten entgehen, die immer wieder auf einen Kursverfall von Tesla wetten und damit das Unternehmen weiter unter Druck setzen.«[84] Diese Meldung brachte ihm nicht nur reichlich Kopfschütteln ein, sondern auch gehörigen Ärger mit der US-amerikanischen Börsenaufsicht SEC.

Hilfsmontagelinie im Zelt: Um einen höheren Ausstoß zu erreichen, wurde neben dem Werk in Fremont in einem riesigen Industriezelt eine weitere Montagelinie für das Model 3 errichtet. (Bild: Tesla, Inc.)

Schon wenige Tage später kam von Musk ein offizielles Dementi der geäußerten Privatisierungspläne. Da er jedoch mit seiner Äußerung den Börsenkurs stark nach oben getrieben hatte, wurde er zur Börsenaufsicht vorgeladen, die ihn wegen Kursmanipulation und Betrugs verklagte. Musk musste daraufhin seinen Posten als Verwaltungsratschef (Chairman) räumen, immerhin blieb er weiterhin Geschäftsführer (CEO). Zusätzlich mussten Tesla und Elon Musk wegen falscher und irreführender Nachrichten jeweils 20 Millionen US-Dollar Strafe an die SEC zahlen.

Nach einem emotionalen Interview[85] mit der NEW YORK TIMES, in dem ein psychisch und physisch erschöpfter Elon Musk offen von seinen Schlafstörungen und persönlichen Problemen berichtete, wurden die Stimmen der Zweifler lauter. Der Tesla-CEO schien vielen Beobachtern schlichtweg ausgebrannt und müde – zahlreiche Aktionäre hatten auch einfach die Nase voll von Musks unstetem Führungsstil, der im Unternehmen mit einem massiven Braindrain einherging. Das Fachmagazin WIRED mutmaßte sogar, Elon Musk sei unter der fortwährenden Belastung verrückt geworden und würde in seinem Wahn nun wie der antike Held Herkules sein eigenes Werk zerstören.[86]

Wie es um Musks psychische Verfassung zu dieser Zeit stand, zeigten gleich fünf weitere Vorfälle dieser Art: Erstens erklärte er, dass er aufgrund seiner Schlafstörungen öfters Rotwein und Schlafmittel gemeinsam konsumiere; zweitens beschimpfte er den Höhlenretter Vernon Unsworth erneut öffentlich, und zwar wörtlich als »child rapist« (»Kindervergewaltiger«); drittens rauchte er in einem per TV übertragenen Interview ungeniert einen Marihuana-Joint und trank dazu noch ein Glas Whiskey; viertens reichte er einen Antrag auf den Schutz einer Marke für einen firmeneigenen Tesla-Agavenschnaps ein, der »Teslaquila« heißen sollte; fünftens wollte er damit beginnen, die Bordcomputer in den Tesla-Fahrzeugen per Software-Update zu Videospielkonsolen (»Teslatari«) umzurüsten, um »superlustige Spiele« damit zu spielen.

Hinzu kam, dass Musk mit der Experimentalpop-Sängerin »Grimes«, die mit bürgerlichem Namen Claire Boucher hieß, öffentlich eine neue Frau an seiner Seite präsentierte. Auf der Met Gala in New York flanierten Musk und die durch ihren unkonventionellen Lebensstil provozierende Claire Boucher verliebt und händchenhaltend über den roten Teppich – umringt von Journalisten und klickenden Kameras. Natürlich ging diese Nachricht sofort um die Welt, zumal die 1988 in Kanada geborene Experimentalkünstlerin nicht nur deutlich jünger als Elon Musk war, sondern bis dato als scharfe Kapitalismuskritikerin galt.

War Elon Musk nicht mehr bei Sinnen? Aufgrund der sich häufenden peinlichen Vorfälle stellten sich viele Beobachter mittlerweile ganz ernsthaft diese Frage. (Bild: Screenshot YouTube/ Joe Rogan Experience)

Musk präsentierte auf der Met Gala in New York seine neue Lebensgefährtin Claire Boucher, die unter dem Künstlernamen »Grimes« als Sängerin bekannt war. (Bild: Jordan Uhl/Wikimedia Commons)

Neuer Teaser des Tesla Pickup-Trucks: Während die Form schon recht konkrete Züge angenommen hatte, nannte Elon Musk keine technischen Details. (Bild: Tesla, Inc.)

Aus diesem Grund interessierten sich nicht nur die Klatschmagazine für die neue Liaison. Gerade in den sozialen Medien wurde diese eigenartige Beziehung für den desolaten geistigen Zustand von Elon Musk verantwortlich gemacht. In der Folge war Claire Boucher zahlreichen diskreditierenden Äußerungen von ihren, aber vor allem von Elon-Musk-Fans ausgesetzt. Konkreter ausgedrückt: Mit Claire Boucher und ihrem unterstellten schlechten Einfluss war eine schlüssige Erklärung und ein willkommener »Sündenbock« für Musks bizarres Verhalten gefunden.

Aufgrund der angespannten Situation änderte der Verwaltungsrat die Führungsstruktur im Unternehmen. Zur Entlastung von Elon Musk ernannte der Verwaltungsrat Jérôme Guillen, der seit Anfang 2016 für die Entwicklung des Tesla Semi verantwortlich war, zum Leiter der Sparte Automotive. Damit war Guillen fortan für alle Themen im Bereich Fahrzeuge zuständig. Der Fokus seiner Arbeit sollte dabei in einer reibungslosen Produktion des Model 3 liegen. Das war dringend notwendig, denn es hakte immer noch an allen Ecken und Enden.

Doch mittlerweile hatte sich ein neues großes Problem aufgetan: Tesla steckte noch in den Tiefen der »Produktionshölle«, als immer offensichtlicher wurde, dass gleich danach die »Auslieferungshölle« wartete. Kurzum: In Anbetracht der Auslieferungszahlen des Model 3 benötigte Tesla auch in Europa mehr Raum. Es herrschte schierer Platzmangel, weshalb ein weiteres Gebäude bezogen wurde. Dieses lag ebenfalls am niederländischen Standort Tilburg, und zwar ganz in der Nähe der anderen beiden Werke. Der Unterschied war, dass das Werk 3 ausschließlich als Auslieferungslager für das Model 3 diente und somit einem großen Parkplatz glich. Denn im Gegensatz zu den Modellen S und X kam das Model 3 auslieferungsfertig nach Europa. Es waren keinerlei Montagearbeiten notwendig, und die Neufahrzeuge konnten bereits nach einem kurzen Check an die Kunden übergeben werden.

Die steigenden Verkaufszahlen machten es zudem notwendig, in Europa ein Verteilerzentrum für Ersatzteile einzurichten, das im Werk 2 Platz finden sollte. Die Abholung der Kundenfahrzeuge erfolgte ebenfalls im Werk 2, während der Showroom für Neuwagen fortan im Werk 1 lag. Die Umstrukturierung musste schnell umgesetzt werden, denn Tesla war auf dem besten Weg zu einem Großserienhersteller – und dazu gehörte zwingend ein Netz von Werkstätten bzw. Servicestationen sowie eine funktionierende Ersatzteillogistik.

Dass Tesla deutlich anders agierte als die traditionellen Automobilhersteller wurde durch zwei flankierende Meldungen offensichtlich: Erstens gab Elon Musk alle Ersatzteilkataloge der Tesla-Fahrzeuge der Öffentlichkeit frei. Die Ersatzteilkataloge standen fortan im Internet als Download zur Verfügung.[87] Zweitens erklärte er, dass über eine Gigafactory 4 nachgedacht würde, die möglicherweise bald schon in Deutschland gebaut werden könnte.

Parallel dazu überraschte der neueste Quartalsbericht (3/2018). Er wies aus, dass Tesla erstmals profitabel arbeitete: Das Unternehmen schrieb schwarze Zahlen und hatte in den letzten drei Monaten 311,5 Millionen US-Dollar Gewinn erwirtschaftet. Verantwortlich dafür war der fulminante Erfolg des Model 3,

Das Werk 3 in Tilburg diente ausschließlich als Auslieferungslager für das Model 3. Im Gegensatz zu den größeren Typen S und X kam das Model 3 fix und fertig montiert nach Europa. (Bild: Alex Erbesmann/Wikimedia Commons)

der in den USA alle Wettbewerbsmodelle hinter sich ließ. Im Quartalsbericht ließ der Firmenchef vollmundig verlauten, dass zukünftig alle Quartale profitabel sein würden. Ergänzend ließ Musk wissen, dass das Model Y fertig entwickelt und produktionsbereit sei. Unterdessen entstand für Tesla unbeachtet von der Öffentlichkeit in der Gegend der kalifornischen Stadt Lathrop ein 74.000 Quadratmeter großer Neubau, dessen Zweck geheim gehalten wurde.

Im November 2018 kamen inoffiziell die ersten Exemplare des Model 3 nach Europa und damit auch nach Deutschland. Immerhin wurden nun 1000 Exemplare pro Tag gebaut. Der Wagen konnte mittlerweile auch in Deutschland ganz regulär online konfiguriert und bestellt werden. Allerdings bot Tesla das Model 3 in Europa ebenso wie in den USA zunächst nur mit Langstrecken-Batterie und Allradantrieb an. Ab Februar 2019 sollten offiziell die ersten bestellten Modelle zu den deutschen Kunden rollen. Interessant war in diesem Zusammenhang die von Elon Musk kommende Meldung, dass die Serienproduktion des Model Y für unbekannte Zeit verschoben würde. Ergänzt wurde diese Neuigkeit im Dezember 2018 durch die Nachricht, dass General Motors demnächst drei wegen Umstrukturierungsmaßnahmen nicht mehr benötigte Werke in Nordamerika stilllegen wolle. Prompt erklärte Musk in einem Interview, dass er sich eine Übernahme gut vorstellen könne. Kurzum: Die Wogen um den Firmenpatron hatten sich offensichtlich wieder etwas geglättet. Ende 2018 war bei Tesla von Auflösungserscheinungen keine Rede mehr.

2019

Das Jahr startete mit einer guten Nachricht, denn auch der neue Quartalsbericht (4/2018) gab positive Signale: Tesla hatte im betreffenden Zeitraum insgesamt 90.700 Fahrzeuge ausgeliefert, darunter allein 63.150 Model 3. Das entsprach rund 1000 Fahrzeugen pro Tag. Der Quartalsgewinn war laut Bericht allerdings auf 139,5 Millionen US-Dollar geschrumpft.

Rückblickend auf das gesamte Jahr 2018 hatte Tesla 245.240 Autos verkauft. Damit waren in diesen zwölf Monaten ungefähr so viele Autos vom Band gerollt wie in allen vorangegangenen Jahren zusammen. Hier zeigte sich die fundamental wichtige Rolle, die das Model 3 für das Unternehmen spielte. Als in den USA meistverkauftes Premiumfahrzeug seines Segments war die

In Shanghai wurde am 7. Januar 2019 feierlich der Grundstein für die Gigafactory 3 gelegt. (Bild: Tesla, Inc.)

kompakte Limousine für die deutschen und japanischen Automobilhersteller inzwischen zu einer schmerzhaften Konkurrenz auf dem dortigen Markt herangewachsen.

Nachdem es in den USA und in Europa endlich einigermaßen rund lief, wandte sich Elon Musk verstärkt den Aufgaben in China zu. Zur Grundsteinlegung der Gigafactory 3 am 7. Januar 2019 erklärte er vor den anwesenden lokalen Politikern und Managern, dass die Fabrik bis zum Sommer stehen sollte und die Automobilproduktion im November des Jahres starten würde. Gebaut werden sollte das Model 3 und ab 2020 sein SUV-Ableger Model Y. Ein höchst ambitioniertes Ziel: Auf dem bislang lediglich planierten Geröll- und Schlammfeld sollte innerhalb von zehn Monaten eine komplett ausgerüstete und funktionierende Gigafactory entstehen, in der jährlich bis zu 500.000 Elektroautos gebaut werden sollten ...

In den USA, hier vor allem in der Gigafactory 1 und im Hauptwerk in Fremont, wurden zu dieser Zeit rund 7 Prozent der Mitarbeiter gekündigt. Hierdurch sollte die Produktion der Typen S und X schlanker werden. Dies zeigte sich auch darin, dass die jeweiligen Basisversionen fortan einheitlich mit einer 100-kWh-Batterie ausgerüstet wurden. Die Drosselung auf 75 kWh fand via Software statt. Wer wollte, konnte die Kapazität später durch ein Upgrade freischalten. Nebenbei zeigte diese Vereinheitlichung, dass die Kosten für Batterien keine zentrale Rolle bei der Preiskalkulation eines Elektroautos mehr spielten.

Die Situation bei Tesla sah Anfang des Jahres 2019 wie folgt aus:

- Das **Model S** sollte bald technisch und optisch überarbeitet werden. Hierbei würde vor allem die optische Differenzierung zum Model 3 stärker ausfallen.
- Das **Model X** sollte ebenso technisch und optisch überarbeitet werden. Offen war die Frage, was bei der Modellpflege mit den Flügeltüren geschehen würde.
- Das gerade eingeführte **Model 3** verkaufte sich in den USA und in Europa prächtig. Für den chinesischen Markt entstand gerade die Gigafactory 3.
- Das **Model Y** als ergänzendes SUV-Modell in der Mittelklasse sollte entgegen den ursprünglichen Planungen erst gegen Ende 2020 in Produktion gehen. Die offizielle Präsentation sollte im Frühjahr 2019 stattfinden.
- Um den **Pickup-Truck** war es etwas ruhiger geworden. Hier gab es zurzeit keinerlei Aussagen zu einer anstehenden Serienfertigung oder einem möglichen Produktionsbeginn.
- Auch um den Lkw **Tesla Semi** war es etwas stiller geworden. Im Raum stand das von Elon Musk genannte Datum für einen Produktionsbeginn im Jahr 2020.
- Der **Roadster** konnte auf der Website online bestellt und angezahlt werden. Auch für den Supersportwagen war eine Serienproduktion für das Jahr 2020 angedacht.

Weitestgehend unbeachtet von der Öffentlichkeit hatte Tesla den US-amerikanischen Hersteller von Superkondensatoren »Maxwell Technologies« für umgerechnet rund 175 Millionen Euro gekauft. Fachleute wussten, dass sich Superkondensatoren (»Super Caps«) zwar nicht als Haupt-Energiespeicher für Elektroautos eigneten, dass sie aber als kurzzeitig zuschaltbarer »Powerbooster« geeignet sind, die Beschleunigung eines elektrisch angetriebenen Fahrzeugs entscheidend zu steigern.

Nebenbei wurden für die Modelle von Tesla zwei neue Softwaremodi aufgespielt. Bei eingeschaltetem »Sentry Mode« überwachte sich das Modell eigenständig, indem es zuerst Videoaufnahmen des Geschehens rund um das Fahrzeugt machte und den Touchscreen-Displays anschaltete. Bei akuter Bedrohung löste das System Alarm aus, indem es den Alarmton aktivierte, die Helligkeit des Touchscreen-Displays erhöhte, die Audioanlage mit maximaler Lautstärke anschaltete und zudem den Fahrzeugbesitzer per Smartphone-App informierte. Weniger spektakulär kam der zweite Softwaremodus daher. Im »Dog Mode« ging es darum, im Fahrzeug zurückgelassenen Haustieren eine möglichst komfortable Wartezeit zu ermöglichen. Dabei lief die Klimaanlage auf einem voreingestellten Wert, zudem zeigte das Touchscreen-Display die Innenraumtemperatur an sowie die beruhigende Nachricht »Mein Herrchen wird bald zurück sein«.

Mittlerweile war in den USA auch die deutlich kostengünstigere Einsteigerversion des Model 3 auf den Markt gekom-

Der »Dog Mode« war kein Selbstfahrmodus für Hunde, sondern eine Temperaturregelung für im Fahrzeug zurückgelassene Haustiere. (Bild: Tesla, Inc.)

men. Unter der Bezeichnung »Standard Range« gab es diese zum Kampfpreis von 35.000 US-Dollar mit konventionellem Heckantrieb und einer Reichweite von 354 Kilometern. Was bei den wartenden europäischen Tesla-Enthusiasten für Ärger sorgte, war die begleitende Meldung, dass die Einsteigerversion erst im Herbst für Europa verfügbar sein und zudem noch 25 Prozent teurer werden würde. Anders gesagt: Mit 45.000 Euro handelte es sich dabei beileibe um keine Einsteigerversion mehr.

Die Präsentation des Model Y, das als Mittelklasse-SUV die Angebotspalette ergänzen sollte, fand planmäßig am 14. März 2019 im Designstudio von Tesla statt. Natürlich geschah dies im Rahmen der üblichen Show, die von Elon Musk im Alleingang moderiert wurde. Das Model Y basierte auf dem Model 3, es sollte jedoch im Innenraum mehr Platz bieten. Elon Musk sprach von bis zu sieben Sitzplätzen für Erwachsene. Zudem würde das Model Y durch effektivere Fertigungsverfahren deutlich preisgünstiger produziert werden können als das Model 3. Natürlich spielten bei dieser Kostensenkung die natürlichen Skalierungseffekte einer Großserienproduktion eine wichtige Rolle.

Nebenbei fiel auf, dass im Unterschied zum größeren Muttermodell Tesla X beim neuen Model Y die umstrittenen Flügeltüren kein Thema waren – und auch nicht vermisst wurden. Stattdessen rollte das Model Y mit ganz konventionellen, an der B-Säule angeschlagenen Fondtüren auf die Bühne. Dieser Verzicht reduzierte die Baukosten für den Neuling erheblich. Wie üblich, sollten in den USA ab Herbst 2020 erst einmal die hochpreisigen Versionen auf den Markt kommen und zu Jahresbeginn 2021 auch in Europa verfügbar sein. Wann die kostengünstige »Standard Range«-Version auch auf dem alten Kontinent zu haben sein würde, blieb offen. Besonders sportlichen Fahrern versprach Elon Musk einen speziellen »Track Mode« mit optimierten Fahrleistungen und einem Aktivfahrwerk.

Die Präsentation des Model Y fand planmäßig am 14. März 2019 statt. (Bild: Tesla, Inc.)

Abschied von den Flügeltüren: Das Model Y wurde mit ganz konventionellen, an der B-Säule angeschlagenen Fondtüren vorgestellt. (Bild: Tesla, Inc.)

Während der Präsentation des Model Y gab Elon Musk eine Zusammenfassung der Arbeiten an der Gigafactory 3 in Shanghai und zeigte dem Publikum eine Computersimulation der fertigen Fabrikanlage. Auch einen kleinen Gag hatte er in die Präsentation eingebaut – den aber bekam kaum einer der Anwesenden mit: Nach der Präsentationsshow wurde für einige Sekunden der Pickup-Truck in seinem aktuellen Prototypenstadium eingeblendet. Bei Tesla schienen die Planungen wie gewünscht voranzugehen, auch Elon Musk hatte anscheinend seine persönliche Krise überwunden. Mit gemischten Gefühlen wurde hingegen die Botschaft vernommen, dass bei den Tesla-Fahrzeugen künftig keine Inspektionsarbeiten mehr vorgeschrieben würden. So stand fortan auf der deutschen Website zu lesen: »Ihr Tesla benötigt keine jährliche Wartung und turnusmäßigen Flüssigkeitswechsel.« Dieser völlige Verzicht wurde nicht nur von Tesla-Kunden mit Befremden aufgenommen, sondern auch von Vertretern des Kfz-Handwerks. Klar war: Sollte dieser Verzicht im Bereich der Elektromobilität Schule machen, würde dies massive Auswirkungen auf die Werkstattnetze der Fahrzeughersteller haben.

Rund um Fremont fuhren schon seit einiger Zeit Prototypen des Model Y völlig ungetarnt auf öffentlichen Straßen. (Bild: Daniel.Cardenas/Wikimedia Commons)

Elon Musk versprach im Innenraum mehr Platz als im Model 3. Bis zu sieben Sitzplätze für Erwachsene sollten im SUV verfügbar sein. (Bild: Tesla, Inc.)

Spätestens an der Karosseriestruktur wurde die Großserie offensichtlich. Da wirkte kein Detail mehr zusammengebastelt, wie noch wenige Jahre zuvor. (Bild: Tesla, Inc.)

Mit Spannung wurde die Investorenkonferenz im April 2019 erwartet. Dabei rückten die Themen Fahrerassistenzsysteme und Autopilot in den Fokus. Unter den Kunden war in den letzten Jahren und Monaten die anfangs geschürte Euphorie stark geschrumpft, was zum Teil an den geschehenen Unfällen lag, zum Teil aber auch an offensichtlich nicht genügend leistungsfähiger Hard- und Software. Zur Erinnerung: Noch 2016 hatte Tesla erklärt, dass zukünftig alle Neuwagen mit Hardware für vollautonomes Fahren ausgeliefert würden. Davon konnte nach wie vor keine Rede sein.

Jedoch gab es mit Blick auf Letzteres positive Signale, denn Elon Musk verbreitete wieder Optimismus, endlich einen funktionierenden Autopiloten zur Hand zu haben. Die Basis dafür sollte der »objektiv beste Chip der Welt« bilden. Ungewöhnlich ausführlich präsentierte der Vorstand anschließend seinen Aktionären den Stand der Technik bei Tesla. Der Tesla-intern von Grund auf für die Anforderungen des vollautonomen Fahrens (Level 5) und den Tesla Autopiloten entwickelte FSD-Computer für vollautonomes Fahren (»Full Self-Driving«) sollte nun endlich über die notwendige Rechenleistung verfügen. Eine in den Fahrzeugen installierte Kombination aus mehreren nach vorne blickenden Front-, Seiten- und Rückkameras, dazu 12 Ultraschallsensoren sowie eine Radarüberwachung würde dabei die Nah- und Fernüberwachung der Umgebung rund um jeden Tesla sicherstellen. Interessant war in diesem Rahmen die Antwort von Elon Musk auf eine Frage aus dem Publikum, dass er »Lidar« (lasergestütztes Radar) nicht einsetze, weil er es für teuer und überflüssig hielt.

Fortan, so erklärte Musk dem Publikum, würde jeder Tesla mit der vorgestellten Hardware ausgerüstet sein – was im Wettbewerbsvergleich allerdings nur noch zum Teil ein Alleinstellungsmerkmal der Marke darstellte. Sobald die Software auf dem gewünschten Entwicklungsstand sei, würde diese dann per Upload installiert werden. Um dies zu unterstreichen, wurde auf eine Flotte von selbstfahrenden »Robo-Taxis« verwiesen, die demnächst bei Tesla in Dienst gestellt werden sollten.

Nach den wie üblich verheißungsvollen Ankündigungen rund um das vollautonome Fahren wurde der Vorstand von Tesla bald wieder mit der harten Realität konfrontiert – und die hieß: Trotz eines kräftigen Umsatzwachstums auf 4,54 Milliarden US-Dollar hatte das Unternehmen im ersten Quartal 2019 einen Verlust von 702 Millionen US-Dollar zu verzeichnen. Diese Zahlen waren nicht nur schlecht – sie waren viel schlechter, als dies von vielen Analysten erwartet worden war. Die Elon Musk verhassten Leerverkäufer an der Börse rieben sich die Hände, und wieder einmal kam die Frage auf, wann Tesla wohl zum Übernahmekandidaten werden würde. Schließlich war das Unternehmen weit davon entfernt, mit dem Fahrzeugbau genügend eigenes Kapital für eine weitere Expansion zu erwirtschaften.

Elon Musk handelte, indem er 2,3 Milliarden US-Dollar an neuem Kapital aufnahm, zum größten Teil als Wandelanleihen. Damit war Tesla zwar wieder liquide, doch viele Beobachter glaubten nicht, dass diese Summe ausreichte, um das

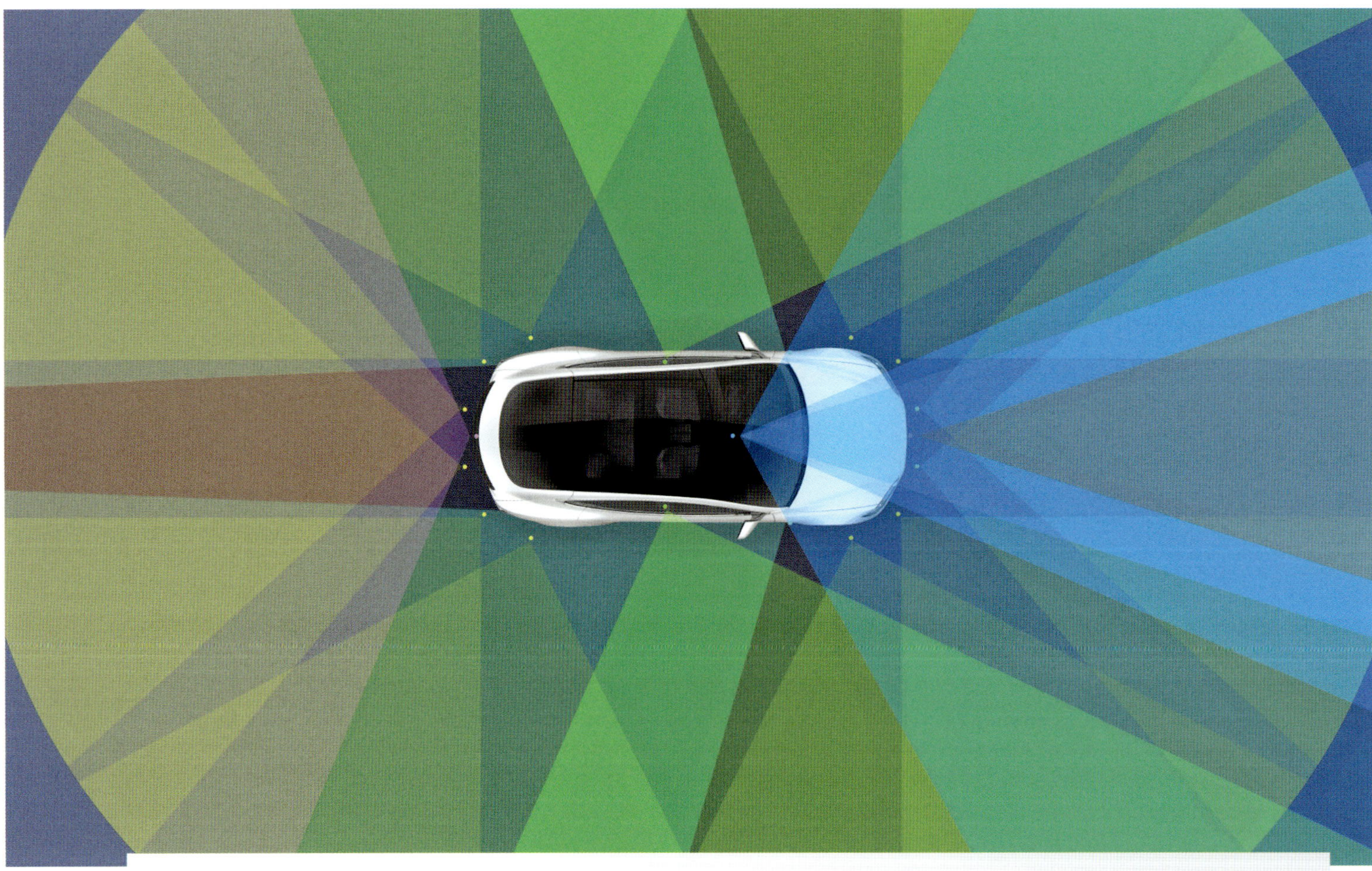

Eine Kombination aus Kameras, Ultraschallsensoren und Radarüberwachung sollte den FSD-Computer ergänzen. (Bild: Tesla, Inc.)

Ganz ohne Lenkrad: Mit neuer Soft- und Hardware rückte das Thema vollautonomes Fahren Level 5 wieder in den Fokus. Demnächst sollte von Tesla eine Flotte von selbstfahrenden »Robo-Taxis« in Dienst gestellt werden. (Bild: Tesla, Inc.)

Unternehmen dauerhaft gesunden zu lassen. Die finanzielle Lage war so ernst, dass der Bau des Tesla Semi und des Roadster erst einmal verschoben wurde. Unterdessen fiel die Aktie von Tesla so tief wie seit zwei Jahren nicht mehr. Auf gerade einmal 227 US-Dollar stand der Kurs mittlerweile – Tendenz sinkend. Parallel dazu ging eine E-Mail durch die Medien, in der Elon Musk zum dramatischen Sparen aufrief, weil sonst eine Firmenpleite innerhalb des laufenden Jahres nicht ausgeschlossen werden könne.

Der Kurs fiel dramatisch weiter und war Ende Mai 2019 bei 178 US-Dollar angekommen. Dieser Kursverfall, für den beileibe nicht nur Leerverkäufe verantwortlich waren, führte zu Spekulationen darüber, ob Musk seine Firmen demnächst bündeln müsste. Denn die Prognosen standen in der Tat schlecht – einige Analysten gaben als neues Kursziel einen Aktienwert von unter 100 US-Dollar an. Der Firmenchef vermutete hinter solchen Analystenangaben natürlich eine gezielte Propagandakampagne der etablierten Automobillobby, um Tesla zu schaden.

Tesla-Vorstand im Juni 2019: Mit Elon Musk, J. B. Straubel und Drew Baglino standen drei Tesla-Urgesteine den Aktionären Rede und Antwort. (Bild: Steve Jurvetson/Wikimedia Commons)

Tesla Semi Campervan: Studie des Londoner Wohnmobilspezialisten Vanlifer auf Basis des kommenden Tesla Semi. (Bild: Vanlifer press image)

Mitte Juni fand die Hauptversammlung von Tesla statt, in der Elon Musk die Situation des Unternehmens als grundsätzlich gut darstellte. Wortreicher waren seine Ausführungen zu den Zukunftsplänen, beispielsweise zu einer eigenen Batteriezellen-Fertigung, zum vollautonomen Fahren, zur Rohstoffplanung und zur Preisentwicklung bei den Solardachziegeln. Auch, so Musk, habe man ein Elektroauto für das Fahren unter Wasser entwickelt, das aber mangels Nachfrage wohl nicht gebaut würde.

Im Hintergrund trübten ernüchternde Personalien das Bild: Produktionschef Peter Hochholdinger hatte Tesla kurzerhand verlassen und war zum Wettbewerber Lucid Motors gewechselt. Jan Oehmicke, gerade mal seit vergangenem Juli 2018 bei Tesla und als Vice President of Tesla Europe eine Schlüsselfigur, verließ ebenfalls das Unternehmen. Wobei hinter vorgehaltener Hand davon berichtet wurde, dass Elon Musk Oehmicke loswerden wollte, weil er für das angebliche Auslieferungschaos des Model 3 in Europa verantwortlich gemacht wurde. Auch Jochen Rudat, der Deutschlandchef von Tesla, war im Sommer 2019 unangekündigt und plötzlich in seinem Münchener Büro nicht mehr zu erreichen.

Kaum weniger spannend aber waren die Meldungen von Passanten, die davon berichteten, getarnte neue Tesla S gesehen zu haben. Damit verdichteten sich die Gerüchte um ein Nachfolgemodell für die sportliche Luxuslimousine, das noch im Jahr 2019 vorgestellt werden sollte. Eine Überarbeitung stand zwar schon länger im Fokus, wurde aber von Musk energisch dementiert – allerdings mit einer Wortwahl, die Interpretationsspielräume offenließ.

Die Geschäftszahlen für das zweite Quartal 2019 kamen schließlich Ende Juli. Tesla hatte wieder einen neuen Produktionsrekord aufgestellt, auch der Umsatz war massiv angestiegen und betrug im Berichtszeitraum imposante 6,35 Milliarden US-Dollar. Allerdings wies der Geschäftsbericht zugleich einen Nettoverlust von knapp 408 Millionen US-Dollar aus – und das ließ Musks Prognosen ein weiteres Mal zur bloßen Makulatur werden.

Zur gleichen Zeit begannen die Innenarbeiten an der neu errichteten Gigafactory 3 in Shanghai. Zur Erinnerung: Vor sechs Monaten hatte Elon Musk die Grundsteinlegung gefeiert – jetzt stand hier eine der größten Fabriken der Erde, in der die baldige Fahrzeugproduktion vorbereitet wurde. Mitarbeiter wurden angeworben, Maschinen angeliefert und Produktionsanlagen aufgebaut, damit im Herbst die ersten Fahrzeuge vom Band rollen konnten. Hierbei stand besonders eine Maschine im Fokus, um die Musk alles andere als ein Geheimnis machte: Tesla hatte Patente für eine riesige Druckgießmaschine[88] angemeldet, und der Firmenpatron ließ dazu verlauten, dass der Rahmen des Model Y aus nur einem einzigen Teil bestehen würde statt aus 70 Bauteilen wie beim Model 3. Die Maschine sollte von Tesla Grohmann Automation aus Deutschland geliefert werden. Jérôme Guillen, Präsident des Automobilbereichs bei Tesla, versprach sich von dieser Druckgießmaschine einen gewaltigen Effizienzgewinn beim Bau des Model Y. Indes: Gestandene Fahrzeug- und Maschinenbauingenieure schüttelten über diese Ankündigung nur den Kopf.

Zumindest potenziell noch bedeutsamer war die Ankündigung von Elon Musk, bereits ab 2020 neue, kostengünstigere Batteriezellen zu verwenden. Diese neuen Batteriezellen sollten nicht mehr in Zusammenarbeit mit Panasonic entstehen, sondern unter Verwendung eigener Patente von Tesla selbst gefertigt werden. Diese Lithium-Ionen-Akkus würden laut Musk eine Lebensdauer von einer Million Meilen bzw. 1,6 Millionen Kilometern haben. Wie konkret diese Fertigungspläne waren, zeigte sich daran, dass Tesla auch hierfür seit geraumer Zeit Fertigungsspezialisten für den Batteriezellenbereich anheuerte.

Spannend war diese Ansage Musks schon allein deshalb, weil Volkswagen zur IAA 2019 sein Elektrofahrzeug ID.3 vorgestellt hatte. Gerüchteweise war es dem VW-Konzern durch langfristige und umfangreiche Verträge mit Batterieproduzenten gelungen, die kWh Speicherkapazität für unter 100 Euro einzukaufen. Träfe dies zu, wäre diese »magische« Grenze auf dem Weg zum kostengünstigen Elektroauto viel früher gefallen als von Fachleuten errechnet. Die zentrale Frage war nun, ob und wie weit Elon Musk mit der neuen, patentierten Technik diese 100 Euro unterbieten würde.

Im Oktober 2019 wurden die Geschäftszahlen für das 3. Quartal bekanntgegeben. Auch diesmal fielen sie nicht überzeugend aus: Zwar wurden 97.000 Fahrzeuge ausgeliefert, was einem neuen Quartalsrekord entsprach, doch unterm Strich kam lediglich ein Nettogewinn von 143 Millionen US-Dollar (128 Mio. Euro) zustande. Wer wollte, konnte jedoch einen permanenten Aufwärtstrend bei Tesla erkennen – eine Tatsache, die sich direkt positiv auf den Aktienkurs auswirkte, der nach oben schoss und nun plötzlich über der Marke von 300 US-Dollar lag.

Anfang August veröffentlichte Tesla erste Bilder der in China gebauten Gigafactory 3. Aufnahmen aus dem Innern zeigten, dass die Produktionsvorbereitungen in vollem Gange waren. (Bild: Tesla, Inc.)

Diese positive Stimmung wurde durch weitere Meldungen angeheizt: So hatte Tesla ein auf Batterieproduktion spezialisiertes Unternehmen aufgekauft, was auf eine baldige eigene Fertigung von Energiespeichern hindeutete. Eine richtige Sensation aber war die Mitteilung, die angekündigte Gigafactory 4 in Deutschland anzusiedeln. Und zwar in der Nähe des seit Jahren im Bau befindlichen Flughafens BER bei Berlin, der im In- und Ausland schon lange zum Gespött geworden war. Diese Nachricht sorgte für Verblüffung und führte unweigerlich zur sarkastischen Frage, wie lange der Bau der Gigafactory 4 wohl im Vergleich zur Gigafactory 3 in China benötigen würde.

Die Tesla-Gemeinde beschäftigte währenddessen aber ein ganz anderes Thema: Am 21. November 2019 sollte endlich der lange erwartete Pickup Truck präsentiert werden. Der bevorstehende Termin regte schon deshalb die Fantasie an, weil Elon Musk öffentlich erklärt hatte, dass dieser radikal geformte Pickup Truck nicht jedem gefallen würde. Da das Fahrzeug laut Firmenleitung wie ein Truppentransporter aus einem Blade-Runner-Film aussehen würde, wurde die Modellbezeichnung kurzerhand in »Cybertruck« geändert.

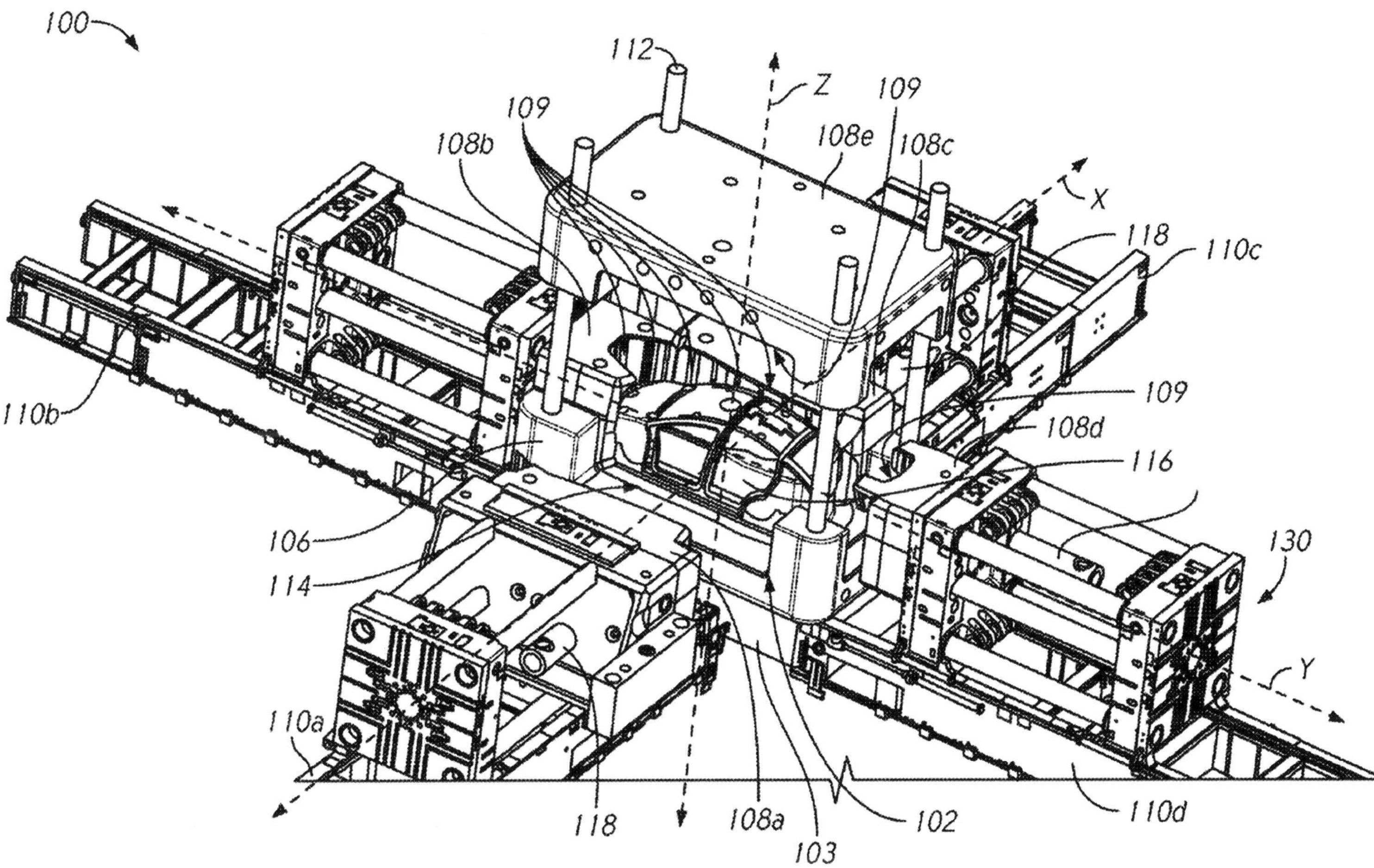

Technisches Neuland: Elon Musk hatte angekündigt, dass mit der patentierten Druckgießmaschine der Rahmen des Model Y aus nur noch einem einzigen gegossenen Teil bestehen würde. (Bild: Tesla, Inc./WIPO Patentanmeldung)

Tesla Cybertruck: So sehr der Prototyp optisch auch provozierte, so sehr war doch zu erwarten, dass die spätere Serienversion etwas zahmer daherkommen würde. (Bild: Tesla, Inc.)

Die Ladefläche konnte auch komplett geschlossen werden. Zusätzlich sollte ein Campingaufbau mehrere Schlafplätze bieten. (Bild: Tesla, Inc.)

Praktisch und durchdacht: Eine große Ladefläche mit Auffahrrampe, Stromversorgung und Kompressor ließen den Cybertruck zum Arbeitstier werden. Das Tesla-ATV war als Bestelloption vorgesehen. (Bild: Tesla, Inc.)

Der Innenraum bot Platz für fünf Personen. Ob das eckige Lenkrad den Weg in die Serie finden wird, bleibt dahingestellt. (Bild: Tesla, Inc.)

Inszenierte Panne: Während der Live-Enthüllung wirft Tesla-Chefdesigner Franz von Holzhausen eine Stahlkugel gegen die Seitenscheibe des Cybertruck. Der Aufprall, der die Widerstandsfähigkeit der Seitenscheibe demonstrieren sollte, zertrümmerte stattdessen das Glas. (Bild: Kruzat/Wikimedia Commons)

Am 21. November lieferte der Tesla-CEO wieder seine gewohnte Show vor Publikum. Tatsächlich verblüffte nicht nur das provokante Stealth-Design des neuen Modells, sondern auch ein Blick auf die technischen Daten. So sollte der extrem robust gebaute Cybertruck ähnlich rasant wie ein Porsche 911 beschleunigen, gleichzeitig den großen Pickup Ford F-150 in allen zentralen technischen Eigenschaften übertreffen. Die Planung sah vor, den Cybertruck zum Jahresende 2021 in drei Batterieversionen und zu Preisen ab 39.900 US-Dollar auf den Markt zu bringen. Das Topmodell für 69.900 US-Dollar sollte laut Elon Musk über eine Reichweite von 800 Kilometern verfügen.

Zum Beweis der Robustheit der Karosserie malträtierte Chefdesigner Franz von Holzhausen die Fahrertür mit einem Vorschlaghammer, die dabei ohne jede Beschädigung blieb. Der Grund war, dass für die Karosserie die gleiche gehärtete Edelstahllegierung wie für die SpaceX-Raketen verwendet wurde. Laut Elon Musk sollte die Karosserie sogar kugelsicher sein. Die Tragstruktur hatte Franz von Holzhausen als »Exoskelett« entworfen, um die nötige Steifigkeit des luftgefederten Fahrzeugs gewährleisten zu können.

Auch die Scheiben des Cybertruck waren, so Musks Aussage, extrem robust ausgelegt. Dementsprechend warf Franz von Holzhausen tennisballgroße Stahlkugeln in die Seitenscheiben, die allerdings entgegen aller Erwartung dabei erheblich beschädigt wurden. Musk nahm diesen Fauxpas mit Humor und erklärte, dass es bei den Scheiben wohl noch Verbesserungspotenzial gebe. Diese peinliche Panne wurde aber sofort weltweit zum Thema – auch in Medien, die sonst niemals über eine Autopräsentation in den USA berichtet hätten. Ein Schelm, wer Böses dabei denkt: Die an Ort und Stelle von Elon Musk und Franz von Holzhausen gezeigte Reaktion auf das (vermeintliche) Missgeschick könnte den ganzen Vorgang auch als fantastisch inszenierten PR-Gag entlarven …

Als Musk nach dem Ende der Show das Geschehen verlassen wollte, drehte er sich, perfekt inszeniert, noch einmal um – denn auf die Bühne kam ein von Tesla gebautes Elektro-Quad (ATV) gefahren. Das »Cyberquad« war ähnlich kantig und futuristisch gestylt wie der Cybertruck. Der völlig schwarz gekleidete Fahrer fuhr das Gefährt schließlich wortlos auf den Laderaum des Cybertruck und schloss es zum Laden an die integrierte Steckdose an. Das Cyberquad sollte später als Ausstattungsoption für den Cybertruck mitbestellbar sein, ebenso wie ein Campingaufbau und eine Miniküche.

Heimlich überschattet wurde die Präsentation des Cybertruck von der Äußerung Elon Musks, dass die Modelle S und X eigentlich überflüssig und nur noch aus Sentimentalität im Programm seien. Sicher war hingegen, dass beide Typen demnächst nochmals überarbeitet würden. Wörtlich genommen, zeigte diese Bemerkung des Tesla-Chefs überdeutlich, wohin die Reise ging. Die Marke war den Kinderschuhen entwachsen und fokussierte ihr Geschäft nun auf Großserienfahrzeuge, die durch Skalierungseffekte eine deutlich höhere Marge lieferten als die Kleinserienmodelle S und X.

Und genau zu diesem Zukunftsprogramm passte der Cybertruck, der mitten in das Herz der US-amerikanischen Hersteller zielte. Denn die drei Großen – GM, Ford und Chrysler – hatten sich längst aus dem Kompaktfahrzeugsegment verabschiedet und verdienten ihr Geld hauptsächlich mit SUVs und Pickups. Beides hatte Tesla nun im Programm. Sicher war nicht davon auszugehen, dass die klassischen und zumeist konservativen Pickup-Kunden

S-3-X-Y Modellpalette: Das seit Jahren gepflegte Wortspiel wurde mit dem Model Y fortgeführt. (Bild: Tesla, Inc.)

demnächst einen Cybertruck kaufen würden – doch immerhin hatten nun die aufgeschlosseneren Interessenten mit dem Cybertruck eine Alternative.

Aber es gab noch einen weiteren Aspekt: Der Cybertruck schien in seiner Ausführung und Technik wie geschaffen, um künftig als leichtes Armeefahrzeug genutzt zu werden. Ob die U.S. Army dazu Vorgaben definiert hatte, blieb unbeantwortet, denn zu diesem Gerücht existierten weder belastbare Fakten noch Aussagen seitens Tesla. Wie dem auch sei – der Cybertruck traf den Geschmack der Käufer: Elon Musk berichtete vier Tage nach der Präsentation, dass für den Cybertruck bereits 250.000 Vorbestellungen bei Tesla eingetroffen seien und mit 100 US-Dollar (anstatt 1000 US-Dollar wie beim Model 3) angezahlt worden waren.

Gigafactory 3 in China: Pünktlich zum Jahresende 2019 rollten die ersten Tesla Model 3 von den Fließbändern in Shanghai. (Bild: Tesla China)

Unterdessen wurde das wohlbekannte Wortspiel rund um das Tesla-Typenprogramm mit dem Model Y fortgeführt: Aus den Anfangsbuchstaben der einzelnen Modelle konnte nun das Wort S-3-X-Y gebildet werden. Tesla verfügte damit sozusagen über eine S-3-X-Y Modellpalette. Spötter verwiesen jedoch darauf, dass mit dem Erscheinen des Trucks Semi die Modellpalette nur noch halb so sexy sein würde, nämlich »Semi S-3-X-Y«. Ein unbedachter Lapsus von Elon Musk? Wohl kaum.

Das Gegenteil war der Fall, wie sich bald herausstellte, denn auch bei den zukünftigen Modellen sollte nur der erste Buchstabe zur Fortführung des Wortspiels verwendet werden. Dann entstand aus dem Cybertruck (C), dem ATV (A), dem Roadster (R) und dem Semi (S) das Wort C-A-R-S. Die Modellpalette von Tesla würde somit zukünftig aus S-3-X-Y C-A-R-S bestehen – eine nette Petitesse.

Aufregender war, was unterdessen in China passierte: Ende Dezember 2019 standen rund um die Gigafactory 3 mehrere hundert fertiggestellte Tesla Model 3 zur Abholung bereit. Die Serienfertigung war angelaufen, ab dem 30. Dezember sollten die Fahrzeuge an die ersten Kunden ausgeliefert werden. Insgesamt war die Jahresproduktion von Tesla im Jahr 2019 auf rund 350.000 Fahrzeuge gestiegen. Mit dem Fahrzeugausstoß der Gigafactory 3 würde ab 2020 dann die Schwelle von 500.000 jährlich produzierten Fahrzeugen deutlich überschritten werden. Diese rasante Entwicklung blieb der Öffentlichkeit nicht verborgen, und selbst einstmals kritische Finanzjournalisten bekannten sich mittlerweile zu Tesla. Der Börsenkurs des Unternehmens war seit Oktober 2019 senkrecht nach oben gestiegen und mit 430 US-Dollar (Stand 27.12.2019) selbst den kühnsten Prognosen enteilt.

Entgegen aller Unkenrufe schritten die Planungsarbeiten für die Berliner Gigafactory viel zügiger voran als erwartet. Doch dass die Planungsarbeiten gemäß Elon Musks Vorstellungen voranschritten, war nicht selbstverständlich, denn: Nachdem der Finanzausschuss des Landesparlaments von Brandenburg den mit Tesla ausgehandelten Vertrag zum Verkauf des Grundstücks Anfang Januar 2020 gebilligt hatte, regte sich sofort Widerstand in der lokalen Bevölkerung sowie beim kommunalen Wasserverband. Tesla versprach den Kritikern ein massives Aufforstungsprogramm, worauf sich der Widerstand legte.

2020

Bevor aber mit den Bauarbeiten auf dem 300 Hektar großen Waldgebiet begonnen und das Gelände mit Straßen, Wasser, Beleuchtung und Strom erschlossen werden konnte, mussten weitere Hürden genommen werden. Neben der obligatorischen Vermessung galt es, das Grundstück von Mülllagern zu reinigen und den Boden nach Fliegerbomben aus dem 2. Weltkrieg abzusuchen. Die Brandenburger Staatskanzlei ging dabei von 25 auf dem Tesla-Gelände liegenden Blindgängern aus. Alle diese Hindernisse wurden schnell und unbürokratisch abgearbeitet. Am 14. Februar 2020 war es dann schließlich soweit: Brandenburgs Wirtschaftsminister Jörg Steinbach gab vor Ort bei einer kurzen Festrede den Startschuss zum Bau der Gigafactory 4.

Mit diesen positiven Nachrichten ging für Tesla und Elon Musk ein aufregendes Jahrzehnt zu Ende. Der Tesla-CEO hatte Öffentlichkeit und Anlegern in dieser Zeit viel versprochen und vieles davon – nicht nur mit Blick auf Tesla – gehalten. Wenn auch nicht jedes Mal pünktlich. Immer mehr Fachleute waren sich mittlerweile einig: Sollten die weiteren Pläne von Elon Musk mit ähnlicher Energie und vergleichbarer Erfolgsquote umgesetzt werden, könnte das Gefüge der weltweiten Automobilindustrie am Ende der nächsten Dekade anders aussehen.

So schön die Dekade geendet hatte, so trostlos begann die neue: Die Proteste gegen die Gigafactory 4 in Grünheide hielten nicht nur an, sondern wurden massiver. Hier tat sich besonders die Bürgerinitiative Grünheide hervor, die mit Informationsveranstaltungen, Protestmärschen und massiver Pressearbeit gegen Tesla arbeitete. Weitere Protestgruppen schlossen sich an, so beispielsweise die Ökologisch Demokratische Partei (Landesverband Brandenburg), die einen sofortigen Baustopp forderte. Kein Zweifel: Elon Musk blies ein kalter Wind entgegen – und noch existierten keine genehmigten Baupläne. Doch es gab nicht nur Gegner, denn für zahlreiche Bürger des strukturschwachen Brandenburger Landes waren auch Träume und Hoffnungen mit der Gigafactory verknüpft. Und schon wurden die ersten Stellenangebote für die Gigafactory Grünheide öffentlich ausgeschrieben.

Immerhin hatte Elon Musk in einem anderen Bereich einen handfesten Erfolg melden können: Tesla hatte im Dezember 2019 den chinesischen Automobilbauer BYD überholt und war mit 800.000 hergestellten Autos zum weltweit größten Hersteller von Elektrofahrzeugen aufgestiegen. Trotzdem blickte Elon Musk mit Respekt auf die gerade präsentierte neue Batteriegeneration des chinesischen Wettbewerbers BYD. Denn die von BYD entwickelte »Blade Batterie« die aus preisgünstigem Lithium-Eisen-Phosphat bestand, war nicht nur kostengünstiger als die von Tesla verwendete Batteriebauart, sondern vor

Das gerodete Gelände der zukünftigen Gigafactory 4 von Tesla in Grünheide. Am linken Bildrand ist der Berliner Ring zu sehen, rechts das Gewerbegebiet Freienbrink. (Bild: Ralf Roletschek/Wikimedia Commons)

allem nicht mehr brandanfällig. Aufgrund des verwendeten Baumaterials war bei der »Blade Batterie« das Brandrisiko tatsächlich signifikant geringer, selbst bei groben mechanischen Beschädigungen.

Parallel zu den massiven Protesten konkretisierten sich die ausstehenden Baupläne für die neue Gigafactory. Auf dem 300 Hektar (3 Millionen Quadratmeter) messenden Grundstück sollte ein zweistöckiges Fertigungsgebäude mit einer Grundfläche von rund 600.000 Quadratmetern entstehen. Zum Gebäudeaufbau erklärte das Fachmagazin TESLAMAG: »In der unteren Etage will Tesla auf ungefähr einem Drittel der Breite Lackiererei, Gießerei und Kunststoff-Fertigung unterbringen, daneben Presswerk, Karosserie-Rohbau und Antriebsfertigung. Die gesamte Breite des länglichen Gebäudes am unteren Ende nimmt die Endmontage ein. Im Stockwerk darüber sind Batteriefertigung und Sitzfertigung vorgesehen sowie ein umlaufender Support-Bereich. Über der Endmontage und zu einem kleinen Teil auch neben ihr befindet sich in etwa derselben Größe die Antriebsfertigung.«[89]

Völlig offen war hingegen die Zukunft des großspurig präsentierten Cybertruck. In den USA, wo leichte Lastwagen und E-Pickups zum Teil von den Vorschriften zur passiven Sicherheit befreit waren, ließ sich dieses Monsterfahrzeug wohl noch vorstellen – auch und gerade als Armeefahrzeug. Aber in Europa? Der Zweifel an einer europäischen Zulassung war angebracht, denn die aus 3 mm starkem Stahlblech geformte Karosserie des Cybertruck war viel zu formstabil, um die europäischen Vorgaben zum Fußgänger- und Insassenschutz zu erfüllen. Weder die Frontpartie noch der vordere Stoßfänger oder die Motorhaube waren dazu angelegt, die Folgen einer Fußgängerkollision in irgendeiner Form zu mildern. Die einzige Chance würde sein, den Cybertruck über eine Ausnahmegenehmigung wie es sie für gepanzerte Personenschutz-Limousinen gab, auf europäische Straßen zu bringen.

Freude bereitete ein Blick auf den Aktienkurs von Tesla, der sich seit seinem Tief bei 179 Dollar Anfang Juni 2019 auf über 420 Dollar verdoppelt hatte. Analystenschätzungen zufolge sollte der Kurs sogar noch weiter steigen, obwohl Leerverkäufer permanent daran arbeiteten, den Aktienwert nach unten zu drücken. Doch Tesla erwirtschaftete mittlerweile Gewinn – Tendenz steigend. Mehr noch: Tesla war auf dem Weg, der wertvollste Automobilhersteller der Welt zu werden. Eher ernüchternd waren hingegen die Bilder von Grimes, der Lebensgefährtin von Elon Musk, die via Twitter kursierten. Auf diesen Bildern hielt die schwangere Grimes ihren bemalten nackten Bauch in die Kamera.

Die Einsatzideen für den Cybertruck wurden immer skurriler. Hier eine Darstellung als Campingmobil mit Schlafaufbau und integrierter Küche. (Bild: Tesla, Inc.)

Blechgewordener Polizistentraum: Hier ein Cybertruck-Designvorschlag der »Ontario Provincial Police«, der per Twitter direkt an Elon Musk gerichtet war. (Bild: Twitter@OPP Highway Safety Division)

In China lief die Produktion langsam an, wobei der Andrang der chinesischen Tesla-Fans auf das dort produzierte Modell 3 stürmisch war. Die gute Stimmung und die Erwartungshaltung an Tesla nutzte Elon Musk und stellte in chinesischen Medien einen Kleinwagen vor. Dieser kompakte Wagen war nur grob skizziert, noch nicht einmal Türen waren eingezeichnet. Von seiner Frontpartie her war dieser Kleinwagen jedoch sofort als Tesla identifizierbar und weit entfernt von dem Extremdesign eines Cybertruck. Noch interessanter aber war das Gerücht, dass der Kleinwagen mit den kostengünstigen Eisen-Phosphat-Akkus (Blade Batterie) des direkten Wettbewerbers BYD ausgerüstet werden sollte.

Mitte März 2020 gab es einen Erfolg zu feiern, den noch vor wenigen Jahren niemand ernsthaft für möglich gehalten hatte: Tesla meldete das einmillionste gebaute Elektroauto. Getrübt wurde der Erfolg durch die Tatsache, dass die durch das COVID-19-Virus verursachte Corona-Pandemie seit Anfang des Jahres 2020 weltweit die Wirtschaft lähmte. Davon waren auch die Tesla-Produktionsstätten betroffen, die zeitweise die Produktion aussetzen mussten. Statt Autos lieferte Elon Musk nun Atemmasken, weiterhin war die Produktion von Beatmungsgeräten in Kooperation mit dem Medizintechnik-Hersteller Medtronic geplant.

In Grünheide waren die Rodungsarbeiten bis Ende März 2020 beendet, in einem nächsten Schritt sollten nun die Fundamente gegossen werden. Die Proteste gegen die Gigafactory 4 hielten indes unverändert an. Zwar wurden die Bauarbeiten stetig fortgesetzt – aber im Vergleich zum Bau der Gigafactory 3 in China, die mit behördlicher Unterstützung innerhalb eines Jahres entstanden war, eher im Schneckentempo. Und während in der neuen chinesischen Gigafactory das Model 3 minütlich vom Fließband rollte, hatten auf dem chinesischen Werksgelände schon die Bauarbeiten für eine weitere Gigafactory begonnen. Dort sollte in wenigen Monaten das Model Y produziert werden.

Schwangere Grimes mit bemaltem Bauch: Viel unästhetischer kann man sich als Frau wohl kaum präsentieren. (Bild: Grimes@Twitter)

Unterdessen hatte Elon Musks schwangere Lebensgefährtin Grimes ihr Kind entbunden. Als Namen für ihren Sohn hatten die Eltern sich laut Geburtsurkunde X Æ A-12 einfallen lassen, was sofort zu hitzigen Diskussionen in den Medien führte. Der Namen war so kurios, dass der Gesetzgeber einschritt: Da das kalifornische Recht keine arabischen Ziffern im Namen gestattete, war die Zahl 12 als Bestandteil eines Namens nicht erlaubt. Kurzerhand stellten Elon Musk und Grimes die arabischen Ziffern 12 als römische Zahl XII dar. Aus X Æ A-12 wurde demgemäß X Æ A-XII. Das öffentliche Ansehen von Elon Musk und seiner ohnehin umstrittenen Lebensgefährtin wurde dadurch nicht unbedingt gesteigert.

Veröffentlichte Kleinwagenstudie von Tesla: Wie würde der Kleine später wohl heißen. Tesla 2 oder Tesla Q standen als Namen zur Debatte. (Bild: Tesla, Inc.)

Das Model Y lief seit Januar 2020 in der Tesla Factory in Fremont vom Fließband. Einige Exemplare wurden testweise schon mit den neuen 4680er-Batterien ausgerüstet. (Bild: Tesla, Inc.)

Die Aufregung um den Cybertruck und den Namen von Elon Musks jüngstem Kind legte sich bald, auch um den Roadster und den Semi Truck war es still geworden. Es galt deshalb, sich wieder auf das Tagesgeschäft zu konzentrieren, trotz der anhaltenden Behinderungen durch die Corona-Pandemie. Dies galt umso mehr, da die Wettbewerber aufgewacht waren und den technischen Rückstand zu Tesla in großen Schritten aufholten. Insbesondere VW-Chef Herbert Diess, den eine persönliche Freundschaft mit Elon Musk verband, hatte den Wolfsburger Konzern auf einen neuen Kurs gebracht. Aber auch aus China rollten Elektrofahrzeuge in den Markt, die weder optisch noch technisch einen Vergleich mit den Modellen von Tesla scheuen mussten.

Dies galt umso mehr, da die seit Januar 2020 in der Tesla Factory in Fremont produzierten Mittelklasse-SUV Model Y durch gravierende Mängel hinsichtlich Optik und Verarbeitung auffielen. Käufer berichteten von Lack- und Verkleidungsproblemen, Beulen in den Sitzen, unsachgemäß befestigten Sicherheitsgurten und nicht montierten Rückbänken. Es war kein Geheimnis und dazu offensichtlich, dass der Fokus der Konstrukteure auf einer drastisch kostengünstigeren Fertigung gelegen hatte.

Das US-amerikanische Magazin ELEKTREK berichtete von massiven Qualitätsmängeln und konkretisierte dazu: »Es ist nicht ungewöhnlich, dass neue Fahrzeuge in der Anfangsphase ihrer Produktion einige Qualitätsprobleme haben. [...] Beim Model Y scheint es sich jedoch um ein größeres Problem als üblich zu handeln, selbst für Teslas Verhältnisse. Die Foren werden von neuen Käufern überschwemmt, die über Probleme mit ihrem neuen Model Y berichten, die Lieferung verweigern und in einigen Fällen die Lieferung aufgrund von Problemen proaktiv stornieren.«[90]

Viele potentielle Käufer hofften, dass Elon Musk diese Anlaufprobleme bald in den Griff bekommen würde. Immerhin bot das 4,75 m lange Model Y einen echten Mehrwert gegenüber dem 60 mm kürzeren Model 3, obwohl es auf ihm basierte und rund 75 % der Teile davon verwendete. So gab es beim Model Y neben einem deutlich größeren Innenraum erstmals eine serienmäßige Heizung mittels energiesparender Wärmepumpe. Eine Anhängerkupplung war zwar erhältlich, jedoch nur als Nachrüstung.

Bis zu 7 Sitzen: Das Model Y war 6 cm länger und 19 cm höher als das Model 3, wodurch deutlich mehr Innenraum zur Verfügung stand. Als Option konnte für Kinder eine dritte Sitzreihe unter der Heckscheibe geordert werden. (Bild: Tesla, Inc.)

Trostlos, öde und leer: Das Baugelände der zukünftigen Gigafactory 4 von Tesla in Grünheide im Juli 2020. Der verantwortliche Projektleiter wurde von Elon Musk fristlos entlassen. (Bild: Molgreen/Wikimedia Commons)

Elon Musk kündigte bereits die nächste Gigafactory an, die in Austin (Texas) für den Bau des Model Y, des Cybertruck und des Lkw Semi entstehen sollte. Der genaue Standort für diese dritte Tesla-Fabrik in den USA war noch nicht bestimmt, aber der Name der neuen Gigafactory wurde schon festgelegt: »Giga Austin« sollte sie heißen. Laut Gerüchten war Elon Musk weltweit auf der Suche nach geeigneten Flächen für weitere Gigafactorys, wobei besonders in Großbritannien geforscht wurde. Aus Großbritannien kam unterdessen eine eher amüsante Nachricht zur Elektromobilität: James Dyson, der Gründer des gleichnamigen Staubsauger-Konzerns, der 2017 vollmundig ein in jeder Hinsicht revolutionäres Elektroauto angekündigt hatte, gab nun kleinlaut das Ende des Projekts bekannt. Nach eigenen Angaben hatte er für diese Eskapade 3 Milliarden Euro verpulvert.

Fast schon unheimlich war der Anstieg der Tesla-Aktie, die die Schwelle von 1.300 Dollar überschritten hatte. Damit war Tesla nun endgültig der wertvollste Automobilhersteller der Welt – inwieweit diese Entwicklung jedoch rational gerechtfertigt werden konnte, darüber herrschte Zweifel. Tesla war mittlerweile finanziell so stark, dass selbst das aufkeimende Gerücht einer Fusion von Tesla und Volkswagen gar nicht so abwegig schien. Bekanntermaßen herrschte zwischen Elon Musk und Herbert Diess ein freundschaftliches, von gegenseitigem Respekt geprägtes Verhältnis. Doch statt mit VW zu fusionieren, splittete Elon Musk die Aktie von Tesla per 31. August 2020 im Verhältnis 1:5. Diesem Split folgte kurz darauf eine Kapitalerhöhung um 5 Milliarden Dollar. Die Kasse von Tesla war damit prall gefüllt.

Das Geld konnte Tesla gut gebrauchen, denn die Pläne zur Produktion eigener Batteriezellen wurden konkreter. Elon Musk wollte damit nicht nur die Abhängigkeit von seinen Zulieferern reduzieren, gleichzeitig sollten die Produktionskosten drastisch sinken. Seine auf dem alljährlichen Battery Day verkündeten Pläne kommentierte der Batterieexperte Maximilian Fichtner im Nachrichtenmagazin DER SPIEGEL wie folgt: »Selbst wenn Tesla bei den schwierigen Änderungen an der Anode nur die Hälfte der erwarteten Zuwächse schafft und beim Zelldesign einige Prozentpunkte weniger herausspringen, bleiben 40 Prozent mehr Reichweite. […] Elon Musk hat überall angesetzt, von der Bearbeitung der Rohstoffe bis zum fertigen Auto, um seine Autos besser und billiger zu machen. Selbst wenn das Unternehmen nur einen Bruchteil der verkündeten Zuwächse erreicht, ist das noch weit über dem, was die Konkurrenz hierzulande plant. […] Dann wäre man bei Kosten von 70 bis 80 US-Dollar pro Kilowattstunde. Es gäbe keinen Grund mehr, einen Verbrenner zu kaufen – auch nicht den Preis.«[91]

Im Oktober 2020 begann die Aufforstungsaktion von Tesla, die einen Ausgleich zu den bei Grünheide gerodeten Bäumen bilden sollte. Hierzu wurden auf minderwertige, für den Ackerbau nicht geeignete Böden besonders anspruchslose Bäume gesetzt, die für eine nachhaltige Begrünung sorgen sollten. Besonders pikant: Der Bau der Gigafactory 4 war noch immer nicht offiziell genehmigt, Elon Musk arbeitete mit Vorab-Genehmigungen. Kaum auszudenken, aber möglich war der Fall, dass am Ende keine Genehmigung zur Produktion von Automobilen in Grünheide erteilt würde. Dass der Baufortschritt absolut nicht nach Elon Musks Geschmack lief, wurde durch die fristlose Entlassung des Projektleiters Evan Horetsky unterstrichen. Für ihn kam André Thierig, den Tesla von Ford abwerben konnte.

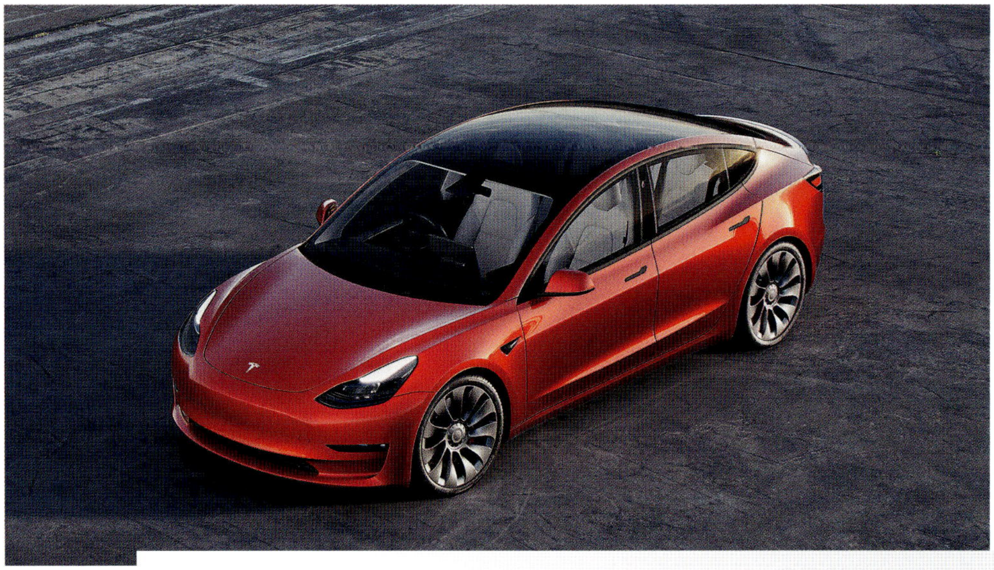

Facegeliftetes Model 3: Das Model 3 wurde seit 2017 gebaut und im Oktober 2020 überarbeitet. Die aktualisierte Version war sofort zu erkennen, denn alle verchromten Zierleisten waren durch mattschwarze ersetzt worden. (Bild: Tesla, Inc.)

Mittlerweile war das seit 2017 produzierte Model 3 schon etwas in die Jahre gekommen. Höchste Zeit, das meistverkaufte Elektroauto der Welt zu überarbeiten. Wobei hier Elon Musk ohnehin einen anderen ganz eigenen Weg ging. Änderungen wurden nicht etwa in einer Modellpflege gebündelt, so wie das bei anderen Automobilherstellern der Fall war, sondern sukzessive in die laufende Serienproduktion implementiert. So hatte das Model 3 seit seiner Einführung bereits 75 neue oder verbesserte Software-Funktionen »over the air« aufgespielt bekommen. Zu den neuen 4680-Batteriezellen, die vor geraumer Zeit angekündigt worden waren, gab es von Elon Musk nichts zu hören.

Die Modellpflege vom Spätherbst 2020, von Elon Musk als »Refresh« bezeichnet, war trotzdem nicht zu übersehen. So erhielt das Model 3 nun ebenfalls serienmäßig eine Wärmepumpe zum Heizen und Kühlen, doppelt verglaste vordere Seitenscheiben, eine größere Batterie, neu geformte Frontscheinwerfer, eine neu gestaltete Mittelkonsole sowie etliche kleinere Anpassungen. Von außen war das facegeliftete Model 3 sofort an dem nicht mehr verchromten, sondern nun mattschwarzen Zierrahmen zu erkennen. [92]

Kurz darauf erhielten auch das Model S und das Model X einen »Refresh«, der aber nur sehr bescheiden ausfiel und eigentlich seinem Namen nicht gerecht wurde. Auffälligste Änderungen waren ein Bildschirm, der jetzt wie beim Model 3 und beim Model Y in Querformat montiert war sowie ein eckiges, oben offenes Lenkrad (»Yoke«-Lenkrad) wie im Prototyp des Cybertruck. Wobei offen blieb, ob dieses zwar interessant anzusehende, aber völlig unpraktische Lenkrad überhaupt zulassungsfähig war. Dieser Pseudo-Refresh zeigte nochmals klar, dass das Interesse von Elon Musk auf den Volumenmodellen Model Y und Model 3 lag. Mit anderen Worten: Model S und Model X spielten in Teslas Zukunftsplanungen keine Rolle mehr.

Ende 2020 konnte Elon Musk auf ein erfolgreiches Jahre zurückblicken. Tesla erwirtschaftete Gewinn, die Zielmarke von 500.000 gebauten Autos für 2020 war erreicht, das Liquiditätspolster betrug mittlerweile satte 14,5 Milliarden Dollar, der Aktienkurs stieg unaufhörlich, Elon Musk war bereits zum zweitreichsten Menschen der Erde aufgestiegen und neue Gigafactorys waren konkret in der Planung. Ab Januar 2021 würden die ersten Model Y an Teslas chinesischem Produktionsstandort in Shanghai vom Band rollen. Trotzdem entschloss sich der Tesla-CEO, eine weitere Kapitalerhöhung vorzunehmen. Durch den Verkauf neuer Aktien sollten weitere 5 Milliarden Dollar in die Kasse gespült werden. Und noch einen weiteren Erfolg konnte Tesla verbuchen: Mitte Dezember 2020 erfolgte die Aufnahme des Unternehmens in den US-amerikanischen Börsenindex S&P 500.

Schick, aber unpraktisch: Wie im Prototyp des Cybertruck sollte im facegelifteten Model S und Model X das eckige, oben offene »Yoke«-Lenkrad verbaut werden. (Bild: Tesla, Inc.)

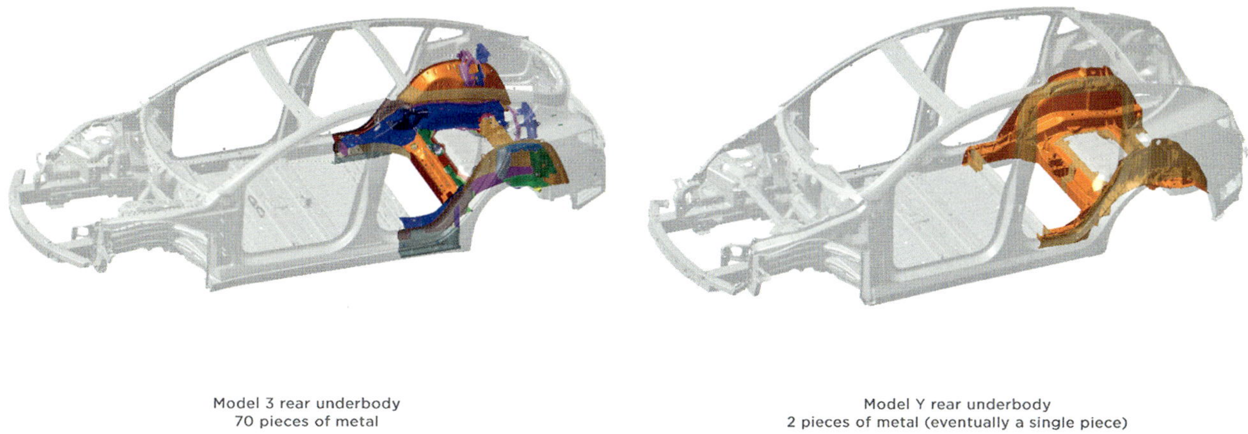

Druckguss statt Einzelbleche: Statt Dutzende von Einzelblechen wie beim Model 3 zu einem Fahrzeugheck zu verschweißen, lieferte die »Gigapresse« für das Model Y ein einziges Gussteil. Auch der Frontbereich des Model Y sollte demnächst auf diese Weise entstehen. (Bild: Tesla, Inc.)

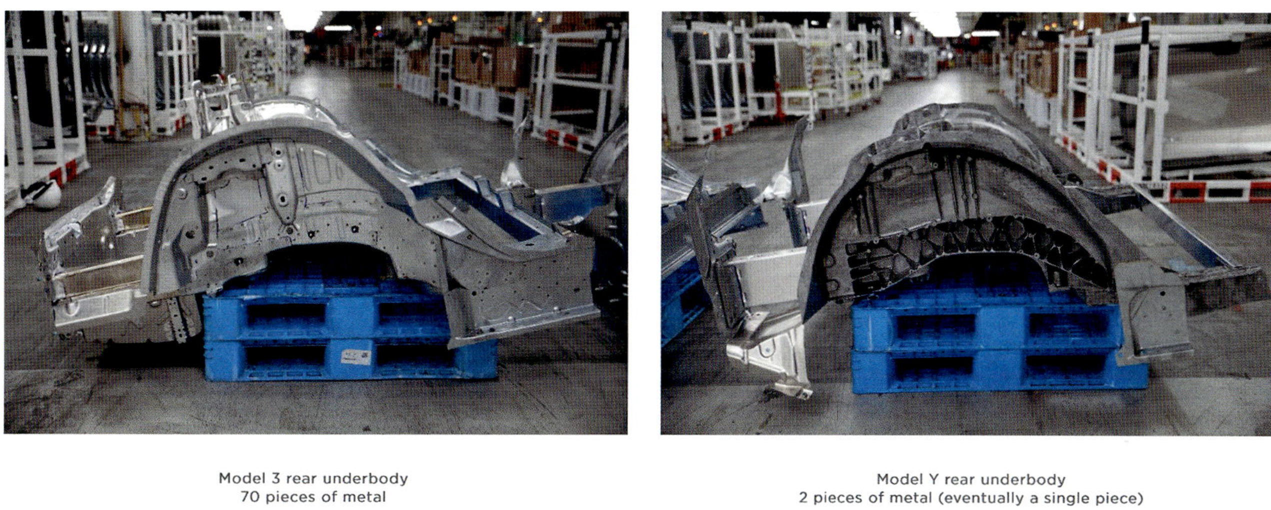

Tauschbare Knautschzone: Im rechten Bild linksseitig gut zu erkennen sind die zwischen dem gegossenen Hauptelement und Heckblech eingeschraubten Knautschelemente. Diese Knautschelemente können nach einem Auffahrunfall kostengünstig ersetzt werden. (Bild: Tesla, Inc.)

2021

Die im Herbst 2019 von Elon Musk thematisierten Druckgussmaschinen waren kein Wunschdenken geblieben, sondern waren in Grünheide angekommen und montiert. 8 Stück dieser größten Druckgussmaschine der Welt hatte Tesla von der italienischen IDRA Group für die deutsche Gigafactory bestellt, um komplette Heckrahmen für das Model 3 in einem Arbeitsgang herzustellen. Dabei wurden je Arbeitsgang 80 kg geschmolzenes Aluminium eingespritzt und abgekühlt. Nach dem Abkühlen wurden die gegossenen Teile qualitätskontrolliert, vermessen und zur CNC-Bearbeitung weitergegeben. Ein Arbeitsprozess dauerte gerade einmal 80–90 Sekunden, so dass rund 1.000 Heckrahmenteile pro Tag produziert werden konnten. Laut Elon Musk würden durch die 8 »Gigapressen« 300 Industrieroboter überflüssig und die Produktionskosten nahezu halbiert. Das naheliegende Ziel war, auch das vordere Rahmenteil auf diese Weise herzustellen.

Anfang März 2021 ging ein Schock durch die Tesla-Gemeinde: Elon Musk sei, so ließ sich bei Twitter unter dem Hashtag #RIPelon lesen, bei der Explosion einer Lithium-Ionen-Batterie getötet worden. Unterstrichen wurde diese Meldung durch eine gefakte Nachricht von seiner Lebensgefährtin Grimes, die den Verlust der »Liebe ihres Lebens und Vater ihres Kindes« betrauerte. Doch Elon Musk war quicklebendig und meldete sich kurz darauf auf Twitter.[93] Dieser makabre Vorfall hatte die Aktie von Tesla um 10 Prozent sinken lassen, weshalb das FBI und die US-Börsenaufsicht SEC an einer schnellen Aufklärung interessiert waren.

Wie wenig Interesse Elon Musk an den alten Modellen X und S hatte, zeigte sich nicht nur daran, dass die aufgefrischten Versionen in Europa noch nicht lieferbar waren. Das Desinteresse wurde auch durch die Entscheidung offensichtlich, das im September 2015 aus Steuerspargründen eröffnete Endmontagewerk für die Modelle X und S in Tilburg aus Kostengründen wieder zu schließen. Da die beiden alten Modelle nur noch in geringen Stückzahlen nachgefragt wurden, lohnte es sich nicht mehr, hierfür ein eigenes Endmontagewerk zu betreiben.

Herbert Diess und Elon Musk nach einer Probefahrt im VW ID.3. Erst im März 2021 wurde bekannt, dass Elon Musk Herbert Diess im Jahr 2015 zum CEO von Tesla machen wollte. (Bild: Volkswagen AG)

Unterdessen zogen sich die Bauarbeiten in Grünheide in die Länge, nur sehr langsam und für Elon Musk völlig ungewohnt ging es auf der Baustelle voran. Im Sommer 2021, so die bisherige Planung, sollte eigentlich die Produktion in Grünheide beginnen. Deutschlands Bürokratie machte ihrem Ruf alle Ehre – und Elon Musk platzte der Kragen. In einem zehnseitigen Brandbrief an das Oberverwaltungsgericht Berlin-Brandenburg brachte Musk seine Wut zum Ausdruck.

Dieser Brandbrief wurde bald publik und veranlasste die Brandenburger Staatskanzlei zu einer Stellungnahme, in der sie erklärte: »Der Verzug liege nicht nur an den Behörden, sondern auch an Tesla. Der Autobauer reiche angeforderte Unterlagen oft deutlich zu spät ein, die Dokumente für neue Bauabschnitte seien meist unzureichend, klagen Regierungskreise. In dem Brief sehen Regierungsvertreter nach Informationen von Business Insider vor allem die Absicht von Elon Musk, einen Sündenbock auszumachen für den Fall, dass der Autobauer seine selbstgesteckte Deadline nicht einhalten könne.«[94]

Mindestens genauso spannend war ein Artikel in der F.A.Z., der mit Verweis auf den Online-Dienst Business Insider davon berichtete, dass Elon Musk Herbert Diess im Jahr 2015 zum CEO machen wollte. Herbert Diess, der zu diesem Zeitpunkt noch als Mitglied des Vorstands in Diensten von BMW war, hatte von Tesla einen unterschriftsreifen Vertrag, vorgelegt bekommen, der ihn zum Vorstandschef bei Tesla gemacht hätte. Herbert Diess entschied sich jedoch für VW, deckte sich 2015 aber reichlich mit Tesla-Aktien ein, als diese noch 50 Dollar kosteten.[95]

Ende April war absehbar, dass der Eröffnungstermin für die Gigafactory in Grünheide nicht gehalten werden konnte. Statt von Sommer 2021 war nun von Januar 2022 die Rede. Elon Musk entschloss sich zu diesem Zeitpunkt, in Grünheide ein weiteres Großgebäude zu bauen, um dort möglichst bald eine Batteriezellfertigung zu starten. Zu diesem Projekt gab es noch keine Anträge, geschweige denn irgendwelche Freigaben. Elon Musk bestellte aber derweil schon die Produktionsmaschinen, um Ende 2022 eine Kapazität von 100 Gigawattstunden pro Jahr zu produzieren. Und tatsächlich: Schon Anfang Mai kam die offizielle Erlaubnis für die Batteriefertigung in Grünheide.

Auch in einem anderen Bereich lief es rund. Der Internetdienst »Starlink«, mit dem Elon Musk bzw. sein Unternehmen SpaceX neuerdings schnelles Internet via Satellit anbot, expandierte stark. Mehrere Hundert Satelliten waren bereits in der Umlaufbahn, viele weitere Hundert sollten alsbald folgen. Einmalig 499 Euro für das Empfängerset zuzüglich monatlich 99 Euro sollte der Dienst in Deutschland kosten. Starlink sollte nicht nur schnelles Internet in die entlegensten Winkel der Erde bringen, auch der Internetempfang in Flugzeugen sollte damit revolutioniert werden. Verhandlungen mit mehreren Airlines liefen bereits.

Auf der Suche nach lukrativen, innovativen Geschäftsideen liebäugelte Elon Musk schon länger mit einer eigenen Autoversicherung. Der technische Hintergrund war schlichtweg, dass valide Daten und Fakten zum individuellen Verkehrsverhalten leicht per Telematik aus den Datenspeichern der Tesla-Modelle zu entnehmen waren. Diese Daten zu verwenden, um die Fahrer in spezifische Risikogruppen zu unterteilen und entsprechend differente Tarife zu formulieren, war der nächste logische Schritt. Also beschloss Elon Musk, demnächst eine eigene Versicherungsgesellschaft zu gründen.

Weniger schön lief es in China, was aber nicht an Tesla oder an den dort gebauten Modellen lag, sondern vielmehr an den weiter wachsenden Spannungen zwischen China und den USA. Auch das aggressive Vorgehen der chinesischen Behörden gegenüber Großunternehmen konnte kaum nach dem Geschmack von Elon Musk sein. Immer mehr chinesische Konzerne wurden gezwungen, erhebliche Teile ihres Gewinns als »freiwillige Spende« an das Volk abzugeben. Grund genug, von einer Expansion in China erst einmal abzusehen.

Auf der Baustelle in Grünheide war wochenlang Tag und Nacht, samstags und sogar sonntags gearbeitet worden. Die zuständigen Behörden erlaubten nun Funktionstest der einzelnen Maschinen und Anlagen zur Vorbereitung der späteren Produktion. Elon Musk hoffte darauf, dass auch die Erlaubnis zur Testproduktion nicht mehr allzu lange auf sich warten lassen würde. Da es jetzt mit dem Bau zügig voranging, reiften bei Elon Musk schon wieder neue Pläne – die Gigafactory sollte zwei zusätzliche Presslinien erhalten und damit größer werden als geplant. Tesla reichte deshalb ganz förmlich angepasste Antragsunterlagen beim Land Brandenburg ein.

Himmelserscheinung über Tübingen. Elon Musk schoss für den Internetdienst Starlink Hunderte Satelliten in die Umlaufbahn. Das fanden viele Bürger eher bestürzend als beeindruckend. (Bild: Dktue/ Wikimedia Commons)

Der Weggang von Topmanager Jérôme Guillen, der 2010 zu Tesla gestoßen war und sich im Juni 2021 verabschiedete, war für Elon Musk ein harter Schlag. Führungskräfte dieser Kategorie gab es auch bei Tesla nicht so häufig. Hierzu erklärte das Handelsblatt: »Der Franzose galt jahrelang als einer der entscheidenden Köpfe hinter Teslas Erfolgen bei der Mission, die Elektromobilität in den Massenmarkt zu bringen. Guillen war bis zu seinem Abgang einer von vier Top-Managern an der Spitze des Unternehmens, von denen nun neben Konzernchef Musk nur noch Finanzvorstand Zack Kirkhorn und Drew Baglino verbleiben […].«[96]

An anderer Stelle lief es ebenfalls nicht so, wie sich das Elon Musk vorstellte. Seit Jahren sollte das Geschäft mit den Solar Roofs auf die Beine kommen – führte aber bis dato immer noch ein stiefmütterliches Dasein. Grund genug für Elon Musk, eine Telefonkonferenz einzuberufen. Nach wenigen Minuten warf er nicht nur die beiden Manager RJ Johnson, Leiter des Energie-Bereichs bei Tesla, und Ryan Nungesser, operativer Leiter der Solar Roof-Fabrik in New York, aus dem Unternehmen, sondern gleich noch eine ganze Reihe weiterer Verantwortlicher.

Im Juli 2021 bestätigte sich endlich ein lange im Raum stehendes Gerücht: Tesla wollte sein Supercharger-Netz schrittweise für Elektroautos anderer Marken freigegeben. Allerdings wurde weder erwähnt, wann und in welchem Land die Freigabe beginnen sollte, noch wurden sonst konkrete Angaben gemacht. Laut weiterer Gerüchte sollten zudem Verhandlungen mit verschiedenen Automobilherstellern zur Nutzung des Supercharger-Netzes von Tesla laufen. Zwar würde Tesla damit einiges an Exklusivität aufgeben – doch angesichts des zu erwartenden Umsatzes schien sich hier für Tesla ein lukratives Geschäft aufzutun, das sich Elon Musk nur ungern entgehen lassen wollte.

Lackiererei im Juli 2021: Während in den Hallen von Grünheide auf die Freigabe des Produktionsbeginns gewartet wurde, bereiteten Umweltverbände eine Verfassungsklage gegen die Gigafactory 4 vor. (Bild: Tesla, Inc.)

In Deutschland wurde die Situation rund um die fast fertiggestellte Gigafactory 4 immer kurioser. Während in den Hallen bereits getestet und alle Abteilungen und Maschinen auf eine baldige Produktion vorbereitet wurden, klagten die Umwelt-Verbände Grüne Liga und Nabu Brandenburg unverändert weiter gegen die Tesla-Fabrik. Nachdem mehrere Gerichte die Klagen abgewiesen hatten, bereiteten die Verbände nun eine Verfassungsklage vor, mit der der Betrieb der Gigafactory unterbunden werden sollte. Elon Musk äußerte sich dazu auf Twitter mit den folgenden Worten: »Diese Typen sind entweder zwielichtig, verrückt oder beides.«[97]

Da Grünheide nicht wie geplant ab Sommer 2021 mit der Produktion des Model Y beginnen konnte, musste Ersatz geschaffen werden. Infolgedessen wurden mit Model Y vollgeladene Schiffe von China auf die Reise nach Europa geschickt. Wie lange Tesla an diesem ungeplanten und kostenintensiven logistischen Alptraum festhalten musste, war bei der Sachlage im Juli 2021 völlig unklar. Elon Musk hoffte auf einen gedeihlichen Ausgang des Rechtsstreits und einen baldigen Produktionsbeginn. Das Großgebäude zur Batteriefertigung ließ Musk jedoch unbeeindruckt weiterbauen. Für die offen auf Autotransportern verbrachten Model Y hatte sich der Tesla-CEO zum Schutz vor neugierigen Journalisten eine »raffinierte« Tarnung ausgedacht, mit der er sich über die übliche Geheimnistuerei rund um »Erlkönige« lustig machte: Quer über die Fahrzeugseite stand in übergroßen weißen Klebebuchstaben »Not Model Y«.

Ziemlich seltsam und ganz und gar nicht lustig fand Elon Musk indes die Ignoranz, die der neue US-Präsident Joe Biden ihm gegenüber an den Tag legte. Weder in Reden zur Elektromobilität noch sonst in irgendeiner Form erwähnte oder würdigte Präsident Biden die Arbeit von Elon Musk. Höhepunkt dieser Ignoranz, mit der sich der Präsident längst zum Gespött gemacht hatte, war ein Gipfeltreffen im Sommer 2021, bei dem Biden mit der Spitzen der amerikanischen Automobilhersteller über gemeinsame Pläne zur Elektromobilität beraten wollte: Elon Musk war nicht eingeladen.

In Grünheide war die Verfassungsklage gegen die Gigafactory zwar vom Tisch, doch waren kurz vor Ablauf der Frist zur Zulassung weitere 244 Einwendungen beim Brandenburger Landesamt für Umwelt (LFU) eingegangen.[98] So klug und mutig die Entscheidung, im Autolobbyland Deutschland eine Gigafactory zu bauen, einst erschien – Elon Musk dürfte diese Entscheidung längst bereut haben. Die Gigafactory in Austin (Texas), deren Bau später begonnen hatte, schien schon für den Bau des Model Y fertiggestellt zu sein. Das stimmte für das Model Y, doch zeigten Bilder, dass die Fertigungsbereiche für den kommenden Roadster, den Lkw Semi und den Cybertruck noch im Bau waren.

In einem nächsten Schritt sollte zudem ab dem Jahr 2023 in der Gigafactory in Austin ein 60 kg wiegender, rund 1,70 m großer humanoider Roboter namens »Optimus« gebaut werden, der mittels künstlicher Intelligenz (KI) seinen Kunden langweilige und schwere Arbeit abnehmen würde. Ein bedingungsloses Grundeinkommen, so erklärte Elon Musk bei der öffentlichen Präsentation des Roboters, müsste dann unmittelbar folgen. Angesichts der Tatsache, dass in dem auf der Bühne auftretenden Roboter ein Mensch steckte und angesichts der seit Jahren ausbleibenden Fortschritte in der KI zum autonomen Fahren, sorgten die vollmundigen Ankündigungen von Elon Musk für reichlich Spott und Häme.

Im Oktober 2021 kündigte CEO Musk an, dass das gesamte Unternehmen Tesla seinen Hauptsitz von Palo Alto in Kalifornien nach Austin zur neuen Gigafactory in Texas verlegen würde. Musk gab an, dass die Lebenshaltungskosten in Kalifornien für das dort vorhandene Personal zu hoch wären. Auch steuerliche Vorteile spielten eine Rolle.

Das Model 3 hatte sich seit seiner Markteinführung zum Megaseller entwickelt. Seit 2017 waren über 1 Million Exemplare von den Bändern gerollt, womit das Model 3 das meistgebaute Elektrofahrzeug der Welt war. Nicht nur das, vielmehr war es in der Schweiz und den Niederlanden im Jahr 2019 das meistgekaufte Automobil überhaupt. In diesem Zusammenhang wurde eine interessante technische Neuerung publik: Alle in China produzierten Model Y für Europa und den Nahen Osten sollten für ihre Autopilot-Funktionen kein Radar mehr eingebaut bekommen. Im Gegensatz zu allen anderen Automobilherstellern vertraute das KI-Team von Elon Musk auf eine rein kamerabasierte Lösung. Die Frage war, ob und wann diese reduzierte Techniklösung für die anderen Modelle eingebaut würde.

In der Stadt Lathrop (Kalifornien), ungefähr eine Auto-Stunde vom Tesla-Stammwerk in Fremont entfernt, erfolgte der erste Spatenstich für eine weitere Tesla-Fabrik. In dieser Fabrik, die ganz offiziell nicht Gigafactory sondern Megafactory heißen würde, sollten zukünftig Batterie-Megapacks, produziert werden. Auch im Weltraum war Elon Musk aktiv, denn der erste private SpaceX-Orbitalflug war mit seinen vier »Touristen« sicher durchs All geflogen und wieder auf der Erde gelandet. Damit war schlichtweg der Grundstein gelegt für zukünftige kommerzielle Flüge mit den Raketen von SpaceX.

In Grünheide deutete sich ein Ende der Querelen an, denn Elon Musk lud via Twitter Interessierte zur »Giga Berlin-Brandenburg county fair & factory tour« am 9. Oktober 2021 ein. Damit plante Elon Musk – mitten in Corona-Zeiten – nichts anderes als ein riesiges Volksfest zur Eröffnung der Gigafactory 4. Dabei, und das war der kleine, aber entscheidende Haken, lag für den Betrieb der Gigafactory immer noch keine Genehmigung vor.

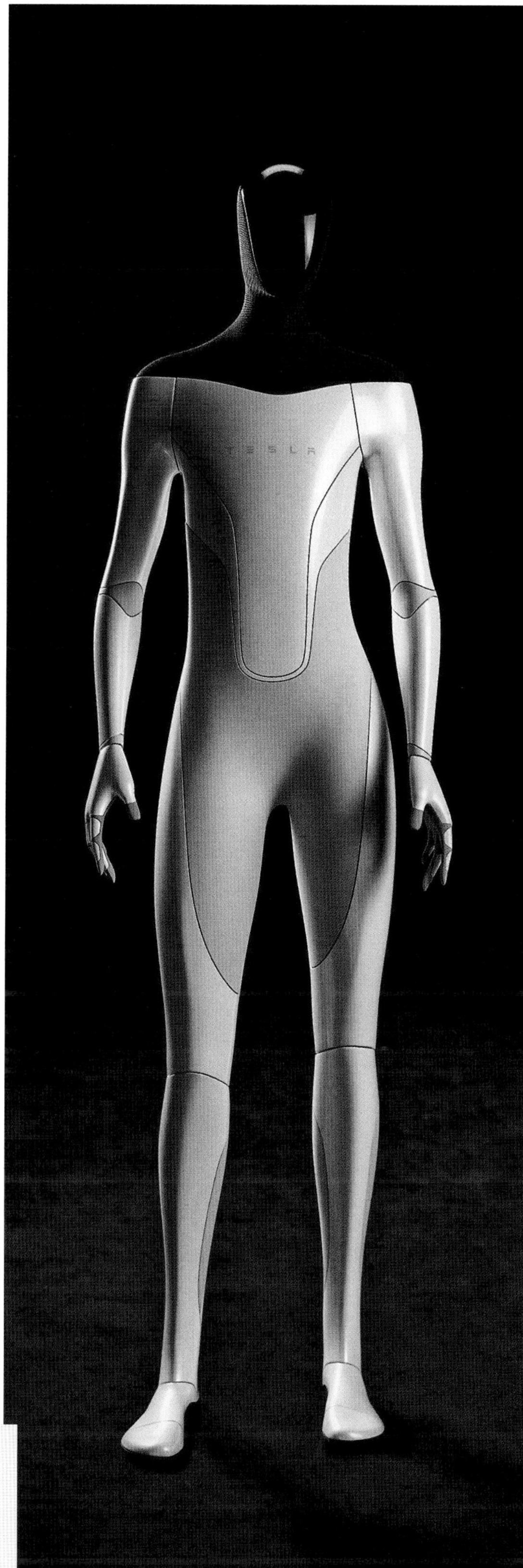

Humanoider Roboter aus Texas: Schon ab 2023 wollte Elon Musk mithilfe künstlicher Intelligenz menschenähnliche Roboter bauen. (Bild: Tesla, Inc.)

Tesla-Volksfest in Grünheide: Elon Musk lud via Twitter Interessierte zur »Giga Berlin-Brandenburg county fair & factory tour« am 9. Oktober 2021 ein. Natürlich besuchte er das Fest persönlich. (Bild: Tesla, Inc.)

Erweiterte Gigafactory China: Eigentlich hatte Elon Musk verkündet, sein Engagement in China zu reduzieren. Umso verblüffender kam im Herbst 2021 die Nachricht, dass das zentrale R&D-Center fertiggestellt war. (Bild: Tesla, Inc.)

Wie die Klatschpresse berichtete, hatten sich Elon Musk und seine Frau Grimes im September 2021 nach ihrer rund 3 Jahre dauernden Partnerschaft getrennt. Allerdings nur »halb getrennt«, wie es Elon Musk ausdrückte. Ihr gemeinsamer Sohn X Æ A-XII sollte bei Mutter Grimes wohnen.[99] Ein Grund dafür war eventuell der Umzug des Tesla-Hauptsitzes von Palo Alto im Silicon Valley nach Austin in Texas, wo die neue Gigafactory im Entstehen war. Elon Musk war bereits im Herbst 2020 nach Austin gezogen, wo er laut unbestätigten Berichten in einem tiny house wohnte.

Irritierend war die Meldung über die Fertigstellung des R&D-Center (Entwicklungszentrum) in der Gigafactory Shanghai. Eigentlich hatte Elon Musk vor einiger Zeit beschlossen, aufgrund der Spannungen zwischen den USA und China sein Engagement im Reich der Mitte zu drosseln. Und mehr noch: In diesem R&D-Center sollte künftig nicht nur die Fahrzeugentwicklung für den chinesischen oder asiatischen Markt stattfinden, sondern für alle Tesla-Fahrzeuge weltweit. Als erstes Projekt stand die Entwicklung eines Kleinwagens an, der nach Aussage von Elon Musk schon 2023 auf den Markt kommen sollte.

Das Jahr 2021 neigte sich dem Ende zu. Die Geschäftszahlen waren positiv ausgefallen, die weltweiten Auslieferungen gestiegen und Tesla finanziell kerngesund. Mit dem Jahresergebnis konnte Elon Musk zufrieden sein, auch wenn die deutsche Gigafactory im Dezember 2021 immer noch nicht produzieren durfte. Die Tesla-Aktie hatte nach dem Split drastisch an Wert zugelegt und Elon Musk zum reichsten Mann der Welt gemacht. Gerüchteweise verlautete, dass im Geheimen bereits eine Vorserie des sehnlichst erwarteten Lkw Semi montiert wurde. Angesichts der brüchigen Lieferketten und des akuten Chipmangels waren Prognosen aber heikel.

2022

Immer mehr chinesische Automobilhersteller legten unterdessen den Grundstein für ihr Engagement in Europa. Auf den europäischen Markt drängten Marken wie MG, Polestar, Aiways, Nio, Lynk & Co, XPeng, darüber hinaus Schwergewichte wie der Hersteller GWM, der bereits zu Jahresende 2021 in München seine Europazentrale gegründet hatte. Weitere starke Marken wie BYD standen parat. Von technischer Seite her brauchten sich diese Fahrzeuge nicht verstecken, von der Qualität her schon gar nicht. Auf den Markt kamen die chinesischen Elektromobile zu einem attraktiven Preis, wenn auch mit zum Teil für westliche Geschmäcker gewöhnungsbedürftigem Design. Selbst aus Vietnam (VinFast) und der Türkei (TOGG) standen neue Marken mit attraktiven E-Autos in den Startlöchern.

Kleinwagenkonzept aus fremder Feder: Nach der Ankündigung von Elon Musk kam kein weiterer Entwurf mehr von Tesla. Hier ein technisch und optisch gelungenes viersitziges Kleinwagenkonzeptfahrzeug eines Tesla-Fans. (Bild: theclunkerjunker)

Die Stimmen mehrten sich, die bei Tesla den Zenit des Erfolgs überschritten sahen – trotz oder gerade wegen der hervorragenden Zahlen. Laut Geschäftsbericht betrug der Gewinn im Finanzjahr 2021 rund 5,5 Milliarden US-Dollar, was eine Steigerung gegenüber dem Jahr 2020 von rund 665,5 Prozent (sic!) entsprach. Der Erfolg zeigte sich auch den Auslieferungen: Konnte Tesla im Jahr 2020 bereits beeindruckende 499.647 Auslieferungen melden, so wurde diese Zahl im Jahr 2021 nahezu verdoppelt.

Da Elon Musk von Joe Biden auch zum zweiten und dritten Treffen der US-Elektroautomobilhersteller im Weißen Haus nicht eingeladen wurde, starteten wütende Tesla-Fans eine Petition. Diese Petition sollte den US-Präsidenten dazu zwingen, Elon Musks Leistung anzuerkennen. Auch Elon Musk war erbost und machte sich via Twitter über Joe Biden lustig. Dieser Druck brachte die erhoffte Wirkung, denn Joe Biden würdigte Tesla und Elon Musk in einer Rede nun plötzlich sogar öffentlich.

Nachdem die Corona-Pandemie auch im Jahr 2022 nicht eingedämmt war, wodurch weltweit die Lieferketten unterbrochen worden waren, kam im März eine weitere Bedrohung der Weltwirtschaft hinzu. Der russische Präsident Putin begann einen Angriffskrieg mit der Ukraine, der von vielen Ländern mit einem sofortigen und umfangreichen Embargo russischer Güter beantwortet wurde.

Unterdessen war Elon Musk Vater einer Tochter geworden, nachdem ihm seine Partnerinnen bislang ausschließlich Söhne geboren hatten. Die Mutter war

Grimes, von der er sich im Herbst »halb getrennt« hatte. Ein griffiger Name für die Tochter war schnell gefunden, »Exa Dark Sideræl« sollte das Kind heißen. Allerdings war Musks Tochter bereits im Dezember 2021 geboren worden, und zwar von einer Leihmutter.

Der März hielt noch weitere positive Nachrichten parat. So erhielt Tesla Anfang März 2022 endlich die Freigabe für die Gigafactory 4 in Grünheide. Am 22. März 2022 wurden dann im Rahmen eines großen Festakts, zu dem selbst Bundeskanzler Olaf Scholz und Bundeswirtschaftsminister Robert Habeck reisten, die ersten in Grünheide produzierten Model Y an ihre Kunden übergeben. 30 Kunden waren eingeladen worden und erhielten ihr neues Auto direkt von einem vor Freude tanzenden Elon Musk. Dass mehrere Verbände bereits Widerspruch gegen die Genehmigung für die Tesla-Gigafactory eingelegt hatten, interessierte an diesem Tag nicht …

Montage in Grünheide im Hochlauf: Endlich konnte die Produktion in der Berliner Gigafactory beginnen. Bis zum Ausschöpfen der vollen Montagekapazität würde es aber noch Wochen dauern. (Bild: Tesla, Inc.)

Anfang April wurde bekannt, dass Elon Musk im großen Stil Aktien von Twitter gekauft hatte. Mit seinem Anteil von 9,2 Prozent war er nun der größte Einzelaktionär von Twitter – mit entsprechendem Mitspracherecht. Musks erklärtes Ziel war es, den Kurznachrichtendienst Twitter deutlich zu verbessern. Wenige Tage später vereinbarte Elon Musk den Kauf von Twitter für 44 Milliarden Dollar, wobei er auf erbitterten Widerstand stieß. Vor allem als bekannt wurde, dass Elon Musk den Kurznachrichtendienst von der Börse nehmen und zukünftig als kostenpflichtiges Abonnementmodell betreiben wollte. Um absolute Meinungsfreiheit zu gewährleisten, so erklärte Elon Musk, sollte auch das Twitterkonto von Donald Trump wieder aktiviert werden.

Weil Elon Musk neben seinen sonstigen Verpflichtungen auch noch den CEO-Posten bei Twitter übernehmen wollte, ließ der Kauf den Börsenkurs von Tesla und damit den Wert des Unternehmens abrupt um 130 Milliarden Dollar sinken. Die Kritik an diesem Kauf, aber auch an der Person Elon Musk wurde immer lauter. Kurz darauf legte Elon Musk den Kauf von Twitter auf Eis.

Am 8. April, nur drei Wochen nach der Eröffnung der Gigafactory in Grünheide, stand die Eröffnung der Gigafactory in Austin (Texas) auf dem Plan. Elon Musk, lässig und komplett schwarz gekleidet mit T-Shirt, Jeans, Sonnenbrille und Cowboyhut, erklärte beim »Cyber Rodeo«, dass dieser Standort den Beginn einer neuen Ära unglaublicher Skalierung markieren sollte. Gemeinsam mit seinen Fans feierte Musk ein ausgelassenes buntes Fest mit Tausenden von Fans, das von Feuerwerk und klassischer Musik umrahmt wurde.

Teslas neuer Firmensitz in Texas: Diese Gigafactory Austin sollte bei Tesla den Beginn einer neuen Zeitrechnung markieren. Ab dem Jahr 2023 wollte das Unternehmen damit in ganz neue Sphären vordringen. (Bild: Tesla, Inc.)

Mitte April kamen die Zahlen für das erste Quartal 2022 – und die waren beeindruckend: Mit 3,3 Milliarden Dollar Nettogewinn hatte Tesla den bisherigen Rekord von 2,3 Milliarden Dollar vom vierten Quartal 2021 deutlich übertroffen. Gleichzeitig steig der Umsatz um 81 Prozent auf 18,8 Milliarden Dollar. Der Großteil des Geldes kam dabei aus dem operativen Geschäft, denn der Anteil aus dem Handel mit Emissionsrechten machte im ersten Quartal lediglich 679 Millionen Dollar aus.

Obwohl der COVID-Lockdown China fest im Griff hatte und das Werk in Shanghai erst seit einigen Tagen wieder produzieren durfte, verkündete Elon Musk schon Pläne für einen weiteren Neubau: Die Gigafactory in Shanghai, wo vor wenigen Monaten erst das riesige R&D-Center (Entwicklungszentrum) eingeweiht worden war, sollte durch eine zweite Gigafactory ergänzt werden. Die jährliche Fahrzeugproduktion sollte damit in China von 1 Million auf bis zu 2 Millionen steigen. Pikanterie am Rande: Die im Februar 2022 angekündigten Pläne für eine weitere Gigafactory in Deutschland wurden von Elon Musk nicht weiter verfolgt.

In all den Trubel rund um die neuen Gigafactorys, um den Kauf bzw. Nichtkauf von Twitter, um COVID-19 und um den Krieg zwischen Russland und der Ukraine platzte im Juli 2022 eine private Nachricht von Elon Musk. Der Tesla-CEO war im Dezember 2021 nicht nur Vater des Kindes mit Grimes geworden, sondern eine Managerin seines kürzlich gegründeten Unternehmens Neuralink hatte ihm nur wenige Tage vorher Zwillinge geboren. Die 36-jährige Mutter, Shivon Zilis, forschte bei Neuralink an Gehirnimplantaten. Damit war Elon Musk nun Vater von insgesamt neun Kindern.

Vor Elon Musk, mittlerweile 51 Jahre alt, lagen weitere arbeitsreiche Jahre. Fakt war: Die Expansion seiner Gigafactorys durfte niemals Selbstzweck werden, sondern musste in reale Fahrzeugverkäufe münden. Essentiell war deshalb für Tesla, zukünftig weitere Kundengruppen zu erschließen, beispielsweise mit den angekündigten neuen Fahrzeugmodellen. Eine schwierige Aufgabe – selbst für einen Elon Musk.

Gigafactory Austin Qualitätskontrolle Vorproduktion: Bei diesen Model Y ist gut zu erkennen, dass mittlerweile auch der Vorderbau nicht mehr aus geschweißten Einzelteilen sondern aus einem einzigen Gussteil bestand. (Bild: Tesla, Inc.)

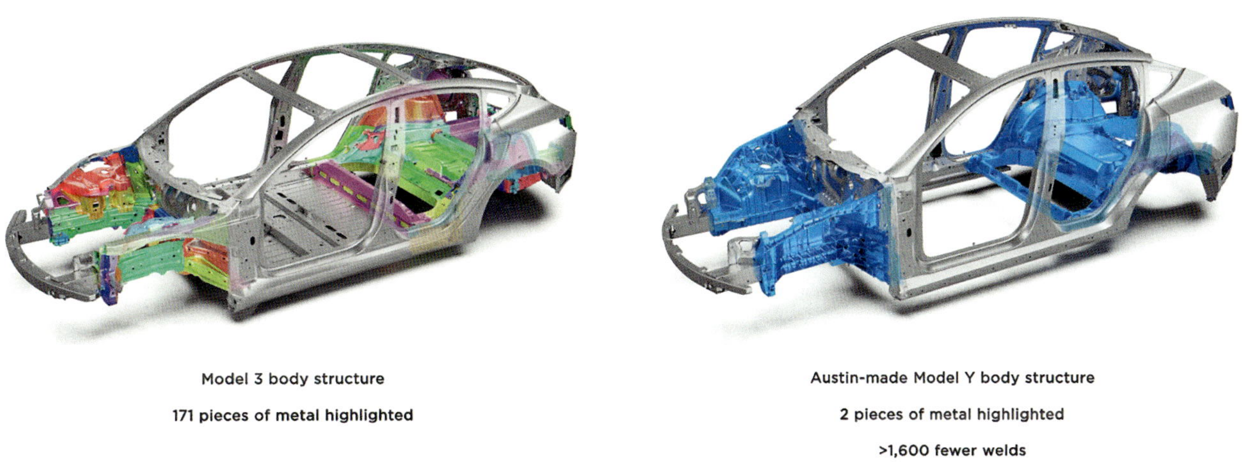

1.600 Schweißpunkte weniger: 171 Bleche sind beim Model 3 für den Front- und Heckbereich nötig, beim modernen Model Y werden sie durch lediglich 2 Gussteile ersetzt. (Bild: Tesla, Inc.)

EXKURS: TESLA SOLARDACHZIEGEL

Diese Solardachziegel sehen aus wie herkömmliche Dachziegel, wobei von Tesla vier verschiedene Dachziegelformen angeboten werden. (Bild: Screenshot Website Tesla, Inc.)

Unter dem Firmennamen Tesla, Inc. fertigt das Unternehmen nicht nur Automobile. Vielmehr baute Elon Musk in den vergangenen Jahren parallel dazu eine mehrgliedrige Energiesparte auf. Mit Hilfe dieser Produkte soll sich der Kreis schließen, um bei der Herstellung und dem Betrieb von Tesla-Automobilen eine völlige Autarkie von jeglicher zusätzlicher Energieversorgung zu erreichen. Die Energiesparte von Tesla gliedert sich in die drei Sparten Solar Roof (Solardächer), Powerwall sowie Powerpacks/Megapacks. In diesem Exkurs werden die Solardächer bzw. Solardachziegel betrachtet.

SOLAR ROOF

Als Teilhaber der 2006 gegründeten Firma Solar City, einem Produzenten von Solaranlagen, übernahm Elon Musk bzw. Tesla, Inc. das Unternehmen im November 2016 für 2,6 Mrd. US-Dollar komplett. Musk wollte jedoch nicht einfach das Tagesgeschäft weiterführen. Vielmehr wollte er Solarmodule in der Gigafactory 2 in neuer Form und Technik bauen, und zwar als Solardachziegel, die jeweils mit unauffällig integrierten Solarzellen bestückt werden sollten.

Die Solarzellen im Inneren der Ziegel produziert Panasonic direkt in der Gigafactory 2. Diese Solardachziegel sehen in montierter Form aus wie herkömmliche Dachziegel, wobei vier verschiedene Dachziegelformen angeboten werden: Toskana-Stil, strukturiert, glatt und Schiefer-Optik.

Der Vorteil der Solardachziegel liegt auf der Hand: Statt ein Dach in traditioneller Weise zu decken und danach mit Solarmodulen zu versehen, kann diese Arbeit schneller, effektiver und deutlich kostengünstiger mit Solardachziegeln ausgeführt werden. Die Solardachziegel von Tesla sind längst auch in Deutschland verfügbar – zumindest theoretisch, denn ein konkreter Liefertermin steht bisher aus. In diesem Zusammenhang berichtet das Magazin Business Insider von technischen Problemen, die die Produktion verzögern und von verärgerten US-Kunden, die ihre Bestellung wegen ausbleibender Lieferung storniert haben.[100]

Ungeachtet der im Raum stehenden technischen Probleme erklärt der deutsche Werbetext hochtrabend: »Unsere Solarziegel sind mit gehärtetem Glas beschichtet und daher dreimal so robust wie normale Dachziegel. Dafür bürgen wir mit einer Garantie, die in der gesamten Branche ihresgleichen sucht: Sie gilt, solange Ihr Haus steht. […] Noch nicht einmal der wuchtige Aufprall eines mehr als tischtennisballgroßen Hagelkorns kann ihnen etwas anhaben.«[101]

In der Tat lesen sich die auf der Tesla-Website veröffentlichten Garantiezusagen bestechend:

Dachziegelgarantie unbefristet:
solange Ihr Haus steht
Stromerzeugungsgarantie:
30 Jahre

Solarziegel von Tesla: Schön anzusehen, aber da Tesla nicht liefern kann, etablieren sich bereits europäische Hersteller in diesem lukrativen Markt. (Bild: Tesla, Inc.)

Brutaler Hageltest: Mit imponierenden Bildern einer Hochleistungskamera zeigt Tesla eindrücklich die Widerstandfähigkeit der entwickelten Solardachziegel. (Bild: Screenshot Website Tesla, Inc.)

Witterungsbeständigkeitsgarantie: 30 Jahre
Dachneigung: 14 bis 90° (vertikal)
Hagelwiderstand: Klasse 4 ANSI FM 4473 (höchste Hagelwiderstandsklasse)
Windwiderstand: Klasse F ASTM D3161 (höchste Windwiderstandsklasse)
Feuerwiderstand: Klasse A UL 790 (höchste Feuerwiderstandsklasse)

Während mit diesen beeindruckenden technischen Daten und Garantien geworben wird, findet sich im Kleingedruckten folgende einschränkende Textpassage:

»Alle Garantien und Klassifizierungen gelten nur für die USA. Für andere Märkte streben wir ähnliche Garantien und Zertifizierungen an. Die Dachziegelgarantie bezieht sich auf das Glas der Solarziegel. Die Stromerzeugungsgarantie deckt die Ausgangsleistung der Solardachziegel ab. Witterungsbeständigkeit bedeutet, dass aufgrund unserer Installation während der gesamten Garantielaufzeit weder Wasserundichtigkeiten noch andere Witterungsschäden auftreten.«[102]

Bei einem Blick auf die Fertigungsprozesse für die Solardachziegel springt ins Auge, dass der Automatisierungsgrad sehr gering ist. Ein großer Teil der Arbeitsschritte wird in der Gigafactory 2 kleinteilig noch manuell durchgeführt. Klar ist: Mit einem solch geringen Automatisierungsgrad lassen sich kaum die notwendigen Stückzahlen für einen internationalen Eroberungsfeldzug produzieren. Hinzu kommt, dass erfahrungsgemäß die Prozesssicherheit mit wachsendem Automatisierungsgrad steigt – und damit die kontinuierlich produzierte Qualität der Solardachziegel. Das vordringliche Ziel ist demgemäß, den Automatisierungsgrad möglichst schnell und umfassend zu steigern.

Nach mehreren Berichten, die von einem technischen Desaster sprechen, bleibt indes die Frage offen, ob und in welchem Umfang dieses Geschäftsfeld von Elon Musk in Zukunft weiter fortgeführt wird. Denn viel zu wenige Gebäudedächer wurden bis dato mit den Tesla-Solardachziegeln montiert. Dieser Missstand brachte Musk im Spätsommer 2019 dazu, in den USA ein kostengünstiges Mietmodell für seine Solardächer anzubieten. Fest steht: Bis dato ist das Thema kein Ruhmesblatt für den Messias der Elektromobilität.

Viel Handarbeit: In der Gigafactory 2 entstehen die Dachziegel im Zusammenspiel von wenigen Robotern und vielen Menschenhänden. (Bild: Tesla, Inc.)

Erläuterungen und Quellenangaben

1 Wet, Philip de: Der Safe quoll über vor lauter Geld: Elon Musks Vater überrascht mit irren Behauptungen. Business Insider Deutschland online vom 23.2.2018

2 Ohne Autorenangabe: Tesla-Chef in Tränen: Elon Musk macht schockierende Andeutung über seine Vergangenheit. Business Insider Deutschland online vom 16.11.2017

3 Ohne Autorenangabe: Ausführlich in The Famous.People.com online. https://www.thefamouspeople.com/profiles/errol-musk-42022.php am 5.8.2019

4 Vance, Ashlee: Elon Musk – Tesla, PayPal, SpaceX. Wie Elon Musk die Welt verändert. FinanzBuch Verlag (FBV) München 2015. S. 93

5 Vance, Ashlee: Elon Musk – Tesla, PayPal, SpaceX. S. 144

6 Ausführlich siehe www.crunchbase.com/organization/tesla-motors#/entity am 28.4.2016

7 Ausführlich siehe www.crunchbase.com/organization/tesla-motors#/entity am 28.4.2016

8 Hillenbrand, Tom: Tesla Roadster: Zu cool, um wahr zu sein. Spiegel Online vom 8.10.2007. www.spiegel.de/auto/aktuell/tesla-roadster-zu-cool-um-wahr-zu-sein-a-509531.html am 27.4.2016

9 Ausführlich siehe www.crunchbase.com/organization/tesla-motors#/entity am 28.4.2016

10 Vance, Ashlee: Elon Musk – Tesla, PayPal, SpaceX.. S. 152

11 Siehe ausführlich: Kerstin Kohlenberg: Der Herausforderer. In: Die Zeit, Nr. 13, 2007 sowie Christian Wüst: Sause mit Starkstrom. In: Der Spiegel. Nr. 21, 2007, S. 136–138

12 Hillenbrand, Tom: Tesla Roadster: Zu cool, um wahr zu sein. Spiegel Online vom 8.10.2007. www.spiegel.de/auto/aktuell/tesla-roadster-zu-cool-um-wahr-zu-sein-a-509531.html am 27.4.2016

13 Tesla Motors musste für die Crashtests keine weiteren Fahrzeuge zur Verfügung stellen, weil mit der Hilfe von Highspeed-Kameras und Computersimulationen alle notwendigen Crashtests absolviert werden konnten.

14 Ausführlich siehe www.crunchbase.com/organization/tesla-motors#/entity am 28.4.2016

15 »Alle bis zum Zeitpunkt der Umstellung gefertigten Tesla Roadster erhielten zunächst das zweistufige Vorseriengetriebe, das allerdings im zweiten Gang arretiert ist, um die einwirkenden mechanischen Belastungskräfte zu beschränken. Diese Lösung wurde im Rahmen der Herstellergarantie bei allen so ausgelieferten Fahrzeugen später gegen das Einganggetriebe ersetzt.« Siehe ausführlich Wikipedia-Artikel zum Tesla Roadster. https://de.wikipedia.org/wiki/Tesla Roadster am 27.4.2016

16 Ausführlich siehe www.crunchbase.com/organization/tesla-motors#/entity am 28.4.2016

17 Grünweg, Tom: Lautloser Sportler. Manager Magazin online 20.8.2008.

18 Ausführlich in: „I Was a Starter Wife“: Inside America‘s Messiest Divorce. www.marieclaire.com/sex-love/advice/a5380/millionaire-starter-wife/ vom 10.9.2010

19 Vance, Ashlee: Elon Musk – Tesla, PayPal, SpaceX. S. 189

20 Vance, Ashlee: Elon Musk – Tesla, PayPal, SpaceX. S. 194

21 Ausführlich siehe www.crunchbase.com/organization/tesla-motors#/entity am 28.4.2016

22 Siehe zusammenfassenden BLOG: http://emobileticker.de/?p=159 vom 12.6.2009 am 2.5.2016

23 Der Kredit wurde bis Mai 2013 zurückgezahlt.

24 ADAC Autotest Tesla Model S Performance vom September 2013. S. 6

25 Siehe ausführlich: www.teslamotors.com/de_DE/factory

26 Ausführlich siehe: www.elektroniknet.de/automotive/sonstiges/artikel/27145/0/ am 28.4.2016

27 Siehe ausführlich: http://teslamag.de/news/roadster-lotus-elise-fehler-musk-685 am 2.5.2016

28 Grünweg, Tom: Tesla Model S: Elektrischer Angriff auf die Oberklasse. Spiegel online 10.3.2011. 1. Teil

29 Vance, Ashlee: Elon Musk – Tesla, PayPal, SpaceX. S. 269 und 270

30 Hrachowy, Frank O.: Leise Revolution: Die vollelektrisch angetriebene Sportlimousine Tesla S. Krafthand 6/2014. S. 42–44

31 Katzensteiner, Thomas: Tesla-Produktionschef »So ein Angebot konnte ich nicht ablehnen«. Manager Magazin online vom 28.1.2013

32 Video zum Batteriewechsel siehe https://www.teslamotors.com/videos/battery-swap-event

33 Der Wechsel zum Tesla-Batterie-Auto ist die Ente des Jahres. www.eike-klima-energie.eu/climategate-anzeige/der-wechsel-zum-tesla-batterie-auto-ist-die-ente-des-jahres/ vom 26.12.2013. Abgerufen am 2.5.2016.

34 Hrachowy, Frank O.: Leise Revolution: Die vollelektrisch angetriebene Sportlimousine Tesla S. Krafthand 6/2014. S. 42–44

35 Ausführlich siehe: www.teslamotors.com/de_DE/support/service-plans

36 www.teslamotors.com/sites/default/files/blog_attachments/german-product-safety-act-letter.jpg

37 http://teslamag.de/news/tesla-unterboden-model-s-aluminium-377 vom 28.3.2014

38 Siehe ausführlich: Keller, Tobias: Staatsanwalt hat Tesla-Bildschirm im Visier. HANDELSZEITUNG online vom 29.01.2014. https://www.handelszeitung.ch/unternehmen/staatsanwalt-hat-tesla-bildschirm-im-visier-559348 vom 6.8.2019

39 Domes, Roman: Tesla stößt an seine Grenzen. Die Zeit online vom 9.1.2015

40 Siehe ausführlich: www.wissenschaft-aktuell.de/artikel/Elektroauto__Mehr_als_800_Kilometer_Reichweite_mit_Lithium_Luft_Akkus1771015589989.html

41 Tesla Motors Aktionärsbrief zum 2. Quartal 2014 vom 31.7.2014.

42 Dotzler, Dustin: Die Zukunft ist elektrisch: Warum das Geschäftsmodell von Tesla nicht aufzuhalten ist www.neueberatung.de/2015/07/27/die-zukunft-ist-elektrisch-warum-das-geschaeftsmodell-von-tesla-nicht-aufzuhalten-ist/ vom 27.7.2015

43 Pressemitteilung Newport Convertible Engineering (NCE) vom 15. April 2014

44 Eckl-Dorna, Wilfried: Riesen-Batteriefabrik So funktioniert Teslas Gigafactory Manager Magazin online vom 18.9.2014

45 Kirchberger, Michael: Fahrbericht Tesla S P85D: Die neue Welt des Autofahrens. FAZ online vom 31.12.2015

46 Kunde, Dirk: Drehmoment.net vom 8.8.2019

47 Die Grenze von 100 US-Dollar für die Kilowattstunde wurde nach unbestätigten Gerüchten aus Fachkreisen bereits im September 2019 von der Volkswagen AG durchbrochen. Dazu ausführlich siehe: Schaal, Sebastian: VW ID.3: Weniger als 100 US-Dollar pro kWh Batteriekosten? electrive.net online vom 9.9.2019

48 Lubbadeh, Jens: Volle Ladung. www.heise.de/tr/artikel/Volle-Ladung-3114009.html vom 24.2.2016

49 Die Pläne zum Projekt Hyperloop: www.spacex.com/sites/spacex/files/hyperloop_alpha-20130812.pdf

50 Eckl-Dorna, Wilfried: Tesla verfehlt Ziele: Die beängstigenden Ausreden des Elon Musk. Manager Magazin online vom 12.2.2015

51 Eckl-Dorna, Wilfried: Tesla verfehlt Ziele: Die beängstigenden Ausreden des Elon Musk. Manager Magazin online vom 12.2.2015

52 Siehe ausführlich: „I Was a Starter Wife“: Inside America‘s Messiest Divorce. www.marieclaire.com/sex-love/advice/a5380/millionaire-starter-wife/, vom 10.9.2010

53 Ausführlich in: http://teslamag.de/news/elon-musk-mindestlohn-tesla-motors-2946 am 23.4.2015

54 Siehe ausführlich: Tesla Motors kooperiert mit Batterie-Forscher, um Kosten zu senken, vom 18.6.2015. http://teslamag.de/news/tesla-motors-batterie-forscher-kosten-3490

55 Ausführlich siehe Hirsch, Jerry: Elon Musk‘s growing empire is fueled by $4.9 billion in go-

vernment subsidies. www.latimes.com/business/la-fi-hy-musk-subsidies-20150531-story.html#page=1, vom 30.5.2015
56 Siehe ausführlich: Kapitalerhöhung: Tesla Motors nimmt 738 Millionen US-Dollar ein vom 25.8.2015. http://teslamag.de/news/kapitalerhoehung-tesla-motors-millionen-us-4156 am 1.6.2016
57 Kunde, Dirk: Drehmoment.net vom 8.8.2019
58 Pressemitteilung PETA vom 15.1.2016: Nach Verhandlungen mit PETA USA: Tesla Motors bietet vegane Innenausstattung bei Model X an. Neuer SUV nun in lederfreier Ausführung erhältlich
59 www.fuenftagewoche.de/tesla-motors-will-noch-vegan-freundlicher-werden, vom 15.1.2016 am 1.6.2016
60 Teslamag: Tesla Model X vorgestellt: Das sicherste und sauberste SUV der Welt, vom 30.9.2015
61 Elektroautobauer: Tesla fährt Riesenverlust ein – und wird gefeiert. Spiegel Online vom 4.11.2015.
62 Zum The-Boring-Company-Flammenwerfer siehe in diesem Buch ausführlich: Exkurs: Werbung und Marketing
63 Übersetzung der Website The Boring Company: https://www.boringcompany.com/testtunnel, abgerufen am 11.9.2019
64 Siehe ausführlich: Kaufman, Mark: Elon Musk's L.A. Tunnel Boring Project is just Practice for Mars. Invers online vom 20.7.2017. https://www.inverse.com/article/34451-elon-musk-s-tunnel-project-is-just-practice-for-martian-tunnels
65 Ausführlich siehe: www.autobild.de/artikel/tesla-model-y-2018-vorschau-7056745.html vom 23.10.2015
66 Pressemitteilung HOERBIGER Holding AG vom 25.1.2016
67 Enthüllungs-Event an 31. März 2016. www.teslamotors.com/de_DE/model3
68 Öffentlicher Blog: Der Tesla HEPA Filter und Bioweapon Defense Mode auf dem Prüfstand: https://www.tesla.com/de_DE/blog/putting-tesla-hepa-filter-and-bioweapon-defense-mode-to-the-test vom 2.5.2016. Abgerufen am 15.8.2019
69 TESLAMAG vom 28.7.2016. http://teslamag.de/news/gigafactory-tesla-wird-batteriezellen-vom-typ-21-70-statt-20700-herstellen-9229 am 10.3.2017
70 Beide Zitate: Randak, Stefan: Manager Magazin online vom 2.12.2016: BMW, Daimler und VW in Bedrängnis Apple? Tesla? Die Gefahr für deutsche Autobauer lauert noch ganz woanders.
71 Wegen Adidas benennt Tesla das Elektroauto Tesla Model 3 um: Mein-elektroauto.com vom 12.02.2017. https://www.mein-elektroauto.com/2017/02/wegen-adidas-benennt-tesla-das-elektroauto-tesla-model-3-um/22072/ am 10.03.2017
72 Manager Magazin online: Tesla-Chef umgarnt US-Präsidenten. Die unheimliche Nähe des Elon Musk zu Donald Trump vom 27.1.2017. www.manager-magazin.de/unternehmen /autoindustrie/tesla-wie-elon-musk-donald-trump-umgarnt-a-1131901.html am 10.3.2017
73 Ausführlich siehe: Lambert, Fred: Tesla Model 3: aluminum part supplier announces investment to increase output ahead of Model 3 production. Electrec.com vom 20.2.2017
74 Ausführlich siehe: Tesla veröffentlicht Quartalsbericht für das Q4 2016. TESLAMAG vom 23.2.2017. http://teslamag.de/news/tesla-veroeffentlicht-quartalsbericht-fuer-das-q4-2016-12650 am 13.3.2017
75 Siehe ausführlich: https://www.tesla.com/de_DE/service?redirect=no am 3.9.2017
76 Schmitt, Bertel: Von wem Tesla jetzt Gefahr droht. www.manager-magazin.de/unternehmen/autoindustrie/tesla-model-3-eher-vorserie-als-serie-elon-musk-erwartet-hoellentour-a-1160748.html vom 31.7.2017.
77 Bay, Lukas: Tesla baut Solardächer. Der geht aufs Haus. Handelsblatt online vom 31.10.2016. www.handelsblatt.com/unternehmen/energie/tesla-baut-solardaecher-der-geht-aufs-haus/14763524.html am 25.09.2017.
78 Evers, Marco: HELD DES ALLTAGS: Elon Musk. SPIEGEL CHRONIK 2017 vom 6.12.2017
79 Video auf Youtube: DragTimes. https://www.youtube.com/watch?v=LpaLgF1uLB8 vom 26.1.2015. Aufgerufen am 9.9.2019
80 Text übersetzt von Website https://www.boringcompany.com/not-a-flamethrower. Abgerufen am 9.9.2019
81 Ohne Autorenangabe: Shanghai: Tesla sei zum Bau einer Produktionsstätte weiterhin mit Regierung im Gespräch. TESLAMAG online vom 14.3.2018
82 Ohne Autorenangabe: Fragwürdiger Aprilscherz: Elon Musk erklärt Tesla via Twitter für pleite. SPIEGEL online vom 2.4.2018.
83 Ohne Autorenangabe: Tesla Roadster: SpaceX-Optionspaket wird Raketentriebwerke enthalten. TESLAMAG online vom 11.6.2018
84 Jauernig, Henning: Elektroauto-Pionier Wie Elon Musk Tesla von der Börse nehmen könnte. SPIEGEL ONLINE vom 8.8.2018
85 Siehe ausführlich Interview in der New York Times vom 16.8.2018: Gelles, David; Stewart, James B.; Silver-Greenberg, Jessica; Kelly, Kate: Elon Musk Details 'Excruciating' Personal Toll of Tesla Turmoil
86 Siehe ausführlich: Davies, Alex: Elon Musk is broken, and we have broken him. WIRED online vom 18.8.2018
87 Ersatzteilkataloge aller Tesla-Modelle unter https://epc.tesla.com/#/catalogs
88 Angemeldetes Patent siehe: 1. (US20190217380) MULTI-DIRECTIONAL UNIBODY CASTING MACHINE FOR A VEHICLE FRAME AND ASSOCIATED METHODS
89 https://teslamag.de/news/deutsche-gigafactory-von-tesla-wird-600-000-qm-gross-und-bekommt-zwei-etagen-26406. TESLAMAG online vom 6.1. 2020.
90 https://electrek.co/2020/06/16/tesla-model-y-quality-issues/. ELECTREK online vom 16.6.2020. Übersetzung von Dr. Frank Hrachowy.
91 www.spiegel.de/auto/tesla-battery-day-das-ist-ein-quantensprung-a-21308112-66dd-45eb-9b50-edce807da711. SPIEGEL online vom 23.09.2020.
92 Zu den Details der Modellpflege siehe: https://teslawissen.ch/tesla-model-3-refresh-facelift-unterschiede/. TESLAWISSEN online vom 30.12.2021.
93 https://twitter.com/elonmusk/status/1367967590597816320 vom 5. März 2021
94 www.businessinsider.de/wirtschaft/mobility/tesla-elon-musk-hat-den-brandbrief-an-behoerden-persoenlich-veranlasst-e/ .BUSINESS-INSIDER online vom 13.4.2021
95 www.faz.net/aktuell/wirtschaft/auto-verkehr/wie-volkswagen-chef-diess-fast-tesla-chef-geworden-waere-17291319.html. FAZ online vom 13.4.2021
96 www.handelsblatt.com/unternehmen/industrie/e-autohersteller-ex-daimler-manager-geht-nach-mehr-als-zehn-jahren-tesla-verliert-wichtige-fuehrungskraft/27264520.html. HANDELSBLATT online vom 8.6.2021.
97 »These guys are either shady, [Erdnusssymbol=nuts] or both.« Elon Musk am 29. Juli 2021 auf Twitter. Übersetzung Frank O. Hrachowy
98 Ausführlich siehe www.rbb24.de/studio-frankfurt/wirtschaft/tesla/2021/08/244-einwendungen-gege-tesla-gruenheide.html vom 19.08.2021.
99 https://pagesix.com/2021/09/24/elon-musk-and-grimes-break-up-after-three-years-together/. PAGE SIX online vom 24.9.2021.
100 Siehe ausführlich Matousek, Mark: Vor 3 Jahren versprach Elon Musk die Solardach-Revolution – Teslas Kunden warten noch immer auf die Lieferung. Business Insider online vom 9.8.2019
101 Werbetext Website Tesla: https://www.tesla.com/de_DE/solarroof, abgerufen am 12.9.2019
102 Website Tesla: https://www.tesla.com/de_DE/solarroof. Abgerufen am 21.9.2019